土建工程制图

主　编　范　磊　宋小艳　王　娜
副主编　邢智慧　王玉玲　王　莹
主　审　孙　军

北京理工大学出版社
BEIJING INSTITUTE OF TECHNOLOGY PRESS

内容简介

本书紧跟新应用型人才培养方案以及工程认证要求，运用现代教育理论和方法的研究成果，具有较强的实用性。本书内容包括三大模块：画法几何与工程制图、阴影透视、施工图。其内容涉及面广，既有投影法、点线面、轴测投影等基础理论知识的讲解，又有组合体、形体的表达方法、阴影透视和施工图等的训练；不仅可以锻炼学生的绘图能力，更重要的是能够增强学生的"会"图能力，与后续专业课的教学形成紧密的衔接和过渡。

本书可供应用型本科院校土木建筑类及相关专业的工程制图课程教学使用，也可供网络教学、远程教学、函授教学、高等专科学校及职业技术学院的相关专业使用，还可以作为相关专业工作人员识图入门的参考用书。

图书在版编目(CIP)数据

土建工程制图/范磊，宋小艳，王娜主编．--北京：北京理工大学出版社，2022.7

ISBN 978-7-5763-1453-3

Ⅰ.①土…　Ⅱ.①范… ②宋… ③王…　Ⅲ.①土木工程－建筑制图－高等学校－教材　Ⅳ.①TU204

中国版本图书馆CIP数据核字(2022)第112061号

出版发行／北京理工大学出版社有限责任公司
社　　址／北京市海淀区中关村南大街5号
邮　　编／100081
电　　话／(010)68914775(总编室)
(010)82562903(教材售后服务热线)
(010)68944723(其他图书服务热线)
网　　址／http：//www.bitpress.com.cn
经　　销／全国各地新华书店
印　　刷／北京紫瑞利印刷有限公司
开　　本／787毫米×1092毫米　1/16
印　　张／12.5
字　　数／290千字
版　　次／2022年7月第1版　2022年7月第1次印刷
定　　价／72.00元

责任编辑／陆世立
责任编辑／李　硕
责任校对／刘亚男
责任印制／李志强

前言

工程制图是高等院校工科学生一门重要的基础课，培养学生运用制图的理论和方法对工程问题进行识别和表述的能力。随着社会和科技的发展，工程制图课程在课程体系、教学内容、教学方法和教学手段等方面发生了很大的变化。

本书包括三大模块：画法几何与工程制图、阴影透视、施工图。其内容涉及面广，既有投影法、点线面、轴测投影等基础理论知识的讲解，又有组合体、形体的表达方法、阴影透视和施工图等的训练；不仅可以锻炼学生的绘图能力，更重要的是能够增强学生的“会”图能力，与后续专业课的教学形成紧密的衔接和过渡。除此之外，本书在编写过程中贯彻了《房屋建筑制图统一标准》(GB/T 50001—2017)、《建筑制图标准》(GB/T 50104—2010)、《建筑给水排水制图标准》(GB/T 50106—2010)等现行国家制图标准。

本书由沈阳城市建设学院范磊、宋小艳、王娜担任主编，由沈阳城市建设学院邢智慧、王玉玲、王莹担任副主编。全书由沈阳建筑大学孙军主审。在本书的编写过程中，沈阳建筑大学周佳新、王志勇，沈阳城市建设学院商丽、赵欣、赵丽、李琪、刘菲菲、高国伟、张晓林、夏冰新、王丹、贾维维、李汉锟、李继平、关天乙、于联周、高明明、吴超群、王东升、孙杨、孙晶等均做了大量的工作。

由于编者水平有限，书中难免存在疏漏之处，敬请各位读者批评指正。

编　者

目　录

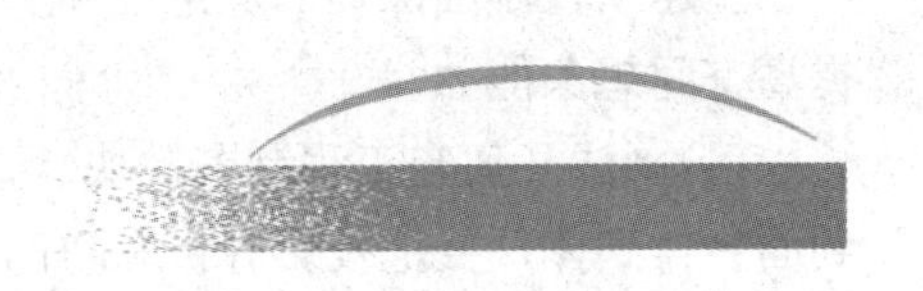

绪论

1. 课程的性质、研究对象及内容

土建工程中，为了正确表达描述对象的形状、尺寸及内部结构等内容，通常需要把被描述对象按一定的投影方法和规范绘制在图纸上，这种图纸称为“工程图样”，“工程图样”也往往被喻为“工程技术界的语言”。因此，在高等院校土木工程、建筑、能源、环境、造价、管理、安全、无机非金属、电气及自动化等工科专业设置了土建工程制图这门课程。该课程不仅仅是这类工科专业的学科基础教育必修课，也是后续专业课程教育的基础。

本课程主要研究在平面上图示和图解空间元素的理论和方法，同时根据相关的国家、行业和企业标准来绘制和阅读工程图样。

本课程的内容主要包括三大模块：画法几何与工程制图、阴影透视、施工图。画法几何与工程制图模块中，主要以正投影的基本原理为基础，将空间的点、线、面、体在平面图样上进行表达，同时运用轴测投影的基本理论，对空间形体进行直观的描述；此外，运用制图标准相关规定，结合绘图的方法和技巧，对空间形体进行适当的表达。阴影透视模块中，主要介绍透视投影和阴影的形成原理和基本规律，在此基础上对点、线、面的落影和透视，以及立体的阴影透视的画法进行了详细描述。施工图模块中，主要包括建筑施工图、结构施工图及设备施工图的图样画法及标注。

2. 课程的主要任务及目的

(1)学习制图标准的基本规定，学会正确使用常用绘图工具和仪器，掌握制图的方法和步骤。

(2)学习投影法的基本理论，掌握投影法表示空间形体的基本理论和方法，具备图示和图解空间形体的能力。此外，培养绘制和阅读本专业工程图样的基本能力，锻炼尺规绘图的能力，培养工程意识、标准化意识和严谨认真的工作态度。

(3)学习透视投影和阴影的形成原理和基本规律，了解阴影、透视的基本概念，理解阴影、透视的基本规律，掌握点、直线、平面和立体的落影及透视的画法。

(4)学习建筑施工图、结构施工图及设备施工图的基本知识，了解其组成及内容，掌握房屋建筑施工图、平面图、立面图、剖面图和建筑详图的内容和规定画法。

3. 课程的学习方法

土建工程制图课程的理论性和实践性都极强，学习中需要通过一系列的绘图和读图训练提高空间想象能力。

(1)画法几何与工程制图模块。这个模块的系统性和理论性很强，从投影法到点、到线、到面、再到体，要把投影分析和空间构思结合起来。充分利用形体分析法和线面分析法，实现二维平面图形和三维形体的转换，不断提高空间构型能力。在绘图过程中，要严格遵守国家标准的规定，培养认真的工作态度和严谨的工作作风。

(2)阴影透视模块。阴影透视模块涉及大量的概念，掌握这些概念是学好这个模块的基础。在学习过程中，还需进行自主思考，归纳和总结，通过一定的课后练习来加深对本模块的理解和运用。

(3)施工图模块。本模块的学习需要严格遵守相关标准规范，在读懂图的基础上进行绘图，真正实现“会”图，进一步培养空间想象能力和分析能力，达到独立绘制和阅读本专业工程图样的基本能力。

第1章

制图的基本知识

★本章知识点

1. 熟悉制图标准的基本规定。
2. 了解绘图仪器的用途及使用方法。
3. 掌握几何作图的方法及绘图的基本步骤。

1.1 制图标准的基本规定

中华人民共和国住房和城乡建设部于2017年9月27日发布，并于2018年5月1日实施中华人民共和国国家标准《房屋建筑制图统一标准》(GB/T 50001—2017)。原国家标准《房屋建筑制图统一标准》(GB/T 50001—2010)同时废止。其内容包括图纸幅面规格与图纸编排顺序、图线、字体、比例、符号、定位轴线、常用建筑材料图例、图样画法、尺寸标注等。为了统一房屋建筑制图规则，做到图面清晰、简明，适应信息化发展与房屋建设的需要，利于国际交往，房屋建筑制图应符合《房屋建筑制图统一标准》(GB/T 50001—2017)的规定。

《房屋建筑制图统一标准》(GB/T 50001—2017)适用房屋建筑总图，建筑、结构、给水排水、暖通空调、电气等各专业的下列工程制图：

(1)新建、改建、扩建工程的各阶段设计图、竣工图；

(2)原有建(构)筑物的总平面图的实测图；

(3)通用设计图、标准设计图。

《房屋建筑制图统一标准》(GB/T 50001—2017)也适用计算机辅助制图、手工制图方式绘制的图样。房屋建筑制图除应符合《房屋建筑制图统一标准》(GB/T 50001—2017)外，还应符合国家现行有关标准以及各专业制图标准的规定。

1.1.1 图纸幅面、标题栏与会签栏

图纸幅面是指图纸的大小规格。图框是图纸上绘图区域的边界线。图纸幅面图框格式有横式和立式两种，如图 1-1 所示。在绘制图样时应优先选用表 1-1 中所规定的图纸幅面和图框尺寸。必要时允许按《房屋建筑制图统一标准》(GB/T 50001—2017)有关规定加长幅面(表 1-2)。

表 1-1 图纸幅面及图框尺寸

mm

幅面代号	A0	A1	A2	A3	A4
尺寸($b\times l$)	841×1 189	594×841	420×594	297×420	210×297
c	10			5	
a	25				
注：表中 b 为幅面短边尺寸，l 为幅面长边尺寸，c 为图框线与幅面线间宽度，a 为图框线与装订边间宽度。					

表 1-2 图纸长边加长尺寸

mm

幅面尺寸	长边尺寸	长边加长尺寸
A0	1 189	1 486　1 783　2 080　2 378
A1	841	1 051　1 261　1 471　1 682　1 892　2 102
A2	594	743　891　1 041　1 189　1 338　1 486　1 635　1 783　1 932　2 080
A3	420	630　841　1 051　1 261　1 471　1 682　1 892
注：图纸的短边一般不加长。		

标题栏是用来标明设计单位、工程名称、图名、设计人员签名和图号等内容的，必须画在图框内右下角，标题栏中的文字方向代表看图方向。涉外工程的标题栏内，各项主要内容的中文下方应附有译文，设计单位的上方或左方应加注“中华人民共和国”字样。在本课程的制图作业中建议采用图 1-2 中的标题栏样式。

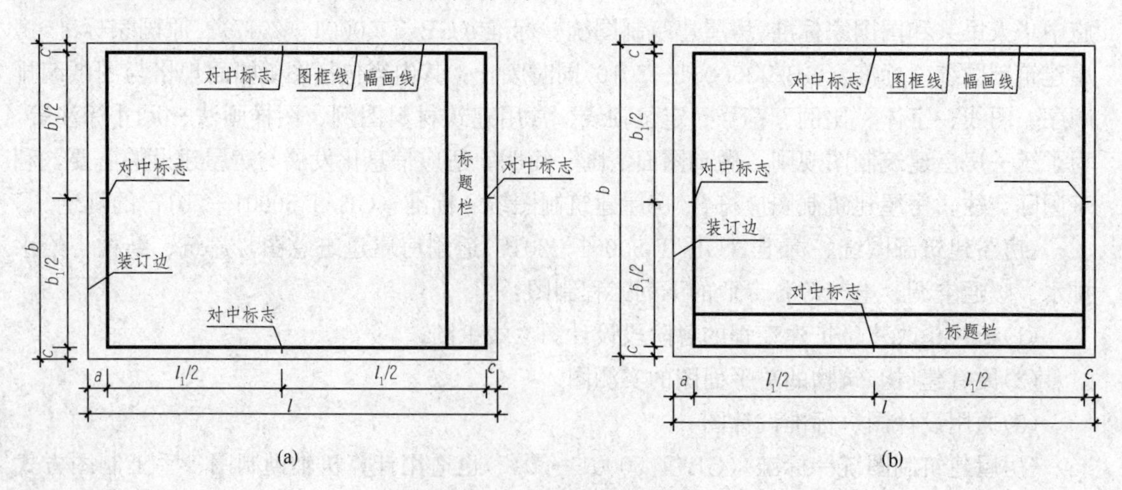

图 1-1 图纸幅面和图框格式

(a) A0～A3 横式幅面(一)；(b) A0～A3 横式幅面(二)

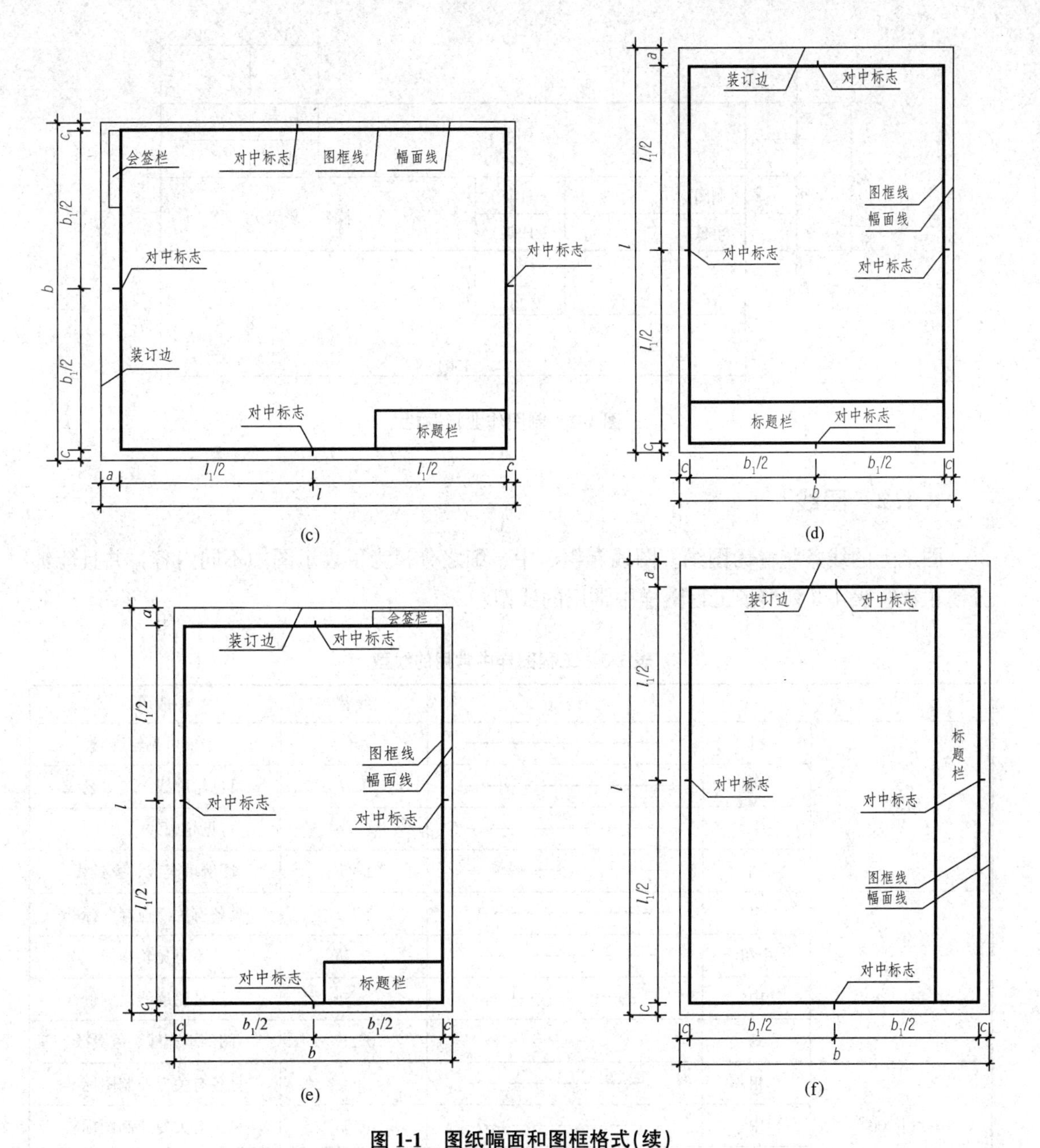

图 1-1　图纸幅面和图框格式(续)

(c)A0～A1 横式幅面(三)；(d)A0～A4 立式幅面(一)；(e)A0～A4 立式幅面(二)；(f)A0～A2 立式幅面(三)

会签栏是各个设计专业负责人签字用的一个表格，画在图框外侧。不需要会签的图样可以不设会签栏。学生作业无须绘制会签栏。

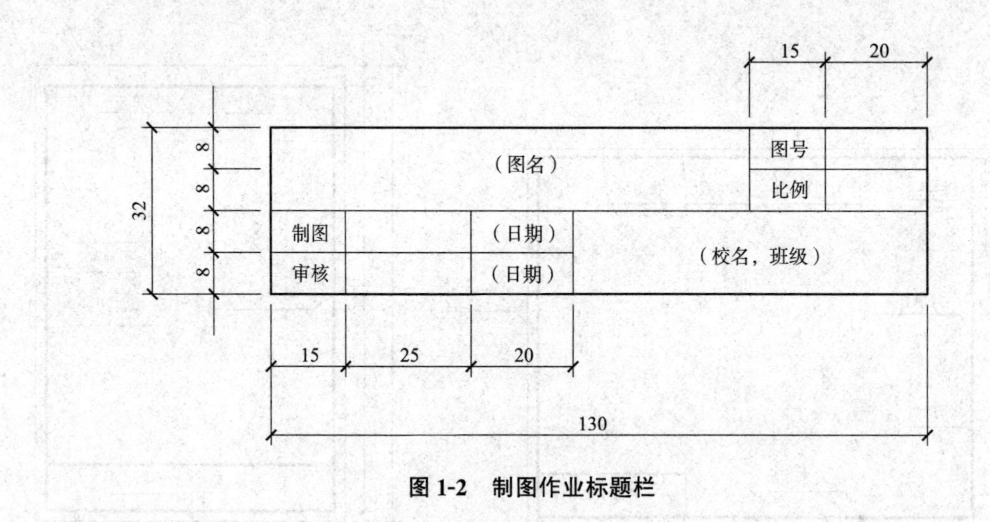

图 1-2　制图作业标题栏

1.1.2　图线

图纸上的线条统称为图线。图线有粗、中、细之分，为了表示图中不同内容，并且能够分清主次。表 1-3 列出了工程图样中常用的线型。

表 1-3　工程图样中常用的线型

名称		线型	线宽	一般用途
实线	粗	———	b	主要可见轮廓线
	中粗	———	$0.7b$	可见轮廓线、变更云线
	中	———	$0.5b$	可见轮廓线、尺寸线
	细	———	$0.25b$	图例填充线、家具线
虚线	粗	- - - - - -	b	见各有关专业制图标准
	中粗	- - - - - -	$0.7b$	不可见轮廓线
	中	- - - - - -	$0.5b$	不可见轮廓线、图例线
	细	- - - - - -	$0.25b$	图例填充线、家具线
单点长画线	粗	—·—·—·—	b	见各有关专业制图标准
	中	—·—·—·—	$0.5b$	见各有关专业制图标准
	细	—·—·—·—	$0.25b$	中心线、对称线、轴线等
双点长画线	粗	—··—··—	b	见各有关专业制图标准
	中	—··—··—	$0.5b$	见各有关专业制图标准
	细	—··—··—	$0.25b$	假想轮廓线、原始轮廓线
折断线	细	30° 30°	$0.25b$	断开界线
波浪线	细	～～～	$0.25b$	断开界线

在确定线宽 b 时，应根据形体的复杂程度和比例的大小进行选择。b 值宜从下列线宽系列中选取：1.4 mm、1.0 mm、0.7 mm、0.5 mm、0.35 mm、0.25 mm、0.18 mm、0.13 mm。每个图样应根据复杂程度与比例大小先选定基本线宽 b，再选用表 1-4 中的线宽组。

表 1-4　线宽组

mm

线宽比	线宽组			
b	1.4	1.0	0.7	0.5
0.7b	1.0	0.7	0.5	0.35
0.5b	0.7	0.5	0.35	0.25
0.25b	0.35	0.25	0.18	0.13
注：1. 需要微缩的图纸，不宜采用 0.18 mm 及更细的线宽。 2. 同一张图纸内，各不同线宽中的细线，可统一采用较细线宽组的细线。				

在画图线时，应注意下列几点：

(1)同一张图纸内，相同比例的各图样，应选用相同的线宽组。

(2)相互平行的图例线，其净间隙或线中间隙不宜小于 0.2 mm。

(3)虚线、单点长画线或双点长画线的线段长度和间隔，宜各自相等。虚线线段长为 3～6 mm，间隔为 0.5～1 mm。单点长画线或双点长画线的线段长度为 15～20 mm。

(4)单点长画线或双点长画线的两端不应是点。点画线与点画线交接点或点画线与其他图线交接时，应是线段交接。

(5)虚线与虚线交接或虚线与其他图线交接时，应是线段交接。虚线为实线的延长线时，不得与实线连接，见表 1-5。

表 1-5　图线相交的画法

名称	举例	
	正确	错误
两条点画线相交		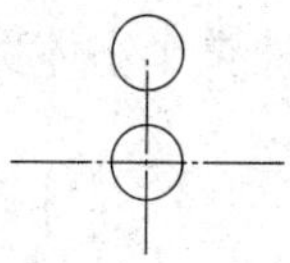
实线与虚线相交，两条虚线相交	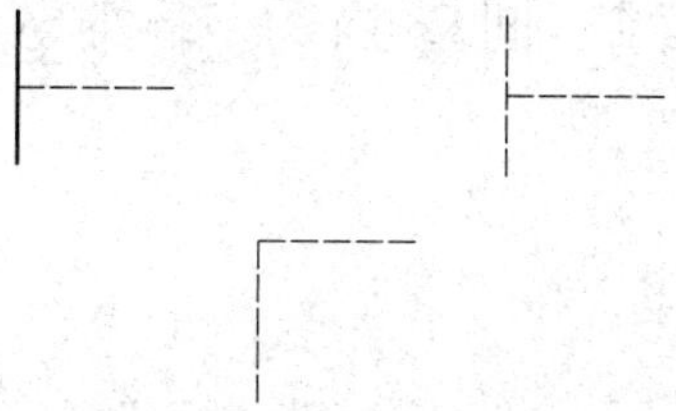	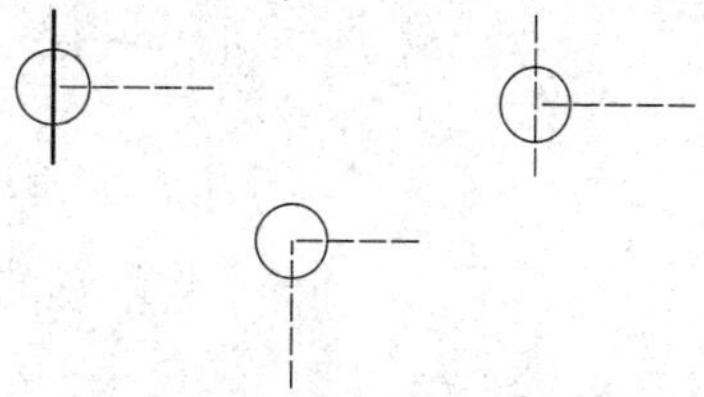
虚线为粗实线的延长线相交	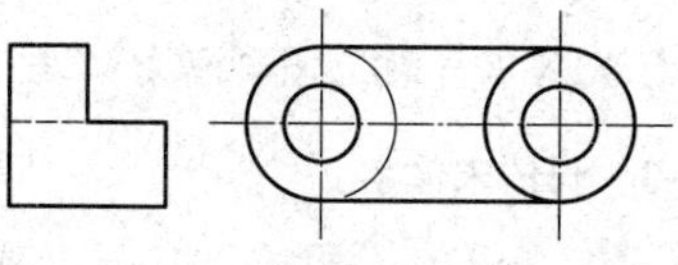	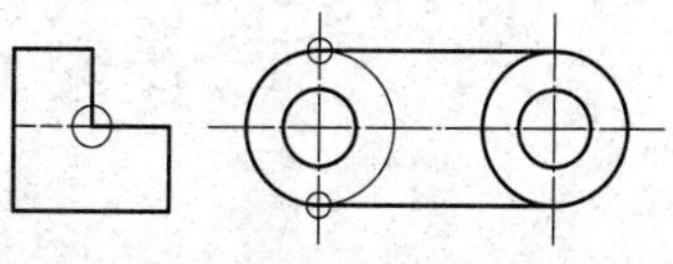

(6)图线不得与文字、数字或符号重叠、混淆；不可避免时，应首先保证文字等的清晰。

(7)绘制圆或圆弧的中心线时，圆心应为线段的交点，且中心线两端应超出圆弧 2～3 mm。当圆较小、画点画线有困难时，可用细实线来代替。

(8)图纸的图框和标题栏线，可采用表 1-6 的线宽。

表 1-6　图框线、标题栏线的宽度 mm

幅面代号	图框线	标题栏外框线	标题栏分格线
A0、A1	b	0.5b	0.25b
A2、A3、A4	b	0.7b	0.35b

1.1.3　字体

工程图样上会遇到各种字或符号，如汉字、数字、字母等。为了保证图样的规范性和通用性，且使图面清晰美观，均应做到笔画清晰、字体端正、排列整齐、标点符号清楚正确。

1. 汉字

汉字的简化书写应符合国家有关汉字简化方案的规定。长仿宋体的字高与字宽之比为 1∶0.7。文字的字高，应从如下系列中选取：3.5 mm，5 mm、7 mm、10 mm、14 mm、20 mm(表 1-7)。如需书写更大的字，其高度应按 $\sqrt{2}$ 的比值递增。

表 1-7　长仿宋体字高、宽关系 mm

字高	20	14	10	7	5	3.5
字宽	14	10	7	5	3.5	2.5

书写长仿宋体字，其要领：横平竖直、注意起落、结构匀称、填满方格、笔画清楚、字体端正、间隔均匀、排列整齐，如图 1-3 所示。注意起笔、落笔、转折和收笔，做到干净利落，笔画不可有歪曲、重叠和脱节等现象，同时要按照整个字结构类型的特点，灵活地调整笔画间隔，使整个字体更加匀称和美观。

10号字

字体工整 笔画清楚 间隔均匀 排列整齐

7号字

横平竖直 注意起落 结构匀称 填满方格

5号字

土木工程 道路桥梁与渡河工程 测绘工程 安全工程 无机非金属材料工程

图 1-3　长仿宋体字

2. 数字和字母

如图 1-4 所示，数字和字母在图样中所占的比例非常大。在工程图中，数字和字母有正体和斜体两种，如需写成斜体，其斜度应是从字的底线逆时针向上倾斜 75°。斜体字的高度与宽度应与相应的直体字相等。拉丁字母、阿拉伯数字与罗马数字的字高，应不小于 2.5 mm。分数、百分数和比例数的注写，应采用阿拉伯数字和数学符号。例如，二分之一、百分之五十和一比二十应分别写成 1/2、50%和 1∶20。

1234567890　　　*1234567890*

ABCDEFGHIJKLMNOPQRSTUVWXYZ

ABCDEFGHIJKLMNOPQRSTUVWXYZ

abcdefghijklmnopqrstuvwxyz

abcdefghijklmnopqrstuvwxyz

图 1-4　字母、数字示例

1.1.4　比例

图样的比例，应为图形与实物相对应的线性尺寸之比。比例的符号为"∶"，比例应以阿拉伯数字表示，如 1∶1、1∶2、1∶100 等。

图 1-5 所示是对同一个形体用三种不同比例表示的图形。

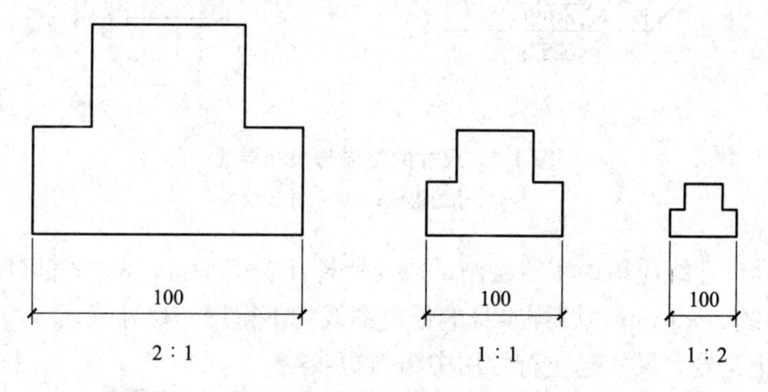

图 1-5　三种不同比例的图形

比例宜注写在图名的右侧，字的基准线应取平；比例的字高宜比图名的字高小一号或二号，如图 1-6 所示。

平面图 1∶100

图 1-6　比例的注写

绘图所用的比例，应根据图样的用途与绘制对象的复杂程度从表 1-8 中选用，并优先选用表中常用比例。

表 1-8　绘图所用的比例

常用比例	1∶1、1∶2、1∶5、1∶10、1∶20、1∶30、1∶50、1∶100、1∶150、1∶200、1∶500、1∶1 000、1∶2 000
可用比例	1∶3、1∶4、1∶6、1∶15、1∶25、1∶40、1∶60、1∶80、1∶250、1∶300、1∶400、1∶600、1∶5 000、1∶10 000、1∶20 000、1∶50 000、1∶100 000、1∶200 000

一般情况下，一个图样应选一种比例。根据专业制图的需要，同一图样可选用两种比例。特殊情况下也可自选比例，这时除应注出绘图比例外，还应在适当位置绘制出相应的比例尺。需要缩微的图纸应绘制比例尺。

1.1.5　尺寸标注

图样只能表示形体的形状，其大小及各组成部分的相对位置是通过尺寸标注来确定的。

1. 尺寸的组成

图样上的尺寸，应包括尺寸界线、尺寸线、尺寸起止符号和尺寸数字，如图 1-7(a)所示。

(1)尺寸界线。尺寸界线应用中实线绘制，应与被注长度垂直，其一端应离开轮廓线不少于 2 mm，另一端宜超出尺寸线 2～3 mm，图样轮廓线可作为尺寸界线，如图 1-7(b)所示。

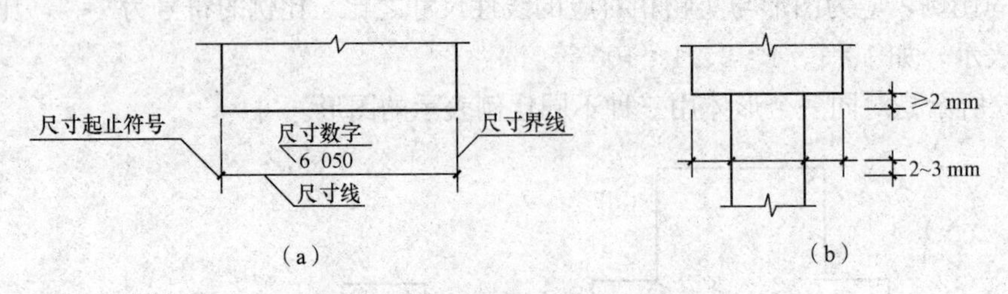

图 1-7　尺寸的组成与尺寸界线

(a)尺寸的组成；(b)尺寸界线

(2)尺寸线。尺寸线应用中实线绘制，应与所标注长度平行，两端宜以尺寸界线为边界，也可超出尺寸界线 2～3 mm，图样本身的任何图线均不得用作尺寸线。

(3)尺寸起止符号。尺寸起止符号用中粗斜短线绘制，其倾斜方向应与尺寸界线成顺时针 45°，长度宜为 2～3 mm。半径、直径、角度与弧长的尺寸起止符号应用箭头表示，箭头尖端与尺寸界限接触，不得超出也不得分开，如图 1-8 所示。

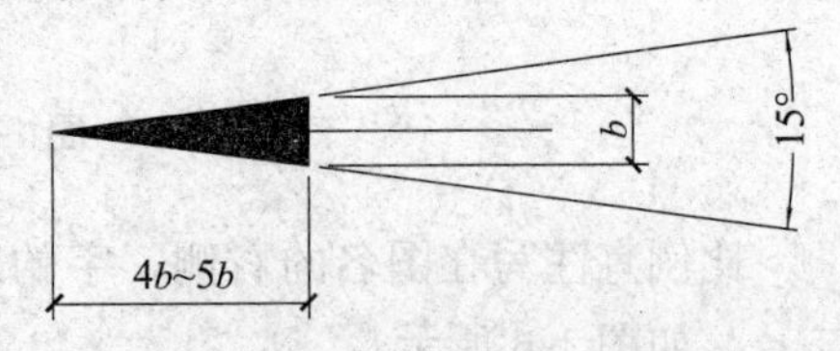

图 1-8　箭头尺寸起止符号

(4)尺寸数字。图样上的尺寸，应以尺寸数字为准，不应从图上直接量取，也与绘图比例无关。图样上的尺寸单位，除标高及总平面图以 m 为单位外，其他必须以 mm 为单位。尺寸数字的方向，应按图 1-9(a)的规定注写，若尺寸数字在图中所示 30°斜线区内，也可按图 1-9(b)的形式注写。

尺寸数字应依其方向注写在靠近尺寸线的上方中部。如没有足够的注写位置，最外面的尺寸数字可注写在尺寸界线的外侧，中间相邻的尺寸数字可上下错开注写，可用引出线表示标注尺寸的位置，如图 1-10 所示。

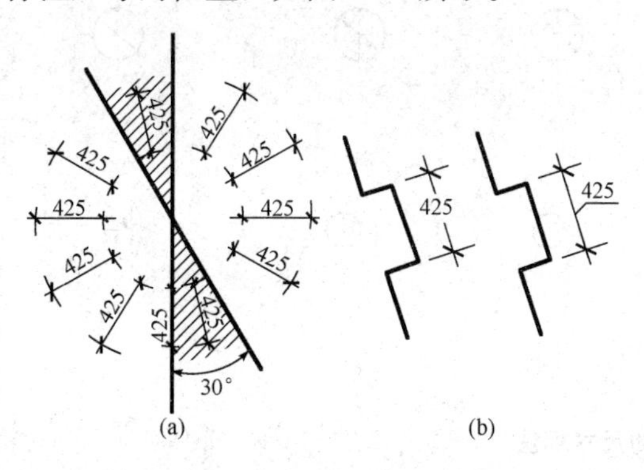

图 1-9　尺寸数字的注写方向

(a)尺寸数字的注写方向 1；(b)尺寸数字的注写方向 2

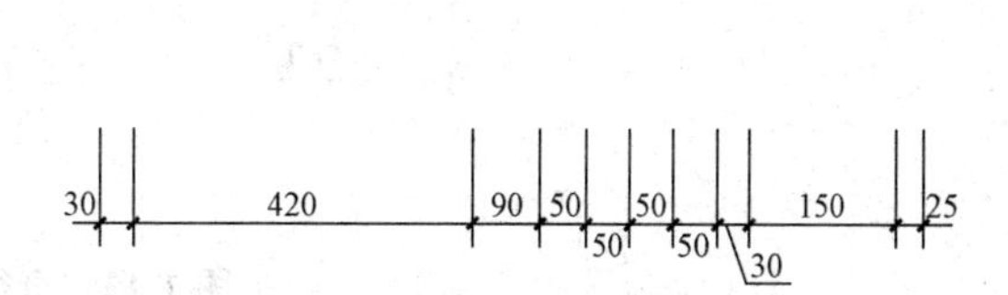

图 1-10　尺寸数字的注写位置

2. 常见的尺寸标注形式

(1)半径、直径、球的尺寸标注。标注半圆(或小于半圆)的尺寸时要标注半径。半径的尺寸线应一端从圆心开始，另一端画出箭头指向圆弧，半径数字应加注半径符号“*R*”，如图 1-11(a)所示。较小圆弧的半径，可按图 1-11(b)的形式标注，较大圆弧的半径，可按图 1-11(c)的形式标注。

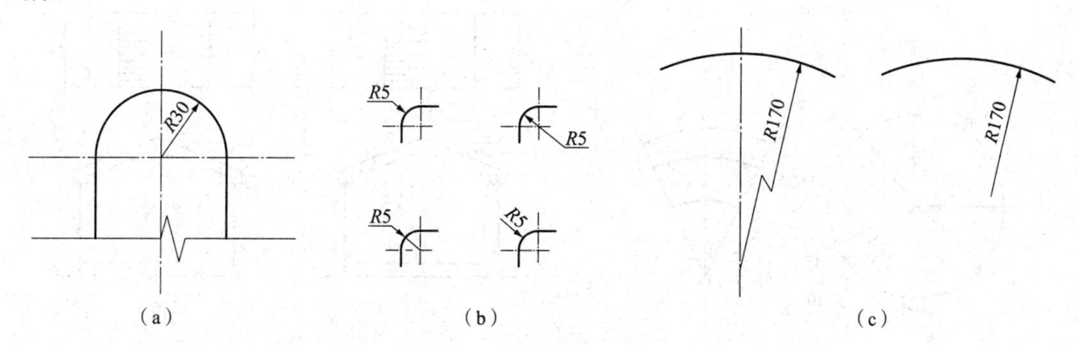

图 1-11　半径的尺寸标注

(a)半径标注方法；(b)小圆弧半径的标注方法；(c)大圆弧半径的标注方法

标注圆(或大半圆)的直径尺寸时，直径数字前加注符号“ϕ”，在圆内标注的尺寸线应通过圆心，两端画箭头指至圆弧，如图 1-12(a)所示。较小圆的直径，可以标注在圆外，如图 1-12(b)所示。

标注球的半径尺寸时，应在尺寸数字前加注符号“*SR*”，标注球的直径尺寸时，应在尺寸数字前加注符号“$S\phi$”。注写方法与圆直径及圆弧半径的尺寸标注方法相同。

(2)角度、坡度的标注。角度的尺寸线应以圆弧表示。该圆弧的圆心应是该角的顶点，角的两边为尺寸界线。起止符号用箭头表示，如没有足够位置画箭头，可用圆点代替，角度数字应沿尺寸线方向注写，如图 1-13 所示。

坡度标注时，可采用百分数或比例的形式标注。在坡度数字下，应加注坡度符号“←”或单面箭头“↼”，如图 1-14(a)(b)所示；箭头应指向下坡方向，如图 1-14(c)(d)所示；坡度也可用直角三角形的形式标注，如图 1-14(e)(f)所示。

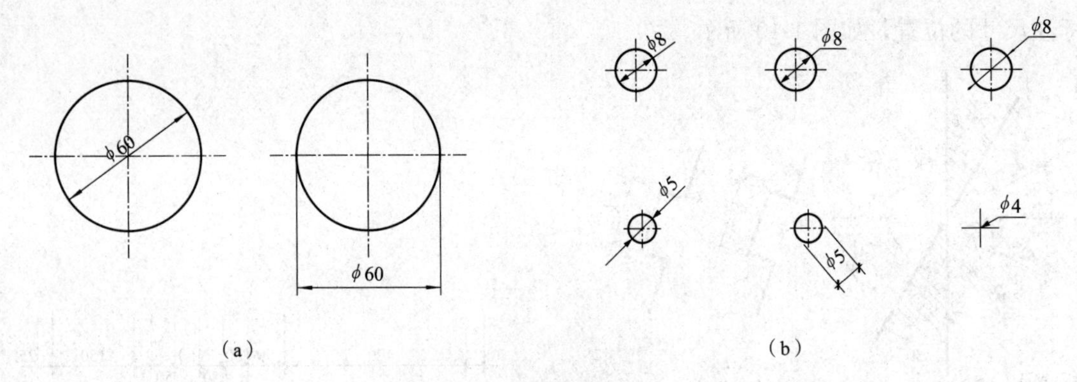

图 1-12　直径的尺寸标注

(a)大圆直径的标注方法；(b)小圆直径的标注方法

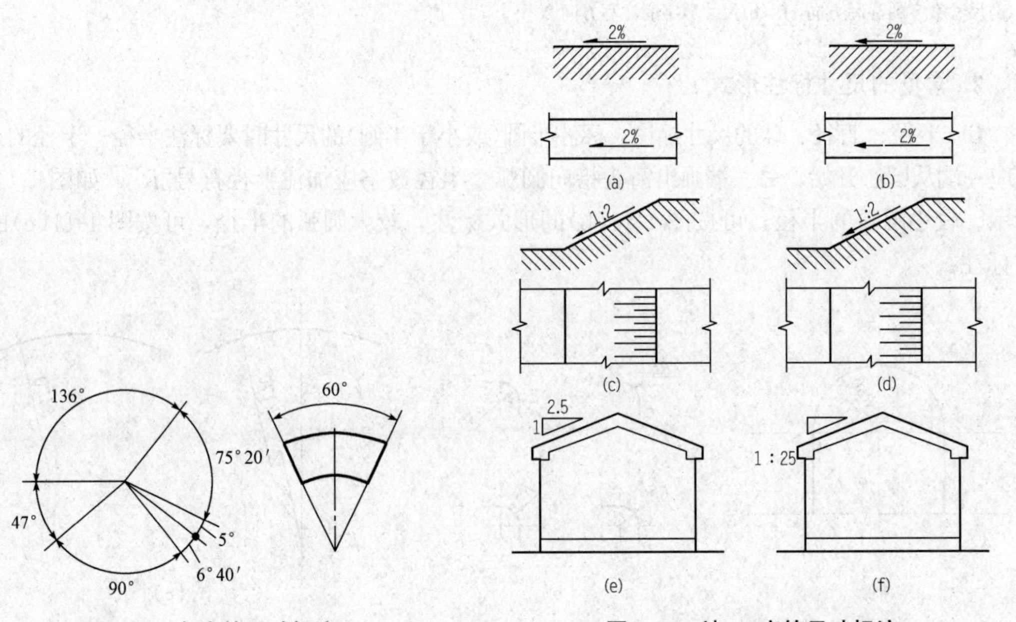

图 1-13　角度的尺寸标注

图 1-14　坡 11 度的尺寸标注

(a)、(b)单面箭头和坡度符号；(c)、(d)下坡方向；(e)、(f)直角三角形表示坡度

1.2　绘图工具和仪器的使用方法

绘制工程图应掌握绘图工具和仪器的正确使用方法，因为它是提高绘图质量、加快绘图速度的前提。绘图工具和仪器种类繁多，下面主要介绍学习阶段不可缺少的几种，并简要说明其使用方法。

1.2.1　图板与丁字尺

图板用来铺放和固定图纸，一般用胶合板制成，板面平整。图板的短边作为丁字尺上下移动的导边，因此要求平直。图板不可受潮或暴晒，以防板面变形，影响绘图尺上的数质量。丁字尺由有机玻璃制成，尺头与尺身垂直，尺身的工作边必须保持光滑平直，切勿用工作边裁纸。丁字尺用完之后要挂起来，防止尺身变形。具体如图 1-15 所示。

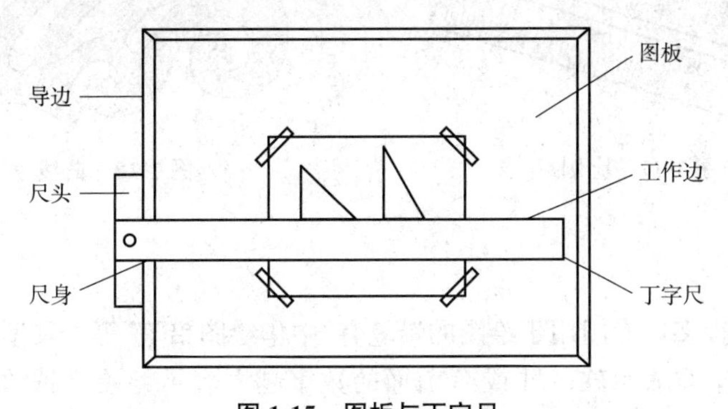

图 1-15　图板与丁字尺

1.2.2　三角板

如图 1-16 所示，三角板由有机玻璃制成，一副三角板有两个：一个三角板角度为 30°、60°、90°；另一个三角板角度为 45°、45°、90°。三角板主要用来画竖直线，也可与丁字尺配合使用画出一些常用的斜线，如 15°、30°、45°、60°、75°等方向的斜线。

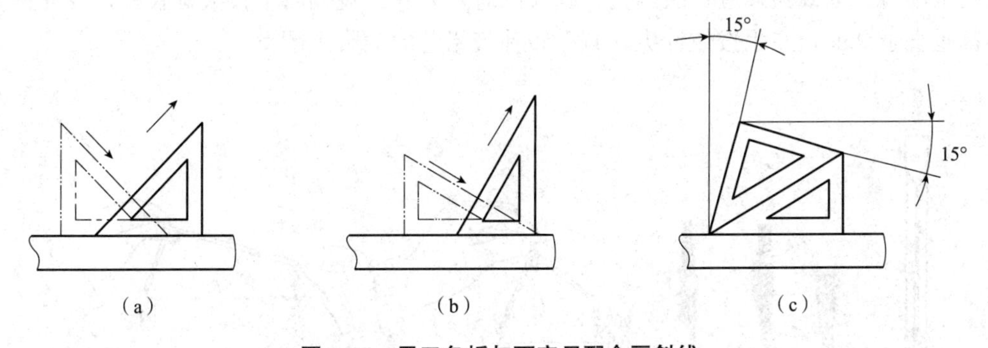

图 1-16　用三角板与丁字尺配合画斜线

(a)画 45°斜线；(b)画 30°、60°斜线；(c)画 15°、75°斜线

1.2.3　比例尺

常用的比例尺是三棱尺(图 1-17)，三个尺面上分别刻有 1∶100、1∶200、1∶400、1∶500、1∶600 等比例尺标，用来缩小或放大尺寸。若绘图比例与尺上比例不同，则选取尺上最相近的比例折算。

1.2.4　曲线板

如图 1-18 所示，有些曲线需要用曲线板分段连接起来。使用时，首先要定出足够数量的点，然后徒手将各点连成曲线，再选用适当的曲线板，并找出曲线板上与所画曲线吻合的一段，沿着曲线板边缘，将该段曲线画出。一般每描一段，最少应有四个点与曲线板的曲线重合。为使描画出的曲线光滑，每描一段曲线时，应有一小段与前一段所描的曲线重叠。

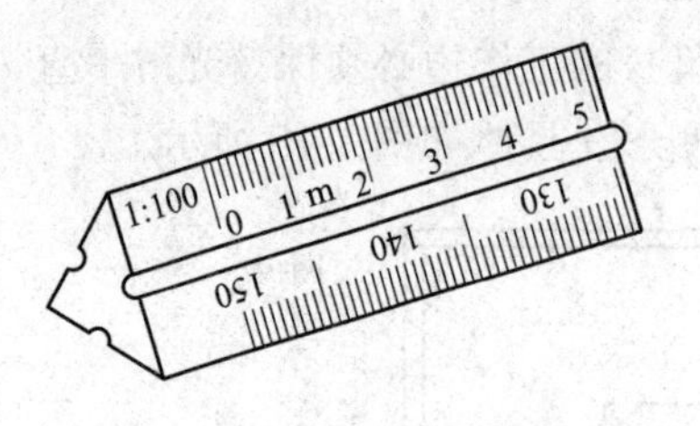

图 1-17 比例尺

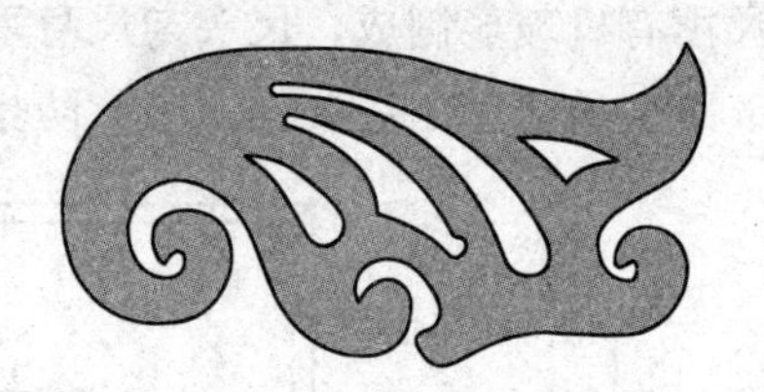

图 1-18 曲线板

1.2.5 铅笔

绘图铅笔种类很多，专门用于绘图的铅笔有“中华绘图铅笔”等，其型号以铅芯的软硬程度来分，H 表示硬，B 表示软；H 或 B 前面的数字越大表示越硬或越软；HB 表示软硬适中。绘图时常用 H 或 2H 的铅笔打底稿，用 HB 铅笔写字，用 B 或 2B 铅笔加深。

1.2.6 圆规与分规

如图 1-19 所示，圆规是用来画圆和圆弧的仪器。使用时，先将两脚分开至所需的半径尺寸，用左手食指把针尖放在圆心位置，将带针插脚轻轻插入圆心处，使带铅芯的插脚接触图纸，然后转动圆规手柄，沿顺时针方向画圆，转动时用力和速度要均匀，并使圆规向转动方向稍微倾斜。圆或圆弧应一次画完，画大圆时，要在圆规插脚上接大延长杆，要使针尖与铅芯都垂直于纸面，左手按住针尖，右手转动带铅芯的插脚画图。

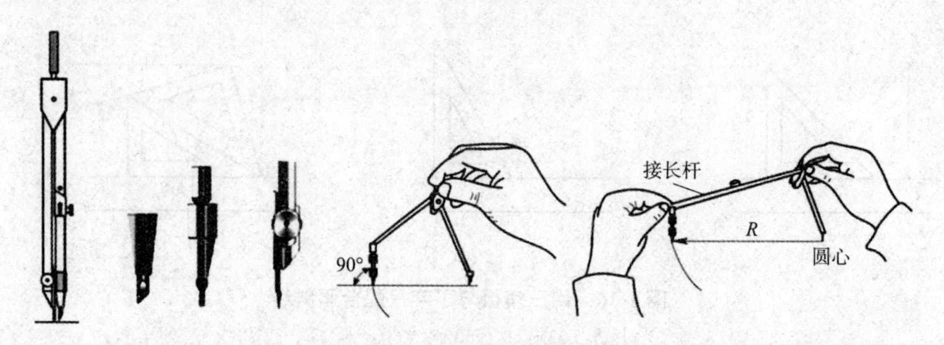

图 1-19 圆规及其用法

如图 1-20 所示，分规的形状像圆规，但两腿都为钢针。分规是用来等分线段或量取长

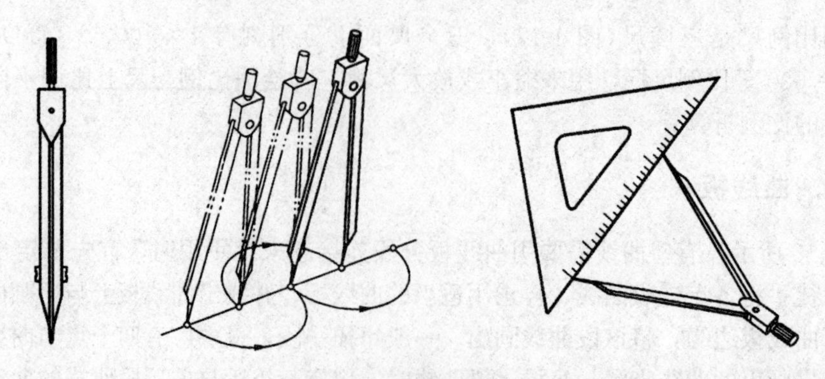

图 1-20 分规及使用示例

度的，量取长度是从直尺或比例尺上量取需要的长度，然后移到图纸上相应的位置。用分规来等分线段时，通常用来等分直线段或圆弧。为了准确地度量尺寸，分规的两针尖应平齐。

1.2.7　其他绘图用品

单(双)面刀片、绘图橡皮、绘图模板、透明胶条等也是绘图时常用的用品。

1.3　几何作图

绘制平面图形时，常常用到平面几何中的几何作图方法，下面仅对一些常用的几何作图方法进行简要的介绍。

1.3.1　等分线段

1. 任意等分已知线段

除了用试分法等分已知线段外，还可以采用辅助线法。三等分已知线段 AB 的作图方法如图 1-21 所示。

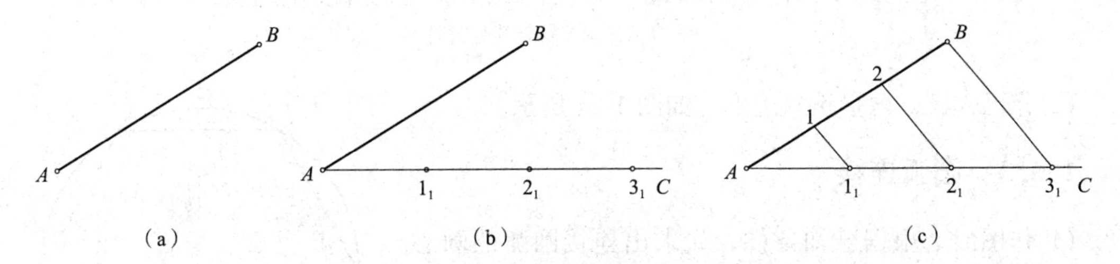

图 1-21　三等分线段

(a)已知条件；(b)过 A 作任一直线 AC 使 $A1_1=1_12_1=2_13_1$；

(c)连接 3_1 与 B，分别由点 2_1、1_1 作 3_1B 的平行线，与 AB 交得等分点 1、2

2. 等分两平行线间的线段

三等分两平行线 AB、CD 之间线段的作图方法如图 1-22 所示。

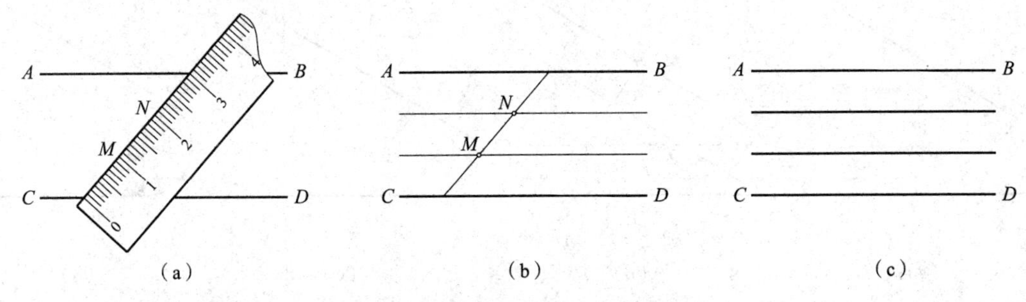

图 1-22　等分两平行线间的线段

(a)使直尺刻度线上的 0 点落在 CD 线上，转动直尺，使直尺上的 3 点落在 AB 线上，取等分点 M、N；

(b)过 M、N 点分别作已知直线段 AB、CD 的平行线；

(c)清理图面，加深图线，即得所求的三等分 AB 与 CD 之间线段的平行线

1.3.2　作正多边形

正多边形可用分规试分法等分外接圆的圆周后作出，也可用三角板配合丁字尺按几何作图等分外接圆的圆周后作出。

(1)作已知圆的内接正五边形，如图 1-23 所示。

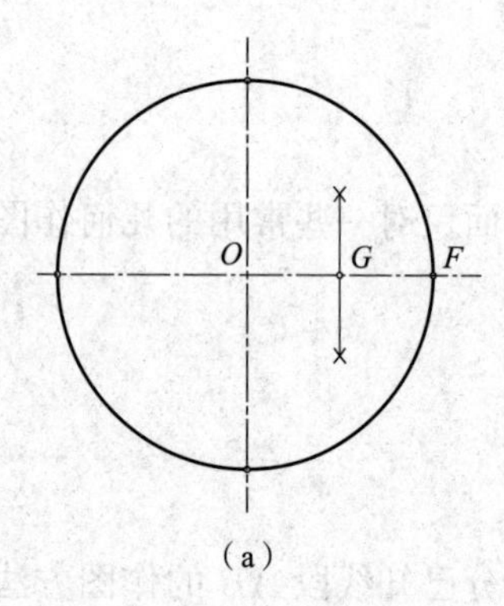

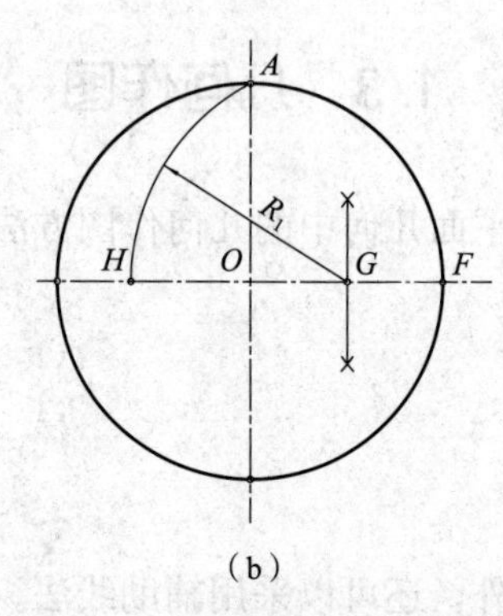

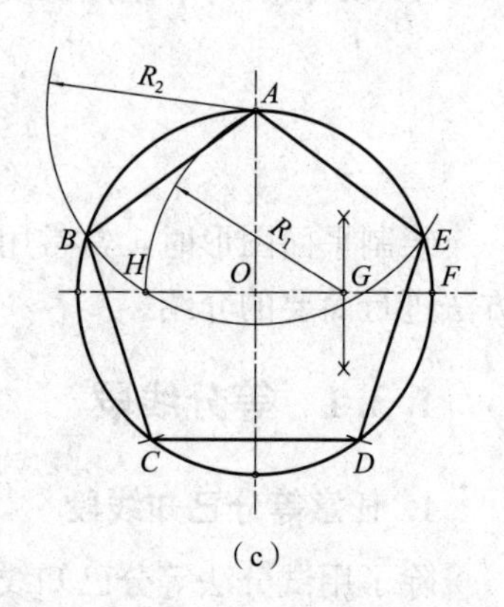

图 1-23　作已知圆的内接正五边形

(a)二等分 OF 得点 G；(b)以点 G 为圆心，以 GA 为半径画圆弧交直径于点 H；(c)以 AH 为半径五等分圆周

(2)作已知圆的内接正六边形，如图 1-24 所示。

1.3.3　圆弧连接

(1)作图时，根据已知条件，先求出连接圆弧的圆心和切点的位置。下面列举几种常见的圆弧连接。

(2)作圆弧与相交两直线连接，如图 1-25 所示。

(3)作直线和圆弧间的圆弧连接，如图 1-26 所示。

(4)作圆弧与两已知圆弧内切连接，如图 1-27 所示。

(5)作圆弧与两已知圆弧外切连接，如图 1-28 所示。

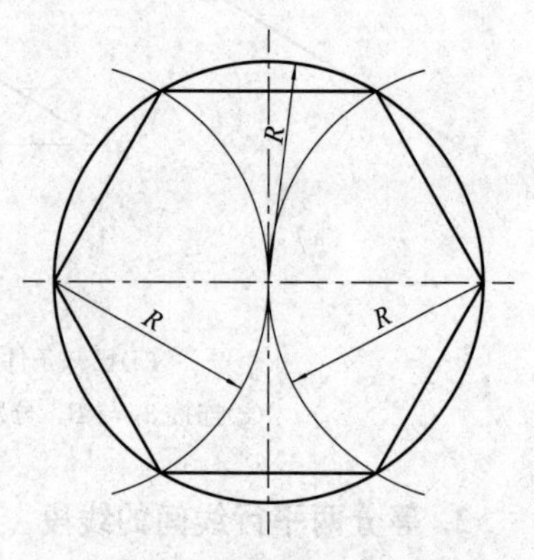

图 1-24　作已知圆的内接正六边形

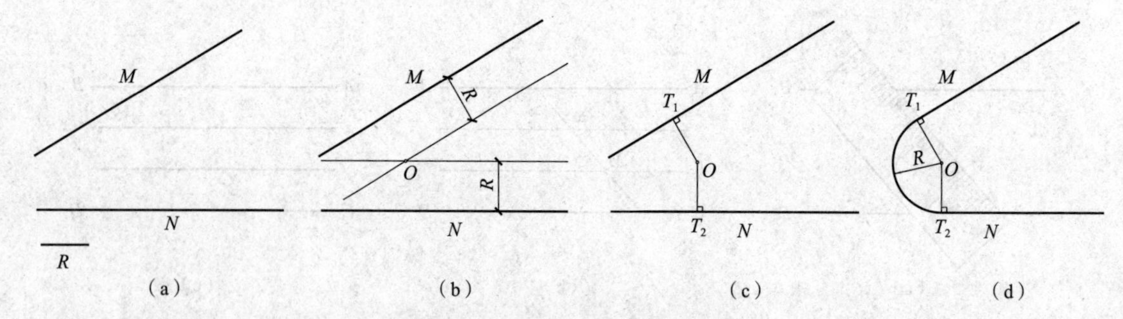

图 1-25　作圆弧与相交两直线连接

(a)已知半径 R 和相交两直线 M、N；(b)分别作出与 M、N 平行且相距为 R 的两直线，交点 O 即为所求圆弧的圆心；(c)过点 O 分别作 M 和 N 的垂线，垂足 T_1 和 T_2 即为所求的切点；(d)以点 O 为圆心，以 R 为半径，在切点 T_1、T_2 之间绘制连接圆弧即为所求

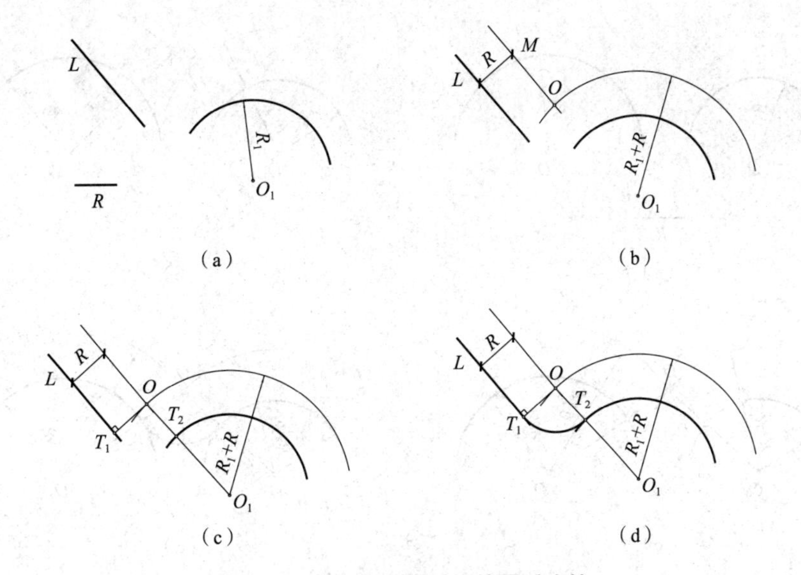

图 1-26　作直线和圆弧间的圆弧连接

(a)已知直线 L、半径为 R_1 的圆弧和连接圆弧的半径 R；

(b)作直线 M 平行于 L 且相距为 R；再以 O_1 为圆心，以 R_1+R 为半径作圆弧，交直线 M 于点 O；

(c)作 OT_1 垂直于 L，垂足为 T_1；连接 OO_1，交已知圆弧于切点 T_2，T_1、T_2 即为切点；

(d)以 O 为圆心，以 R 为半径，在切点 T_1、T_2 之间连接圆弧即为所求

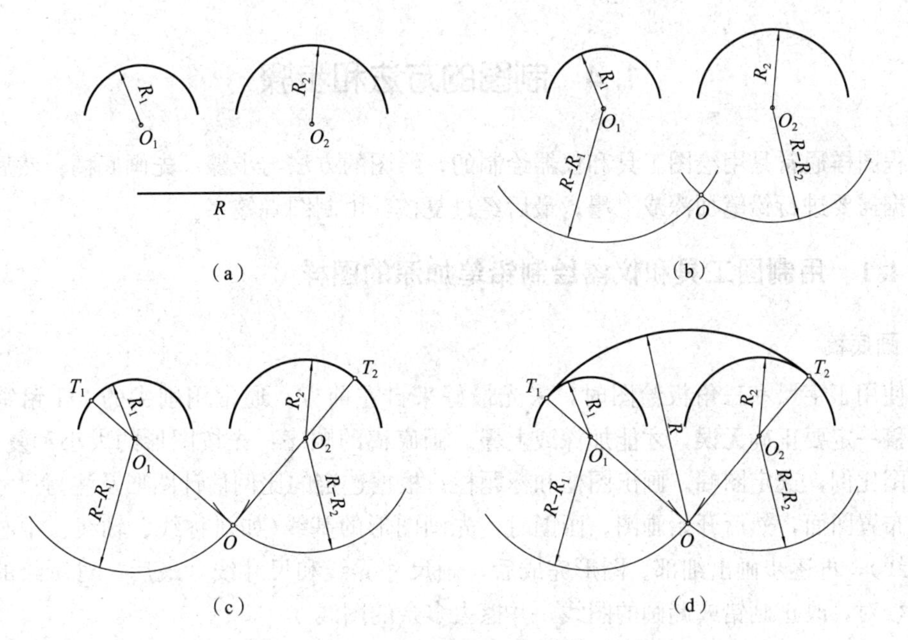

图 1-27　作圆弧与两已知圆弧内切连接

(a)已知内切圆弧的半径 R 和半径为 R_1、R_2 的两已知圆弧；

(b)以 O_1 为圆心，以 $R-R_1$ 为半径画弧，又以 O_2 为圆心，以 $R-R_2$ 为半径画弧，两弧相交于点 O；

(c)延长 OO_1 交圆弧 O_1 于切点 T_1，延长 OO_2 交圆弧 O_2 于切点 T_2；

(d)以 O 为圆心，以 R 为半径，连接 T_1、T_2 间的圆弧即为所求

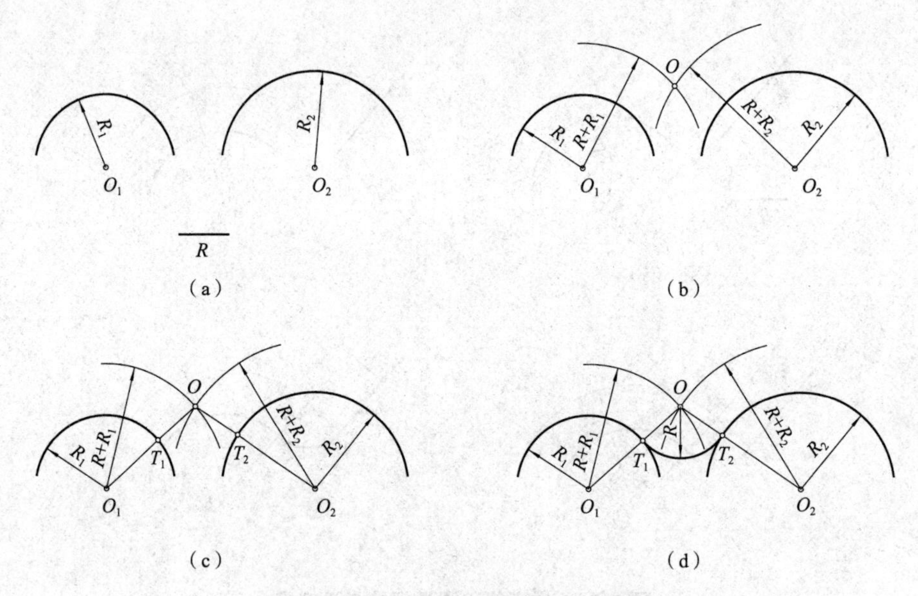

图 1-28　作圆弧与两已知圆弧外切连接

(a)已知外切圆弧的半径 R 和半径为 R_1、R_2 的两已知圆弧；

(b)以 O_1 为圆心，以 $R+R_1$ 为半径画弧，又以 O_2 为圆心，以 $R+R_2$ 为半径画弧，两弧相交于点 O；

(c)连接 OO_1 交圆弧 O_1 于切点 T_1，连接 OO_2 交圆弧 O_2 于切点 T_2；

(d)以 O 为圆心，以 R 为半径，连接 T_1、T_2 间的圆弧即为所求

1.4　制图的方法和步骤

工程图样通常是用绘图工具和仪器绘制的，绘图的方法与步骤：先画底稿；然后进行校对，根据需要进行铅笔加深或上墨；最后经过复核，由制图者签字。

1.4.1　用制图工具和仪器绘制铅笔加深的图样

1. 画底稿

在使用丁字尺和三角板绘图时，采光最好来自左前方。通常用削尖的 2H 铅笔轻绘底稿，底稿一定要正确无误，才能加深或上墨。画底稿的顺序：先按图形的大小和复杂程度，确定绘图比例，选定图幅，画出图框和标题栏；根据选定的比例估计图形及注写尺寸所占的面积，布置图面，然后开始画图。画图时，先画图形的基线(如对称线、轴线、中心线或主要轮廓线)，再逐步画出细部。图形完成后，画尺寸界线和尺寸线。最后，对所绘的图稿进行仔细校对，改正画错或漏画的图线，并擦去多余的图线。

2. 加深

加深要做到粗细分明、线型正确，同一线型加粗后粗细应一致，并且符合国家标准的规定，宽度为 b 和 0.5b 的图线常用 B 或 HB 铅笔加深；宽度为 0.25b 的图线常用削尖的 H 或 2H 铅笔适当用力加深；在加深圆弧时，圆规的铅芯应该比加深直线的铅笔芯软一号。

加深时，一般应先加深细点画线(中心线、对称线)。为了使同类线型宽度粗细一致，可

按线宽分批加深，先画粗实线，再画中虚线，然后画细实线，最后画双点画线、折断线和波浪线。加深同类型图线的顺序：先画曲线，后画直线。画同类型的直线时，通常是先从上向下加深所有的水平线，再从左向右加深所有的竖直线，然后加深所有的倾斜线。

当图形加深完毕后，再加深尺寸线与尺寸界线等，最后画尺寸起止符号，填写尺寸数字，书写图名、比例等文字说明和标题栏。

3. 复核和签字

加深完毕后，必须认真复核，如发现错误，则应立即改正，最后由制图者签字。

1.4.2　用制图工具与仪器绘制上墨的图样

随着计算机绘图的普及，计算机绘图将逐步替代手工上墨描图。需手工上墨描图时，其顺序与绘制铅笔加深的图样相同，但可在描图纸下用衬格书写文字。当描错或纸上染有墨污时，应在描图纸下垫一块三角板，用锋利的薄型刀片轻轻刮掉需要修改的图线或墨污；如在刮净处仍需描图画线或写字，则在垫三角板的情况下，待墨迹干涸后，再用硬橡皮擦拭，最后再在压实修刮过的描图纸上重新上墨或写字。

第2章 点、直线和平面的投影

★本章知识点

1. 了解投影法的概念及分类。
2. 掌握正投影的基本性质。
3. 掌握点、线、面投影图的形成及投影规律。

2.1 投影法概述

2.1.1 投影法的概念

在日常生活中，我们所见到的形体都是具有长、宽、高的立体，如何在平面上表达空间物体的形状和大小呢？而投影又是如何形成的呢？

1. 影子

日常生活中，我们对影子并不陌生。在光线照射下，物体在地面或墙面上投下影子，而且随着光线照射角度或距离的改变，影子的位置和大小也会随之改变，并且这种影子内部灰黑一片，只能反映物体外形的轮廓，如图 2-1(a)所示。

2. 投影

将物体的影子经过如下科学的抽象，假设光线能够穿透形体，而将形体上的各顶点和所有轮廓线都在平面上投射下影子，这些点和线的影将组成一个能够反映出形体各部分形状的图形，这个图形通常称为形体的投影，如图 2-1(b)所示。

通过分析，物体进行投影的条件有投射线、物体、投影面。对物体进行投影，在投影面上产生图像的方法称为投影法。根据投影法所得到的投影图形称为投影图。

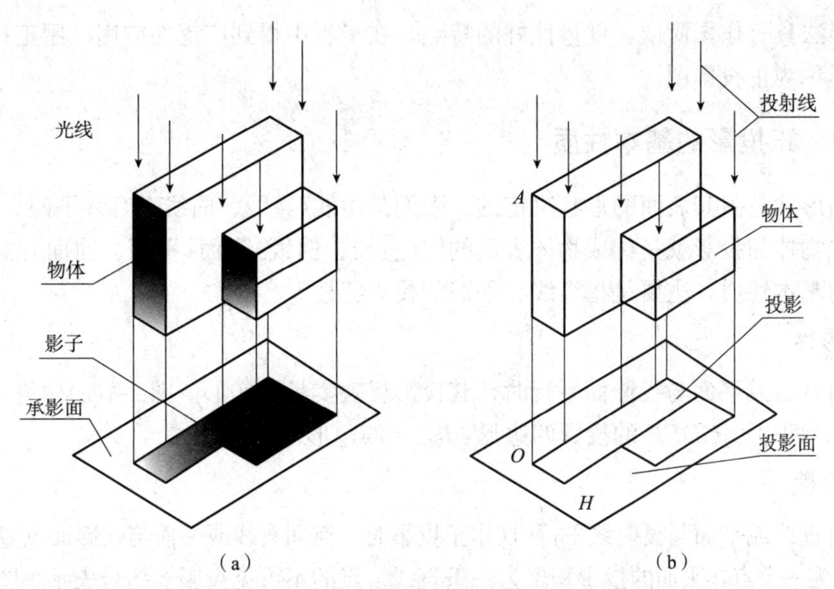

图 2-1　影子和投影

(a)影子；(b)投影

2.1.2　投影法分类

投影法分类是根据投射线的类型(平行或汇交)、投影面与投射线的相对位置(垂直或倾斜)及物体的主要轮廓与投影面的相对关系(平行、垂直或倾斜)设定的。工程上常用的投影法有中心投影法和平行投影法两大类。

1. 中心投影法

中心投影法是投射线汇交一点的投影法(投射中心位于有限远处)，如图 2-2 所示。

2. 平行投影法

平行投影法是投射线相互平行的投影法(投射中心位于无限远处，所有投射线具有相同的投射方向)。在平行投影法中，根据投射线与投影面的关系又分为斜投影法和正投影法两种。当互相平行的投射线(投射方向)与投影面垂直时，称为正投影法，如图 2-3(a)所示；当互相平行的投射线(投射方向)与投影面倾斜时，称为斜投影法，如图 2-3(b)所示。

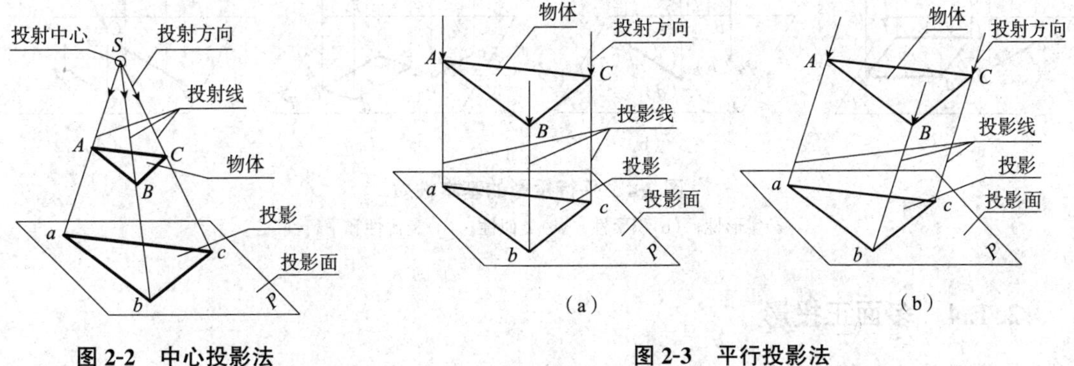

图 2-2　中心投影法

图 2-3　平行投影法

(a)正投影法；(b)斜投影法

正投影法具有作图简便，度量性好的特点，在工程中得到广泛的应用。用正投影法得到的物体投影称为正投影图。

2.1.3 正投影的基本性质

物体的形状是由其表面的形状决定的。表面是由线(直线、曲线)和面(平面、曲面)构成的。因此，物体的投影就是构成物体表面的线(直线、曲线)和面(平面、曲面)的投影总和。平行投影的基本性质，主要是指直线、平面的投影特性。

1. 实形性

当空间直线或平面与投影面平行时，其投影反映实长或实形。图 2-4(a)中直线 AB 的投影 $ab=AB$，四边形 $CDEF$ 的投影四边形 $cdef=$四边形 $CDEF$。

2. 积聚性

当空间直线或平面与投射线平行时(作正投影时，空间直线或平面与投影面垂直)，则直线的投影积聚为一个点，平面的投影积聚为一条直线。点的不可见投影加括号表示，图 2-4(b)中直线 AB 的投影 $a(b)$积聚为一个点，四边形 $CDEF$ 的投影四边形 $cdef$ 积聚为一条直线。

3. 类似性

当空间直线或平面与投影面倾斜时，则直线的投影仍为直线但长度发生了改变(正投影的长度缩短)，平面的投影为类似形(正投影的面积变小)。图 2-4(c)中直线 AB 的投影 $ab<AB$；四边形 $CDEF$ 的投影四边形 $cdef<$四边形 $CDEF$。

4. 定比性

若直线上的点分割线段成一定比例，则点的投影分割线段的投影成相同的比例，如图 2-4(d)所示，$AK:KB=ak:kb$。

5. 平行性

当两直线平行时，它们的投影也平行，且两直线的投影长度之比等于其长度比，如图 2-4(d)所示。$AB/\!/CD$，则 $ab/\!/cd$，且 $AB:CD=ab:cd$。

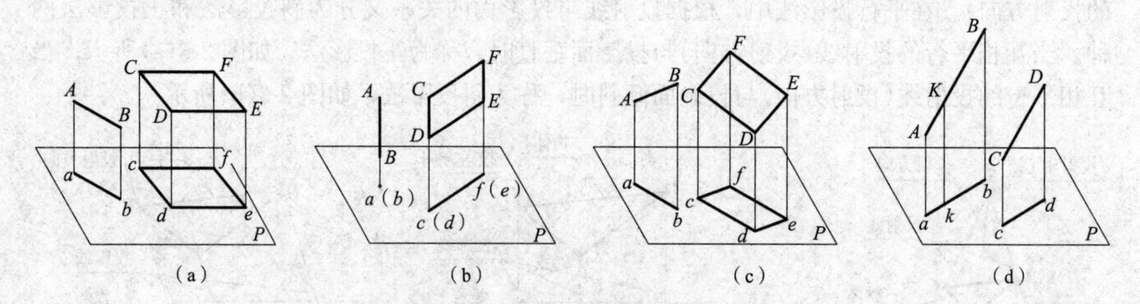

图 2-4 平行投影的基本性质

(a)实形性；(b)积聚性；(c)类似性；(d)定比性和平行性

2.1.4 多面正投影

工程制图绘制图样的主要方法是正投影法。但是，只用一个正投影图来表达物体是不够的。如图 2-5 所示，用正投影法将空间的物体Ⅰ、Ⅱ向投影面 *H* 上进行投影，所得到的投影完全相同。若根据这个投影图确定物体的形状，显然是不可能的。因为它可以是物体Ⅰ，也可以是物体Ⅱ。由此可见，单面正投影不能唯一地确定物体的形状，若要使正投影图能够唯一地确定物体的形状，就需要采用多面正投影的办法。

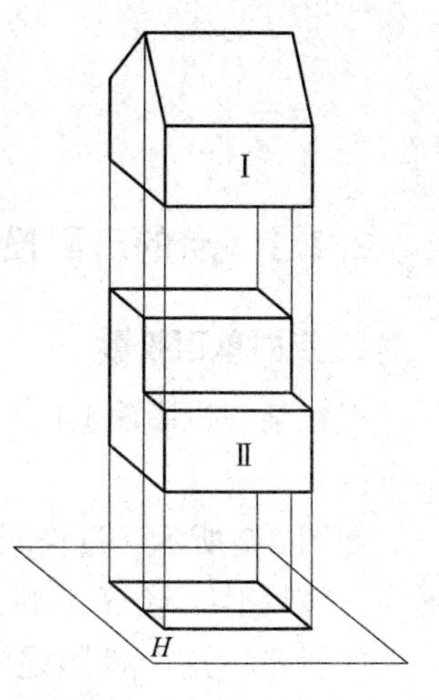

图 2-5　单面正投影

如图 2-6 所示，设定三个相互垂直的投影面，分别用 *V*、*H*、*W* 表示；它们的交线称为投影轴，分别用 *OX*、*OY*、*OZ* 表示。用正投影法将物体分别向这三个投影面上进行投影。然后，使 *V* 面保持不动，把 *H* 面绕 *OX* 轴向下旋转 90°，把 *W* 面绕 *OZ* 轴向右旋转 90°，这样就得到位于同一平面(展开后的平面)上的三个正投影图，这便是物体的三面投影图。物体在 *H*、*V* 和 *W* 面上的投影，分别称为水平投影、正面投影和侧面投影。由于物体的三面投影图能够反映物体的上面、正面和侧面的形状、大小，因此根据物体的三面投影图可以唯一地确定该物体。

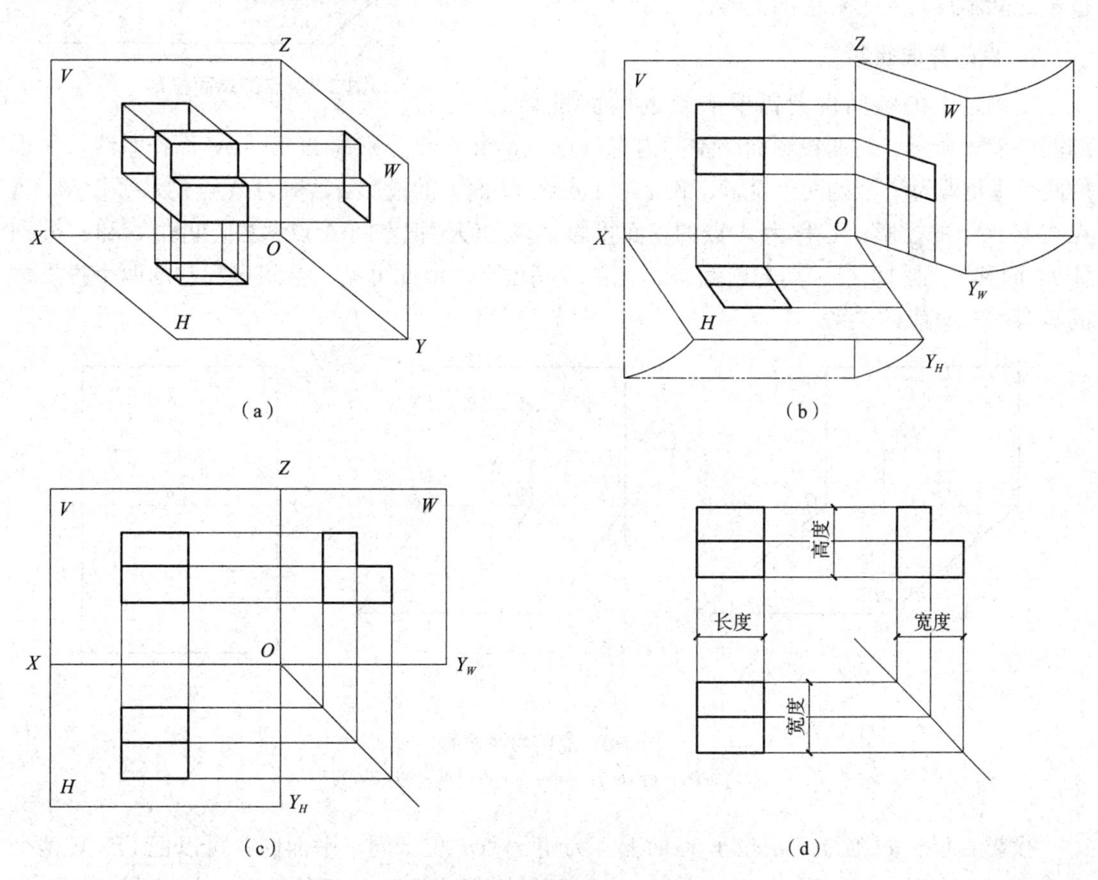

图 2-6　三面正投影的形成

(a)直观图；(b)展开过程；(c)三面投影体系；(d)三面投影图

2.2　点的投影

2.2.1　点的三面投影

1. 点的单面投影

点在某一投影面上的投影，实质上是过该点向投影面所作垂足。因此，点的投影仍然是点。

如图 2-7 所示，过空间点 A 向投影面 H 作投射线，该投射线与 H 面的交点 a，即为 A 点在 H 面上的投影。这个投影是唯一的。反过来，给出投影 a，却不能唯一地确定 A 点的空间位置。因为位于投射线上的所有点(如 A_1 点)，其在 H 面上的投影 a_1 与 a 重合。所以，空间点和它的单面投影之间不具有一一对应的关系。

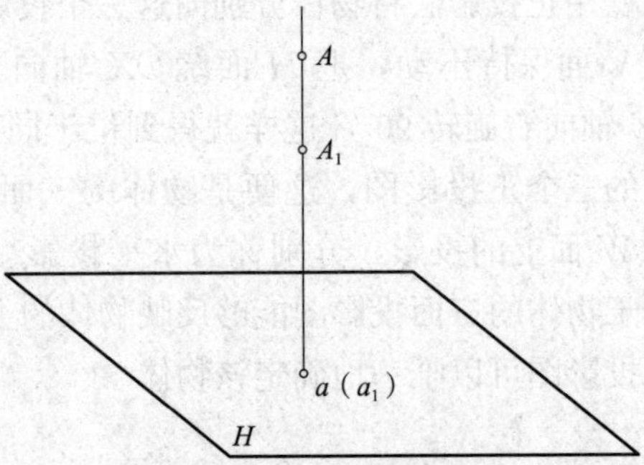

图 2-7　点的单面投影

2. 点的两面投影

要确定点的空间位置需要有点的两面投影。如图 2-8(a)所示，在两投影面的空间内有一点 A，由 A 点分别向 H 面和 V 面作垂线，所得的两个垂足即为 A 点的两个投影 a 和 a'。A 点在 H 面上的投影 a，称为 A 点的水平投影；A 点在 V 面上的投影 a'，称为 A 点的正面投影。现在假想把空间 A 点移去，再过 a 和 a' 分别作 H 面和 V 面的垂线，其交点就是 A 点的空间位置。由此可见，空间点和它的两个投影之间具有一一对应的关系。

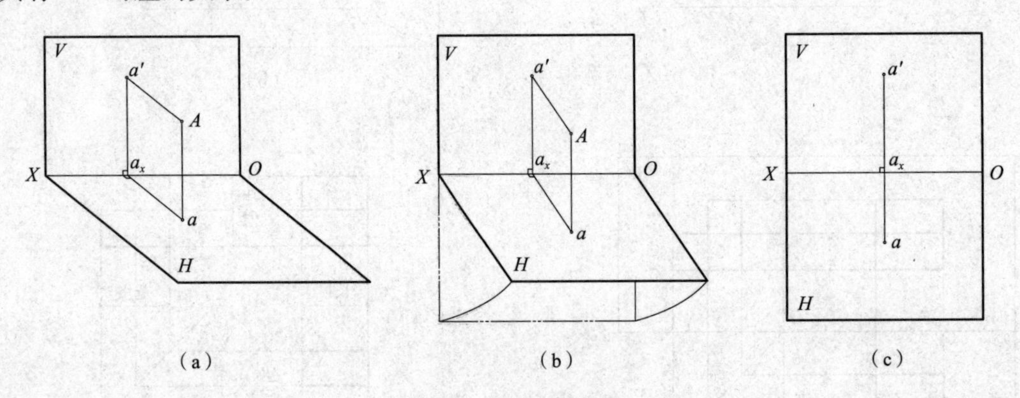

图 2-8　点的两面投影

(a)直观图；(b)展开过程；(c)点的两面投影体系

投影 a 位于 H 面上，a'位于 V 面上。为使 a 和 a' 位于同一平面内，可以把 H、V 两个平面展成一个平面。如图 2-8(b)所示，使 V 面保持不动，将 H 面绕 OX 轴向下旋转 90°与 V 面重合，即得点的两面正投影图，如图 2-8(c)所示。其投影特性如下：

(1)点的水平投影 a 和正面投影 a' 的连线垂直于投影轴 OX，即 $aa' \perp OX$。

(2)点的水平投影到 OX 轴的距离等于空间点到 V 面的距离，点的正面投影到 OX 轴的距离等于空间点到 H 面的距离，即 $aa_x=Aa'$，$a'a_x=Aa$。

3. 点的三面投影

虽然点的两面投影已经能够确定点在空间的位置，但为表达物体，特别是较复杂的物体，常常需要三面投影，因此还需要研究点的三面投影及其相互间的投影关系。

如图 2-9(a)所示，在两投影面 H 和 V 的基础上，再在右侧设立一个同时垂直于 H 和 V 的 W 面作为第三个投影面，该投影面称为侧立投影面。W 面与 H 面和 V 面的交线也称投影轴，分别用 OY 和 OZ 表示，OX、OY 和 OZ 的交点 O 称为原点。

如图 2-9(a)所示，给出在三投影面的空间内一点 A，由 A 点分别向 H 面、V 面、W 面作垂线，所得的三个垂足即为 A 点的三个投影 a、a' 和 a''。在 W 面上的投影 a'' 称为 A 点的侧面投影。

如图 2-9(b)所示，为把三个投影 a、a' 和 a'' 表示在同一平面上，规定 V 面不动，把 H 面绕 OX 轴向下旋转 90°，把 W 面绕 OZ 轴向右旋转 90°，与 V 面重合(随 H 面旋转的 OY 轴以 OY_H 表示，随 W 面旋转的 OY 轴以 OY_W 表示)，这样即得点的三面投影图，如图 2-9(c)所示。

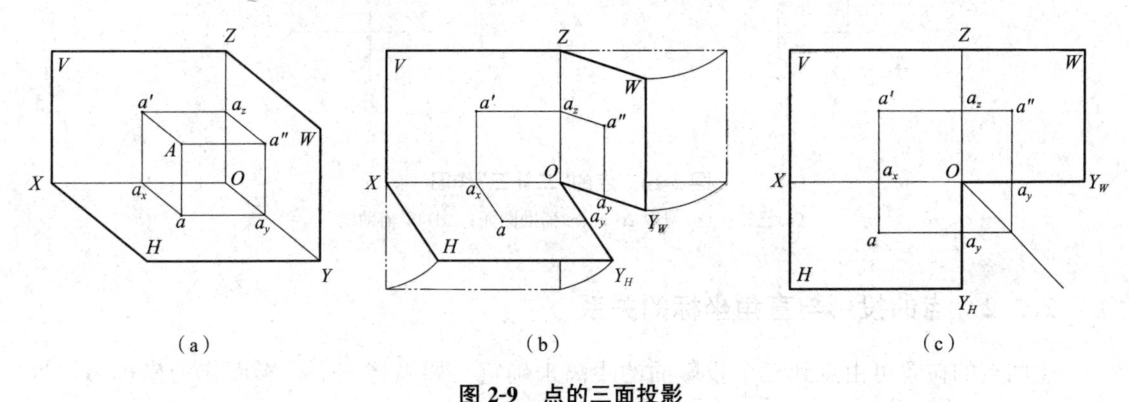

图 2-9　点的三面投影

(a)直观图；(b)展开过程；(c)点的三面投影体系

点的三面投影特性如下：

(1)点的水平投影 a 和正面投影 a' 的连线垂直于投影轴 OX，即 $aa'\perp OX$。

(2)点的正面投影 a' 和侧面投影 a'' 的连线垂直于投影轴 OZ，即 $a'a''\perp OZ$。

(3)点的侧面投影 a'' 到 OZ 轴的距离等于点的水平投影 a 到 OX 轴的距离(都等于空间点到 V 面的距离)，即 $a''a_z=aa_x=Aa'$。

上述特性说明了在点的三面投影图中，每两个投影之间都有一定的投影规律，因此，只要给出点的任意两个投影就可以求出第三个投影。

【例 2-1】 已知 A 点的水平投影 a 和正面投影 a'，求其侧面投影 a''，如图 2-10(a)所示。

作图步骤：

(1)如图 2-10(b)，过 a' 作 OZ 轴的垂线交 OZ 于 a_z(a''必在 $a'a_z$ 的延长线上)；

(2)在 $a'a_z$ 的延长线上截取 $a_za''=aa_x$，即得 a''。

作图中，为使 $a''a_z=aa_x$，也可以用 1/4 圆弧将 aa_x 转向 $a''a_z$，如图 2-10(c)所示，也可以用 45°斜线将 aa_x 转向 $a''a_z$，如图 2-10(d)所示。

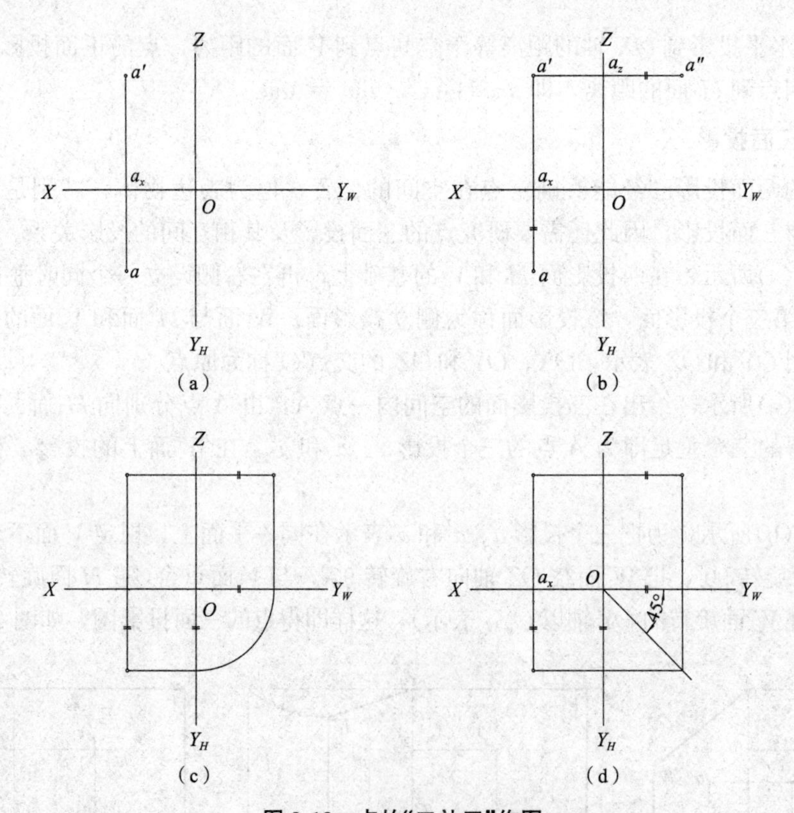

图 2-10　点的“二补三”作图

(a)已知；(b)截取 Δy；(c)辅助圆弧；(d)45°辅助线

2.2.2　点的投影与直角坐标的关系

空间点的位置可由点到三个投影面的距离来确定。如果将三个投影面作为坐标面，投影轴即为坐标轴，O 点是坐标原点。如图 2-11 所示，空间点 A 的位置可以由其三个坐标值 $A(x_A, y_A, z_A)$确定，则点的投影与坐标之间的关系如下：

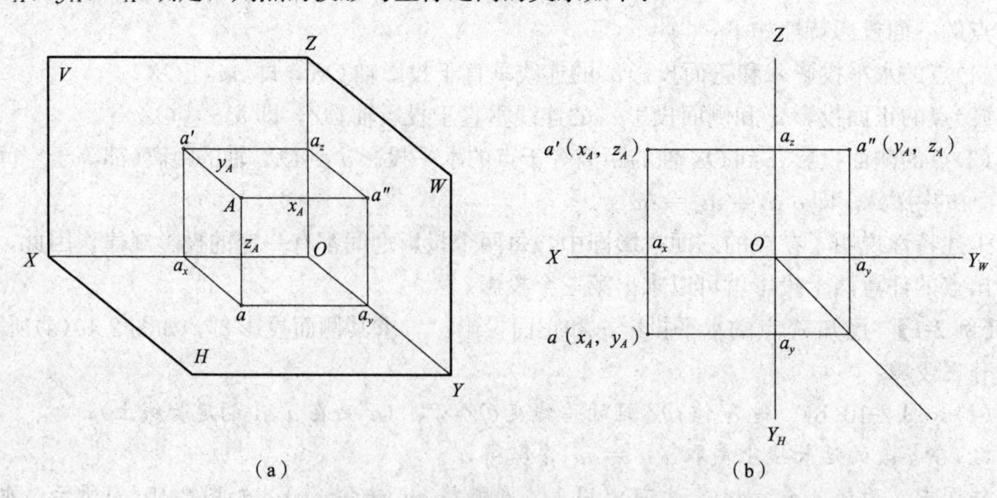

图 2-11　点的投影与坐标之间的关系

(a)直观图；(b)点的三面投影与坐标的关系

(1)点 A 到 W 面的距离(x_A)为 $Aa''=a'a_z=aa_y=a_xO=X$ 坐标。

(2)点 A 到 V 面的距离(y_A)为 $Aa'=a''a_z=aa_x=a_yO=Y$ 坐标。

(3)点 A 到 H 面的距离(z_A)为 $Aa=a''a_y=a'a_x=a_zO=Z$ 坐标。

空间点的位置可由该点的坐标确定，例如，A 点三投影的坐标分别为 a(x_A，y_A)，a'(x_A，z_A)，a''(y_A，z_A)。任一投影都包含两个坐标，所以一个点的两个投影就包含了确定该点空间位置的三个坐标，即确定了点的空间位置。

【例 2-2】 已知空间点 A 的坐标为 $X=20$，$Y=10$，$Z=15$，也可写成 $A(20，10，15)$。求作 A 点的三面投影(单位为 mm)。

分析：已知空间点的三个坐标，便可作出该点的两个投影，从而作出另一投影。

作图步骤：

(1)在 OX 轴上由 O 点向左量取 20，定出 a_x，过 a_x 作 OX 轴的垂线[图 2-12(a)]；

(2)在 OY_H 轴上由 O 点向下量取 10，作水平线与过 a_x 的垂直线相交得 a，即 A 点的 H 面投影[图 2-12(b)]；

(3)在 OZ 轴上由 O 点向上量取 15，作水平线与过 a_x 的垂直线相交得 a'，即 A 点的 V 面投影，再由 a、a' 作出 a''[图 2-12(c)]。

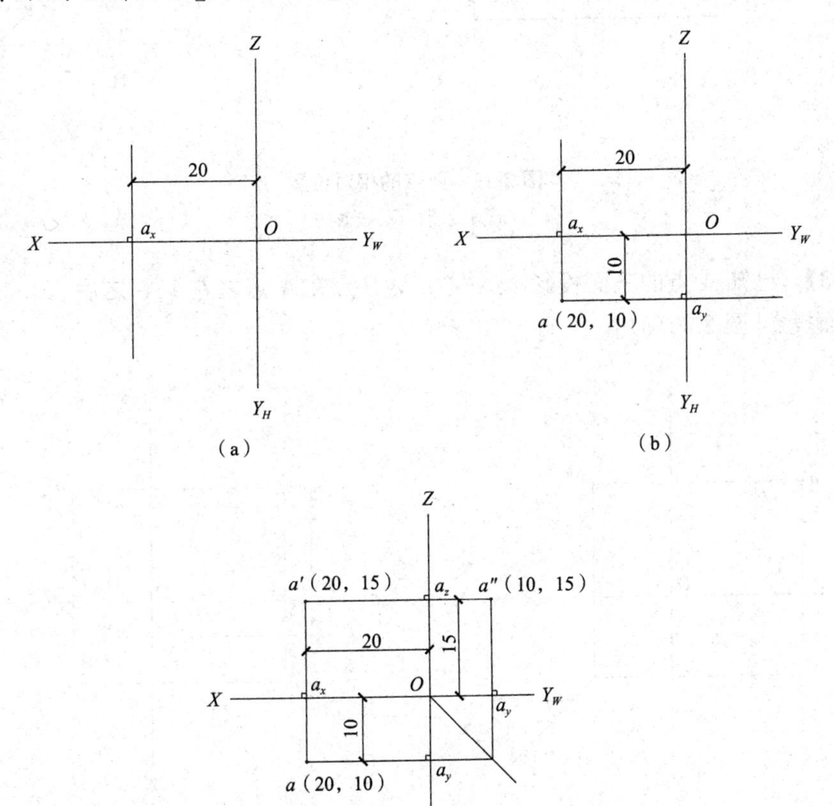

图 2-12　已知点的坐标求作三面投影

2.2.3 两点的相对位置与重影点

两点的相对位置是指两点在空间的左右、前后、上下的方位关系。在投影图中，是以它们的坐标差来确定的。如图 2-13 所示，点的 X 坐标表示点到 W 面的距离。因此，根据两点的 X 坐标大小，可判别两点左右之间的位置(B 点在 A 点之右)；根据两点的 Y 坐标大小，可判别两点前后之间的位置(B 点在 A 点之前)；根据两点的 Z 坐标大小，可判别两点上下之间的位置(B 点在 A 点之上)。

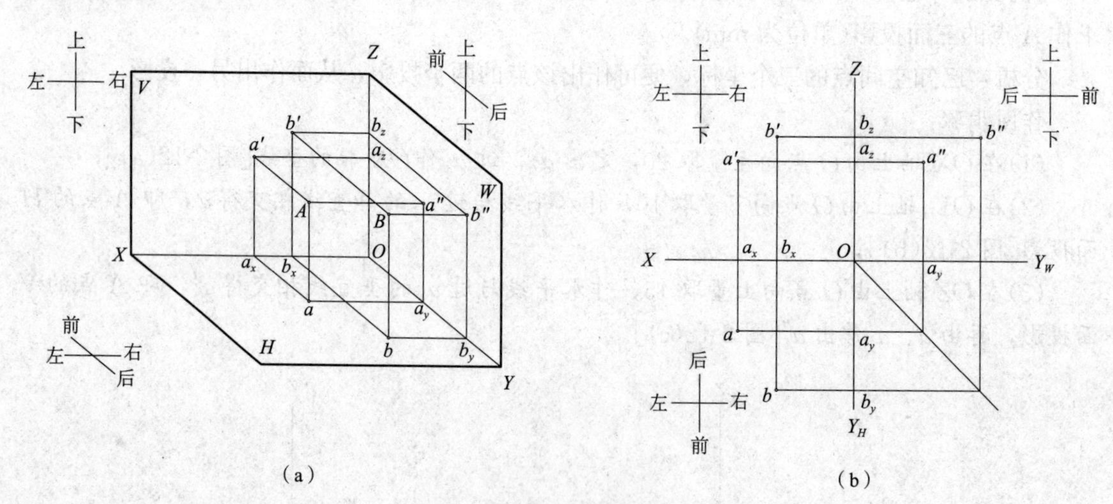

图 2-13　两点的相对位置

(a)直观图；(b)投影图

【例 2-3】 已知 A 点的三面投影 a、a'、a''，B 点在 A 点之左 15，之后 25，之下 10，求作 B 点三面投影[图 2-14(a)]。

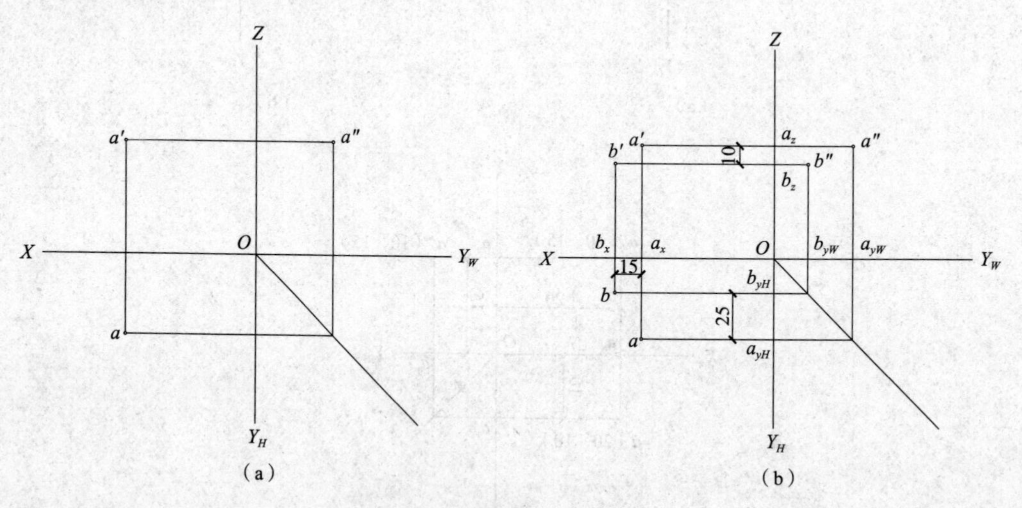

图 2-14　求作 B 点三面投影

分析：B 点在 A 点的左方，说明 $X_B>X_A$，B 点在 A 点的后方和下方，说明 $Y_B<Y_A$，$Z_B<Z_A$，可根据两点坐标差作出 B 点的三面投影。

作图步骤：

(1) 自 a_x 沿 X 轴方向向左量取 15 得 b_x，作垂线，自 a_{yH} 沿 Y 轴方向向后量取 25，作水平线与垂直线交于 b[图 2-14(b)]。

(2) 自 a_z 沿 Z 轴方向向下量取 10，作水平线与垂直线交于 b'，再由 b、b' 求得 b''[图 2-14(b)]。

如果空间两个点在某一投影面上的投影重合，那么这两个点就叫作对于该投影面的重影点，见表 2-1，其中：

水平投影重合的两个点叫作水平(H 面)重影点；

正面投影重合的两个点叫作正面(V 面)重影点；

侧面投影重合的两个点叫作侧面(W 面)重影点。

表 2-1　重影点

分类	直观图	投影图	投影特性
水平重影点	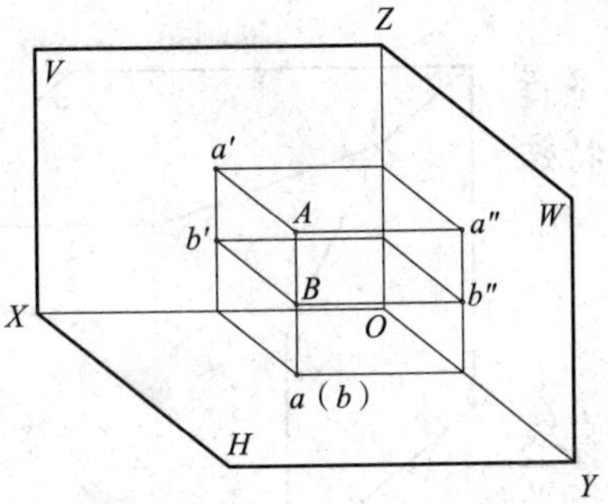	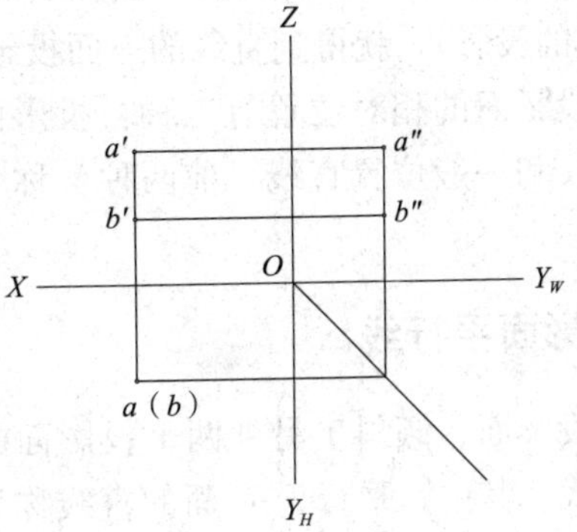	(1) 正面投影和侧面投影反映两点的上下位置。 (2) 水平投影重合为一点，上面一点可见，下面一点不可见
正面重影点	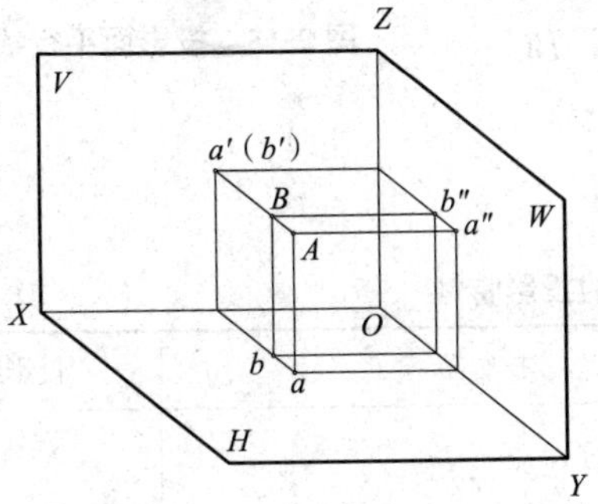	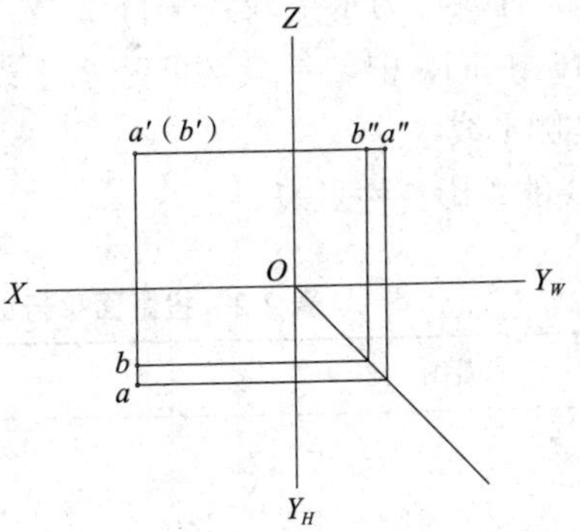	(1) 水平投影和侧面投影反映两点的前后位置。 (2) 正面投影重合为一点，前面一点可见，后面一点不可见
侧面重影点	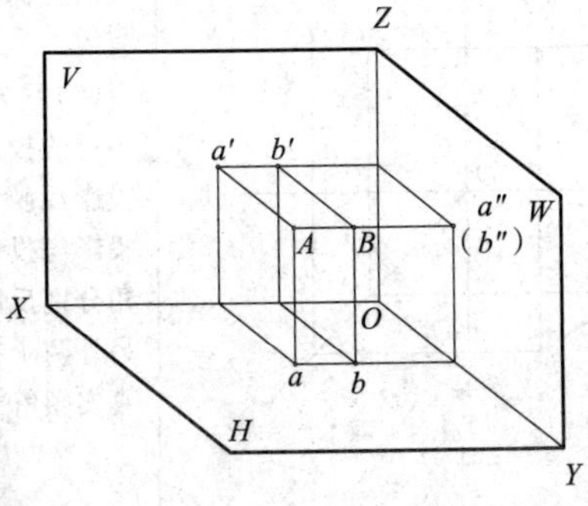	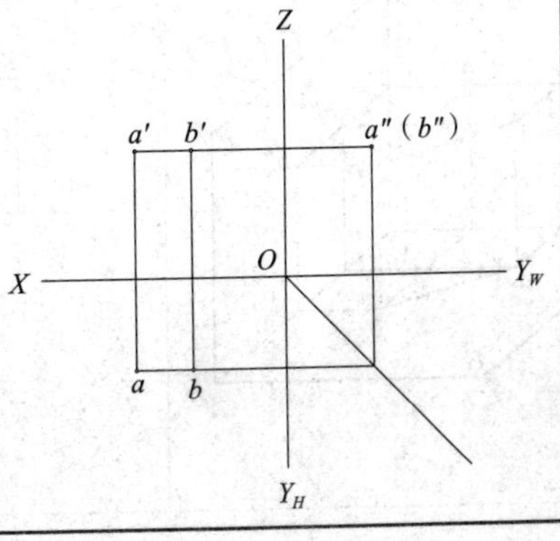	(1) 水平投影和正面投影反映两点的左右位置。 (2) 侧面投影重合为一点，左面一点可见，右面一点不可见

显然，出现两个点投影重合的原因是两个点位于某一投影面的同一条投射线上(这两个点的某两个坐标相同)。因此，当观察者沿投射线方向观察两点时，必有一点可见，一点不可见，这就是重影点的可见性。

重影点可见性的判别方法如下：

对水平重影点，观察者从上向下看，上面一点可见，下面一点不可见；

对正面重影点，观察者从前向后看，前面一点可见，后面一点不可见；

对侧面重影点，观察者从左向右看，左面一点可见，右面一点不可见。

不可见点的投影符号写在括号内。

2.3 直线的投影

空间两点可以决定一条直线，所以只要作出线段两端点的三面投影，连接两点的同面投影(同一投影面上的投影)，就得到直线的三面投影。

空间直线与投影面的相对位置有三种：投影面平行线、投影面垂直线和一般位置直线。前两种又称为特殊位置直线。

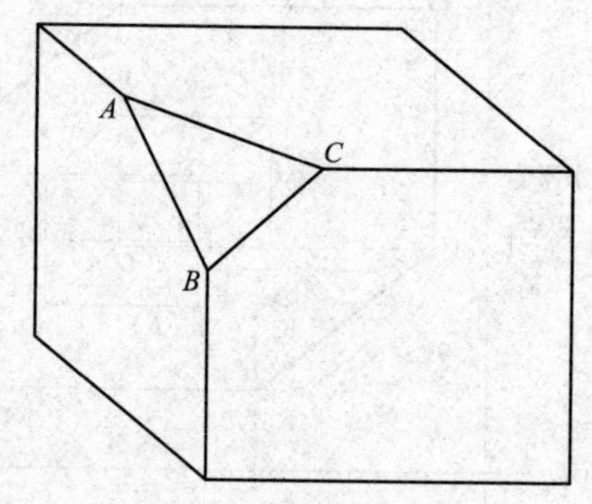

图 2-15 投影面平行线

2.3.1 投影面平行线

平行于一个投影面、倾斜于另外两个投影面的直线称为投影面平行线。其中，平行于 V 面的直线称为正平线，平行于 H 面的直线称为水平线，平行于 W 面的直线称为侧平线。在图 2-15 中，直线 AC 是水平线，BC 是正平线，AB 是侧平线。

投影面平行线的投影特性见表 2-2。

表 2-2 投影面平行线的投影特性

分类	直观图	投影图	投影特性
水平线	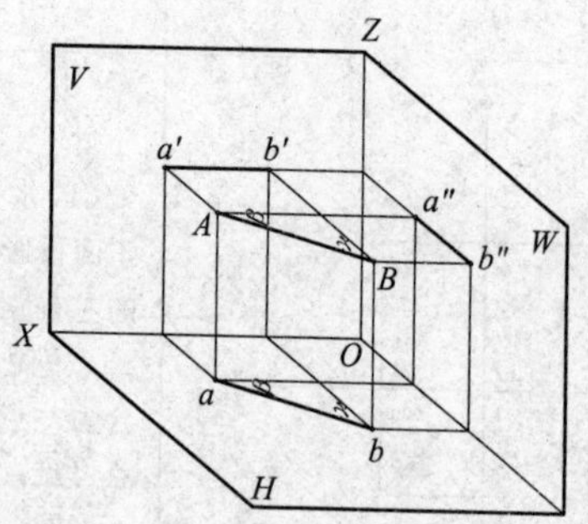	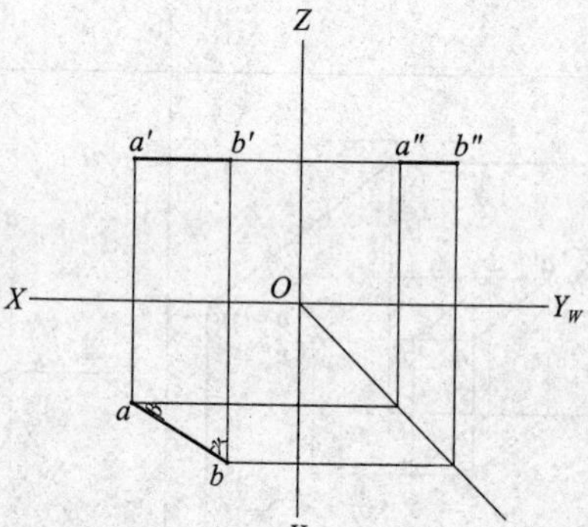	(1)投影面平行线的三面投影都是直线。 (2)平行线在所平行的投影面上的投影反映实长，该投影与投影轴的夹角分别反映直线对另外两个投影面的真实倾角[1]。

续表

分类	直观图	投影图	投影特性
正平线	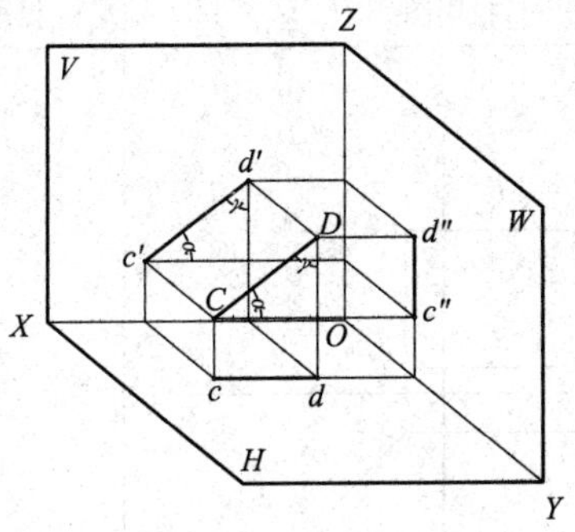	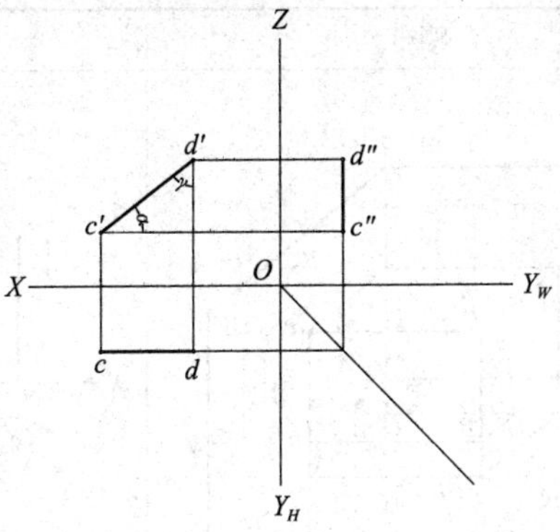	（3）平行线在另外两个投影面上的投影分别平行于相应的投影轴，且投影短于实长
侧平线	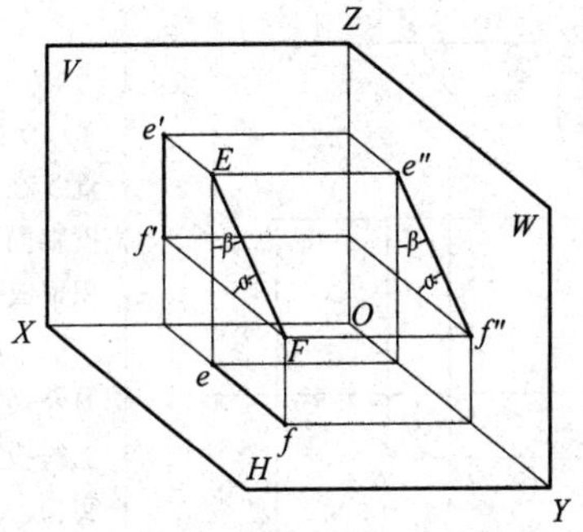	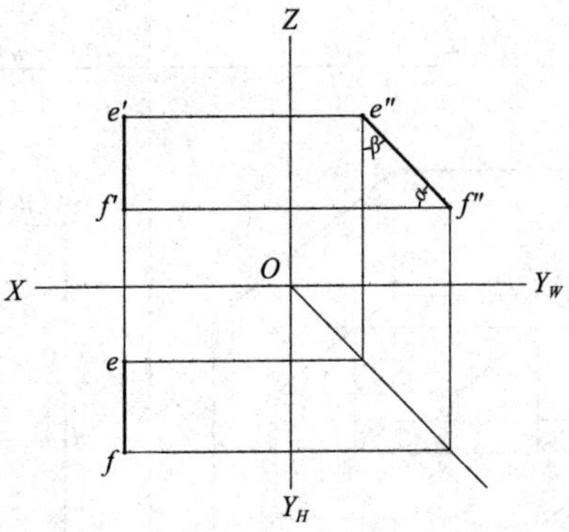	
①直线或平面与它在投影面上的投影所夹锐角称为倾角，对 H、V、W 三个投影面的倾角分别用 α、β、γ 表示。			

2.3.2　投影面垂直线

垂直于一个投影面，与另外两个投影面平行的直线称为投影面垂直线。其中，垂直于 V 面的直线称为正垂线，垂直于 H 面的直线称为铅垂线，垂直于 W 面的直线称为侧垂线。在图 2-16 中，直线 AB 是铅垂线，BC 是正垂线，CD 是侧垂线。

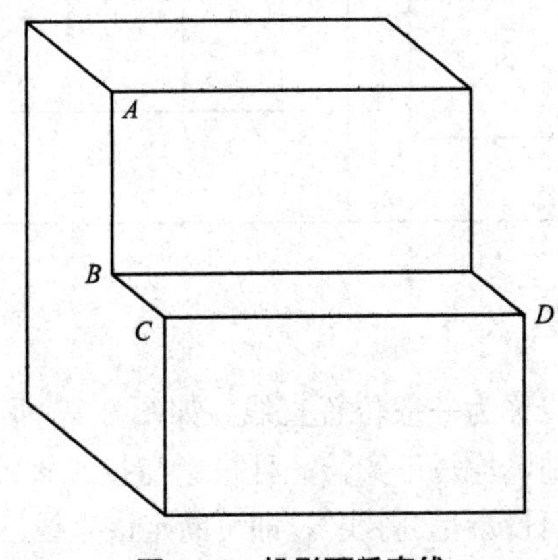

图 2-16　投影面垂直线

投影面垂直线的投影特性见表 2-3。

表 2-3　投影面垂直线的投影特性

分类	直观图	投影图	投影特性
铅垂线	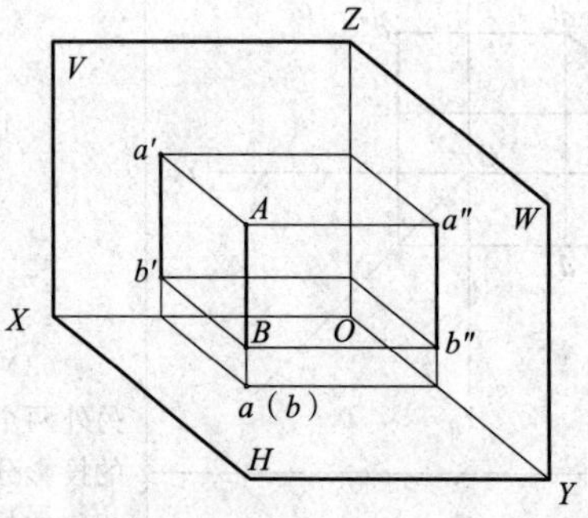	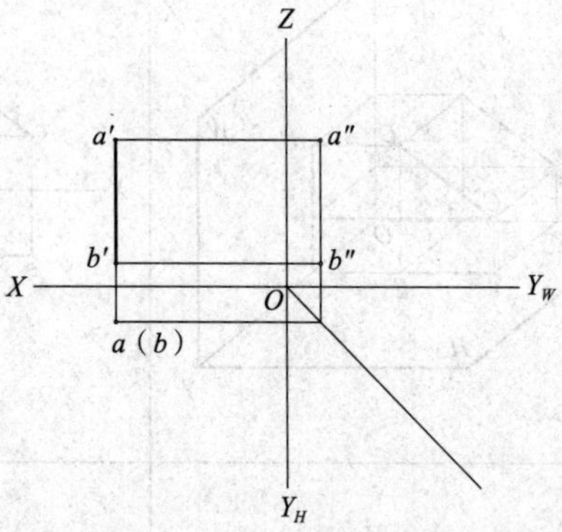	
正垂线	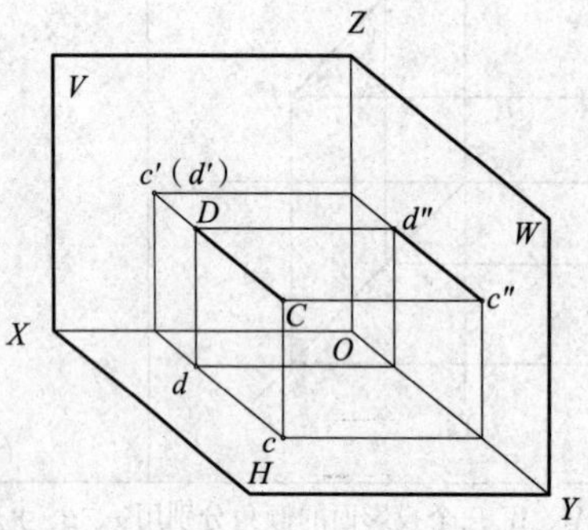	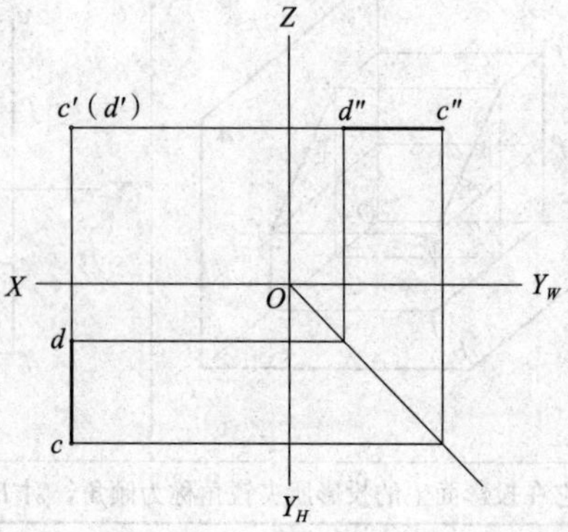	(1)投影面垂直线在所垂直的投影面上的投影积聚成一点。 (2)垂直线在另外两个投影面上的投影均反映实长，且同时平行于一条相应的投影轴
侧垂线	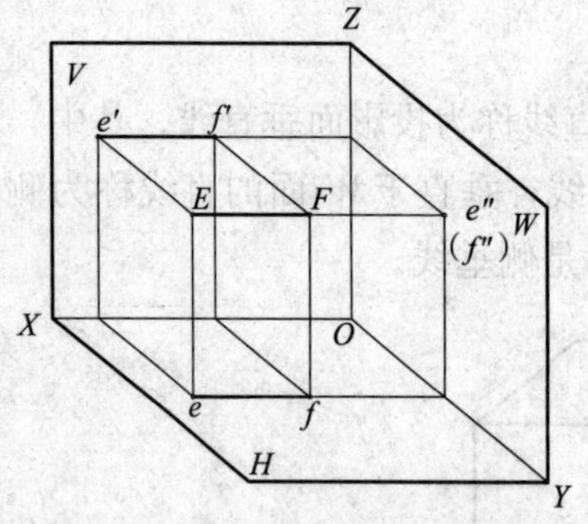	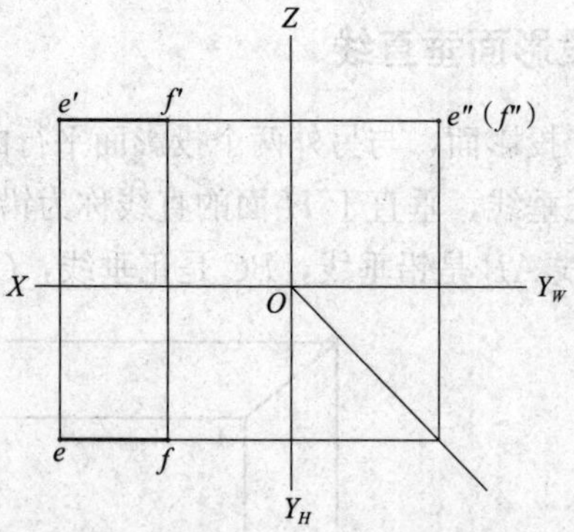	

2.3.3　一般位置直线

倾斜于三个投影面的直线称为一般位置直线。如图 2-17 所示，一般位置直线的投影特性：三个投影均倾斜于投影轴，均短于实长；且投影与投影轴的夹角均不反映倾角的实形。一般情况下，只要直线的两面投影呈“斜线”，即可断定该直线是一般位置直线。

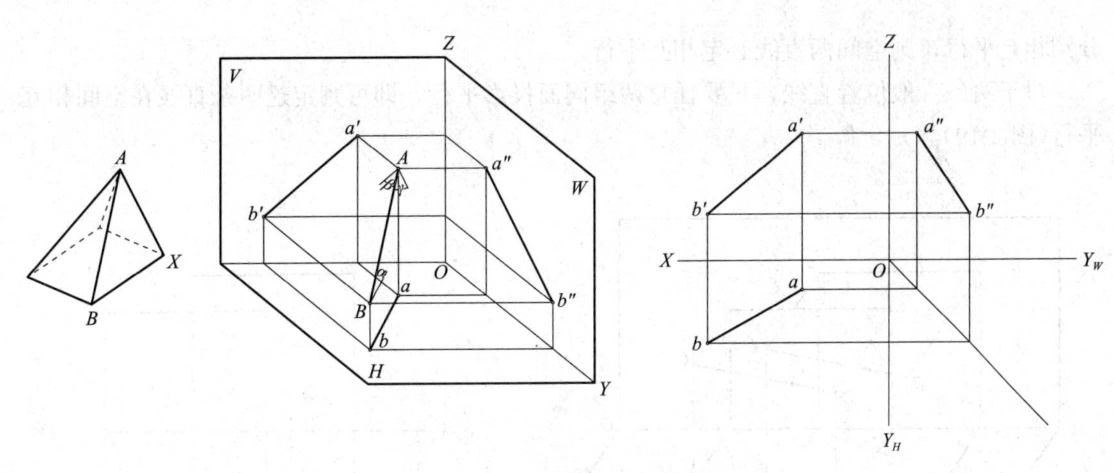

图 2-17　一般位置直线投影特性

2.3.4　直线上的点

点在直线上，即点属于直线。根据平行投影的从属性和定比性可知：若点在直线上，则点的投影必落在直线的同面投影上，且点分线段所成的比例等于点的投影分线段相应投影所成的比例。

如图 2-18 所示，C 点在直线 AB 上，则 c、c'、c''分别在 ab、$a'b'$、$a''b''$上，$AC:CB=ac:cb=a'c':c'b'=a''c'':c''b''$。

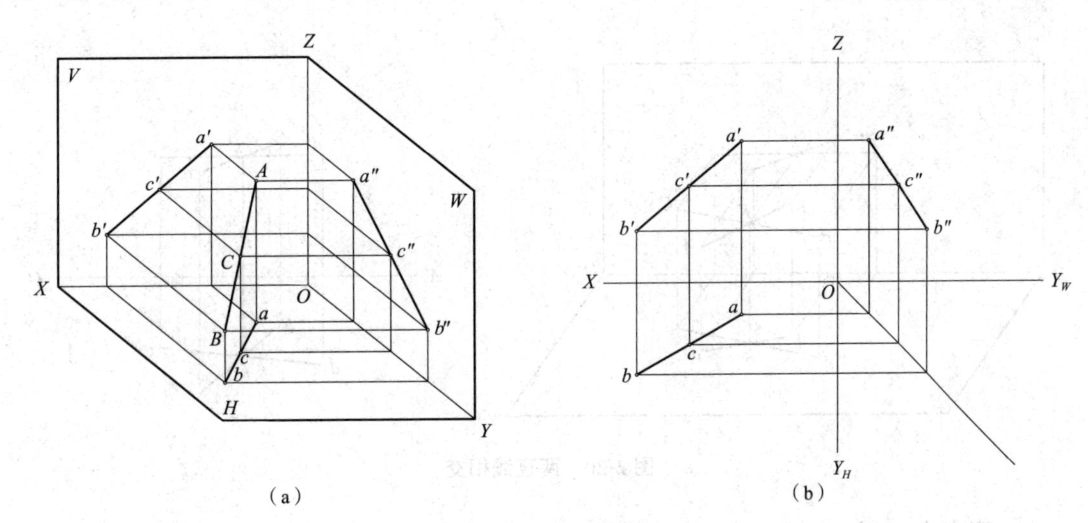

图 2-18　直线上的点

(a)直观图；(b)投影图

2.3.5　两直线的相对位置

空间两直线的相对位置有四种情况：平行、相交、交叉(异面)、垂直。

(1)两直线平行。若空间两直线相互平行，则它们的三组同面投影必定相互平行(平行性)，且同面投影长度之比等于它们的实长之比(定比性)。反之，若两直线的三组同面投影分别相互平行，则空间两直线必定相互平行。

对于两条一般位置直线，只要任意两组同面投影平行，即可判定这两条直线在空间相互平行(图 2-19)。

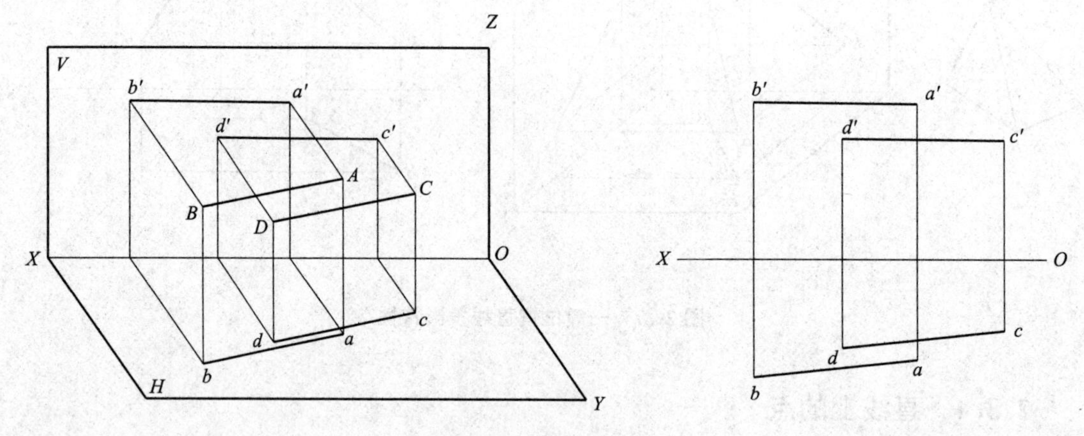

图 2-19　两直线平行

(2)两直线相交。若空间两直线相交，则它们的同面投影必相交，且交点必符合点的投影规律；反之亦然。如图 2-20 所示，直线 AB、CD 相交于点 K(两直线的共有点)，其投影 ab 与 cd、$a'b'$与 $c'd'$分别相交于 k、k'，且 $kk'\perp OX$ 轴，即符合点的投影规律，也满足直线上点的投影特性。

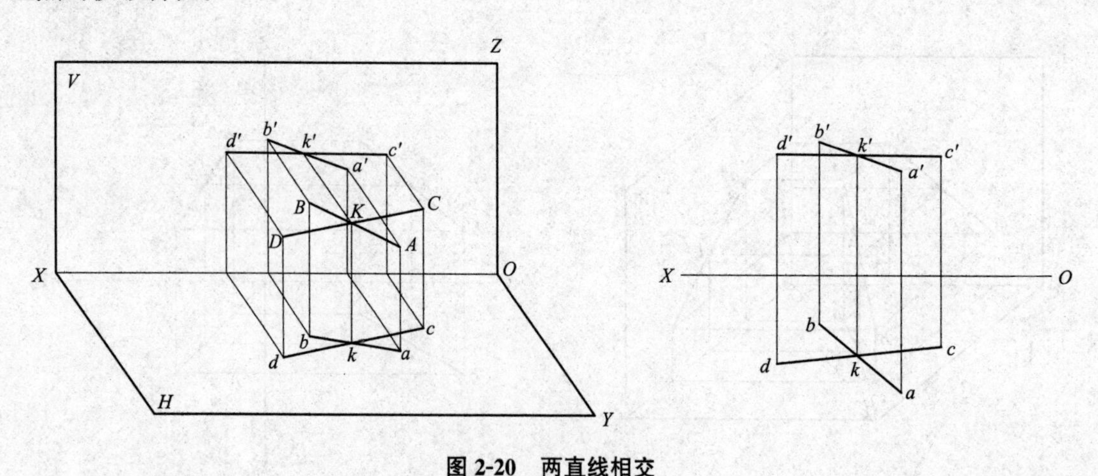

图 2-20　两直线相交

(3)两直线交叉。交叉两直线在空间既不平行也不相交。如图 2-21 所示，交叉两直线可能有一组或两组的同面投影相互平行，但第三组同面投影不可能相互平行；它们的同面投影也可能相交，但“交点”不符合点的投影规律。

(4)两直线垂直。垂直的两条直线的投影一般不垂直。当垂直两直线都平行于某投影面时，则它们在该投影面上的投影必定垂直。当垂直两直线中有一条直线平行于某投影面时，则两直线在该投影面上的投影也必定垂直，这种投影特性称为直角投影定理。反之，若两直线的某投影相互垂直，且其中一条直线平行于该投影面(该投影面的平行线)，则两直线在空间必定相互垂直。如图 2-22 所示，AB 与 BC 垂直相交，$AB /\!/ V$ 面，在 V 面投影上，$a'b' \perp b'c'$。

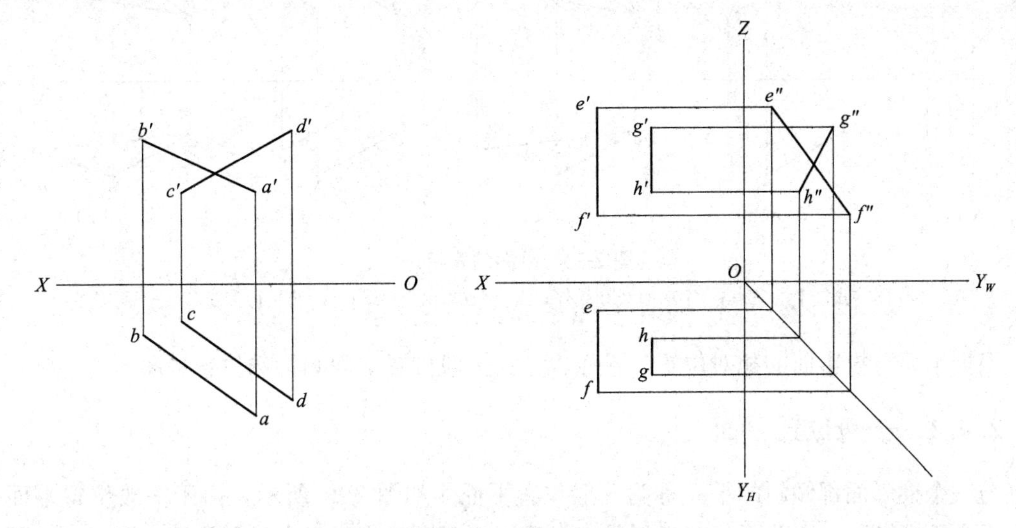

图 2-21　两直线交叉

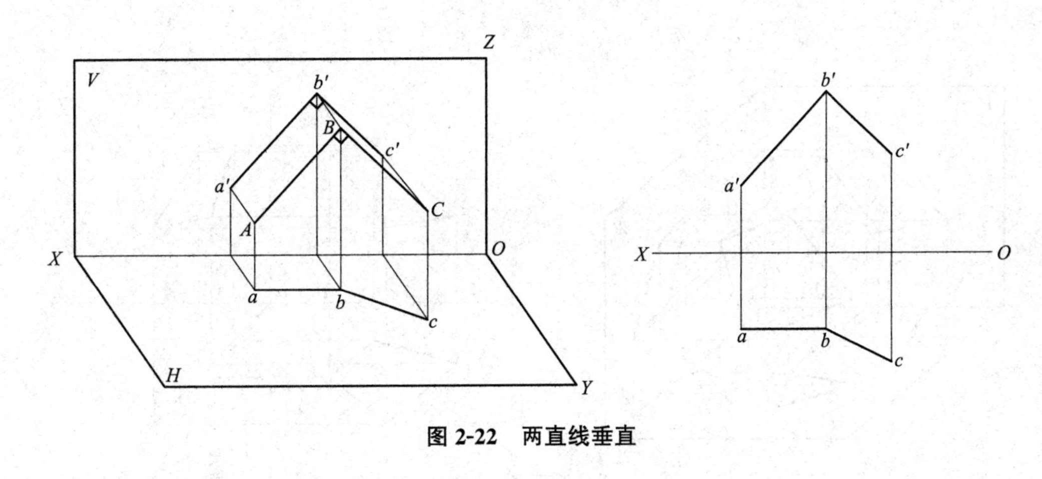

图 2-22　两直线垂直

2.4　平面的投影

平面可以看成点和直线不同形式的组合。因此，平面的投影可用下列构成平面的几何要素的投影来表示(图 2-23)：

(1)不在同一直线上的三点[图 2-23(a)]。

(2)一直线和线外一点[图 2-23(b)]。

(3)两相交直线[图 2-23(c)]。

(4)两平行直线[图 2-23(d)]。

(5)平面图形[图 2-23(e)]。

以上五种平面的表示方法可以互相转换。但对同一平面而言，无论用哪一种表示方法，它所确定的平面是不变的。

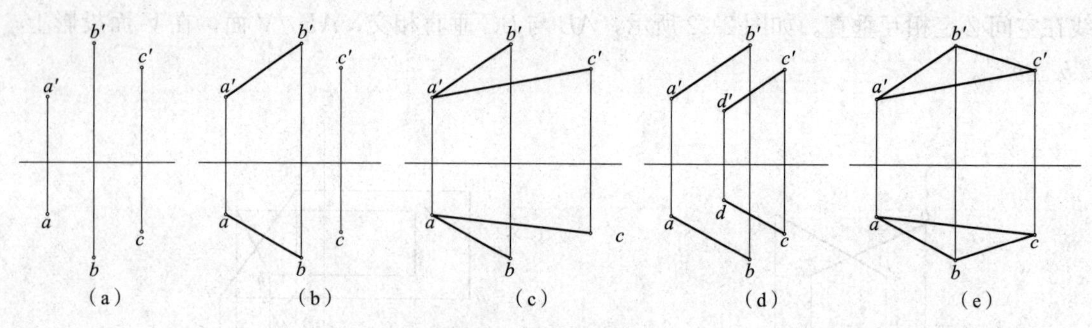

图 2-23　平面的表示法

(a)不在同一直线上的三点；(b)一直线和线外一点；(c)两相交直线；(d)两平行直线；(e)平面图形

根据平面与投影面的相对位置，平面也分为一般位置平面和特殊位置平面。

2.4.1　一般位置平面

与三个投影面都倾斜的平面称为一般位置平面。如图 2-24 所示，由于一般位置平面与三个投影面都倾斜，因此平面三角形的三个投影均不反映实形，也无积聚性，但仍为原图形的类似形。

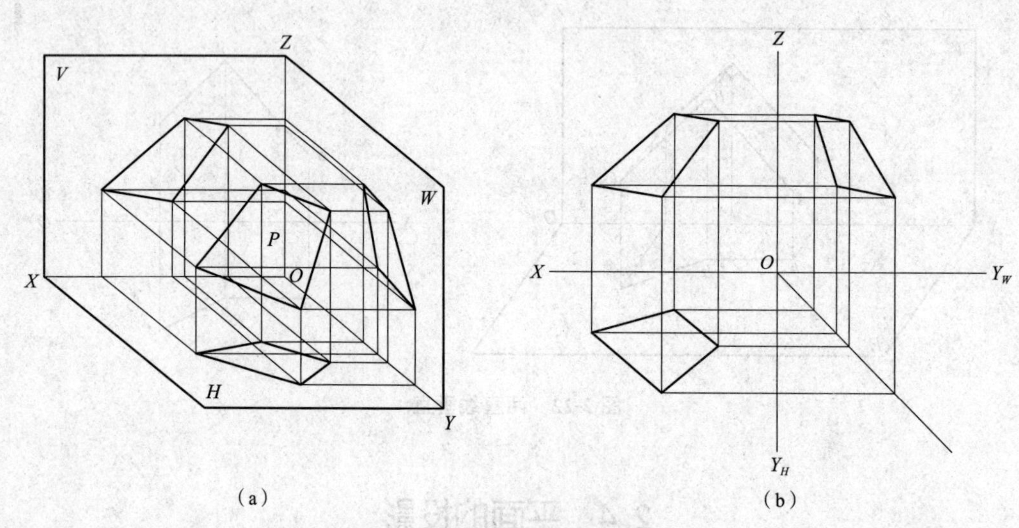

图 2-24　一般位置平面的投影

(a)直观图；(b)投影图

2.4.2　特殊位置平面

只与一个投影面垂直或平行的平面称为特殊位置平面。它包括投影面垂直面和投影面平行面两种。

1. 投影面垂直面

垂直于一个投影面而倾斜于另外两个投影面的平面称为投影面垂平面。其中，垂直于 H 面而倾斜于 V 面和 W 面的平面称为铅垂面；垂直于 V 面而倾斜于 H 面和 W 面的平面称为正垂面；垂直于 W 面而倾斜于 H 面和 V 面的平面称为侧垂面。表 2-4 中的 A、B、C 三个平面均为投影面垂直面，A 面为铅垂面，B 面为正垂面，C 面为侧垂面。投影面垂直面的投影特性见表 2-4。

表 2-4　投影面垂直面的投影特性

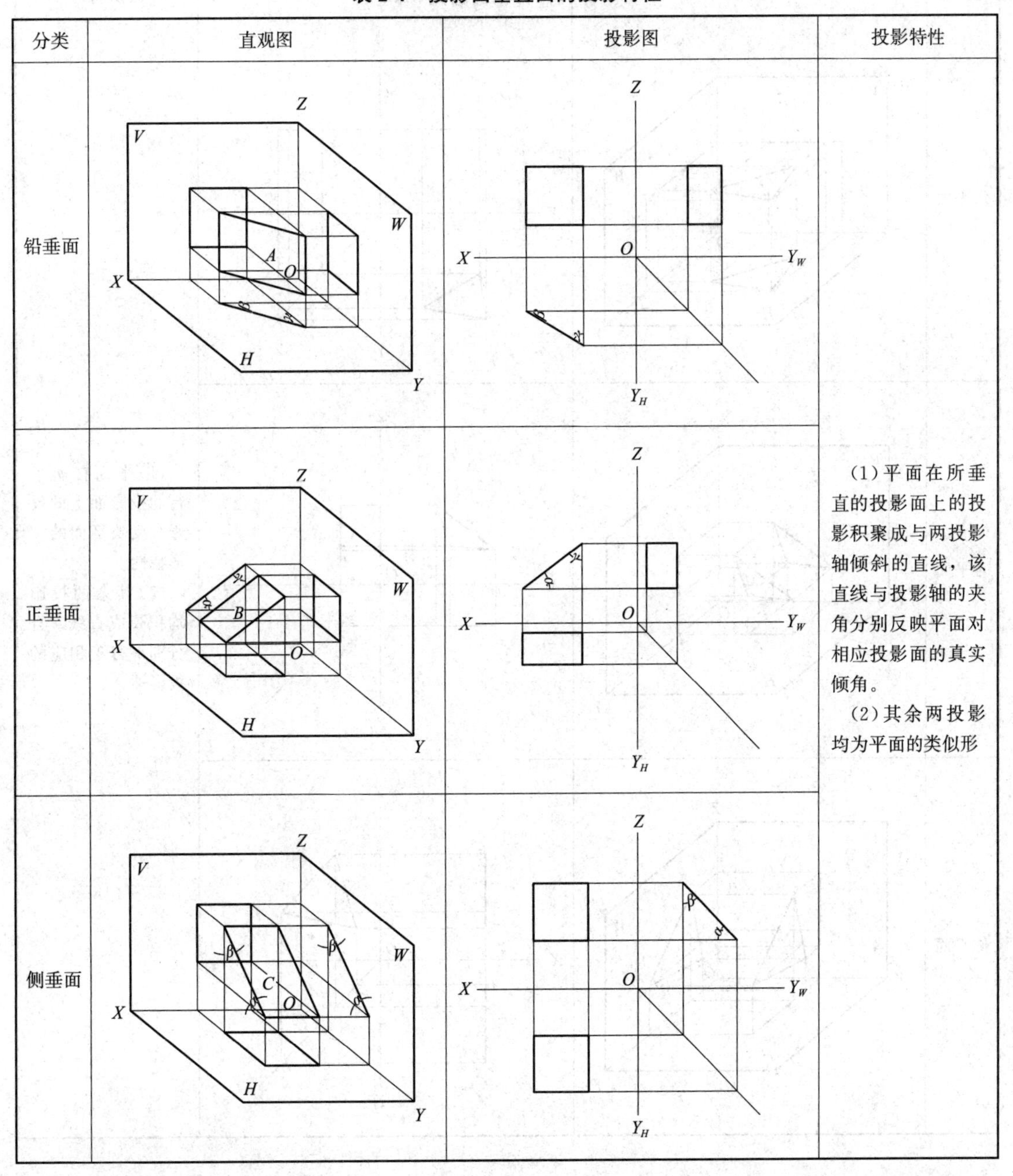

分类	直观图	投影图	投影特性
铅垂面			
正垂面			(1) 平面在所垂直的投影面上的投影积聚成与两投影轴倾斜的直线，该直线与投影轴的夹角分别反映平面对相应投影面的真实倾角。 (2) 其余两投影均为平面的类似形
侧垂面			

2. 投影面平行面

平行于一个投影面而垂直于另外两个投影面的平面称为投影面平行面。其中，平行于 H 面的平面称为水平面，平行于 V 面的平面称为正平面，平行于 W 面的平面称为侧平面。

表 2-5 中的 L、M、N 三个平面均为投影面平行面，L 面为水平投影面，M 面为正立投影面，N 面为侧立投影面。投影面平行面的投影特性见表 2-5。

表 2-5　投影面平行面的投影特性

<table>
<tr><th>分类</th><th>直观图</th><th>投影图</th><th>投影特性</th></tr>
<tr><td>水平面</td><td>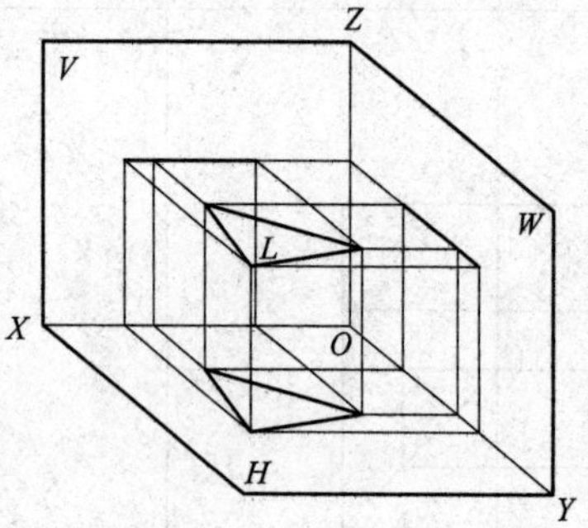
</td><td>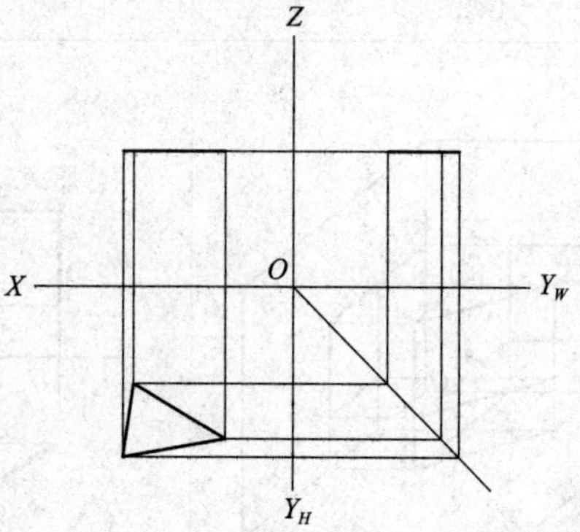
</td><td rowspan="3">(1)平面在所平行的投影面上的投影，反映平面的实形特性。
(2)其余两投影均积聚成直线，且分别平行于相应的投影轴</td></tr>
<tr><td>正平面</td><td>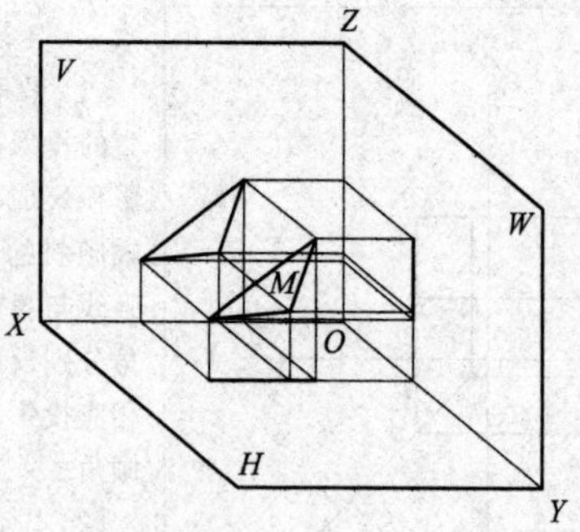
</td><td>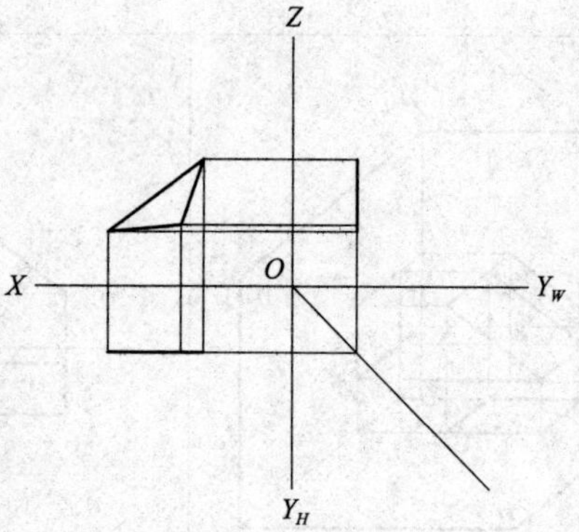
</td></tr>
<tr><td>侧平面</td><td>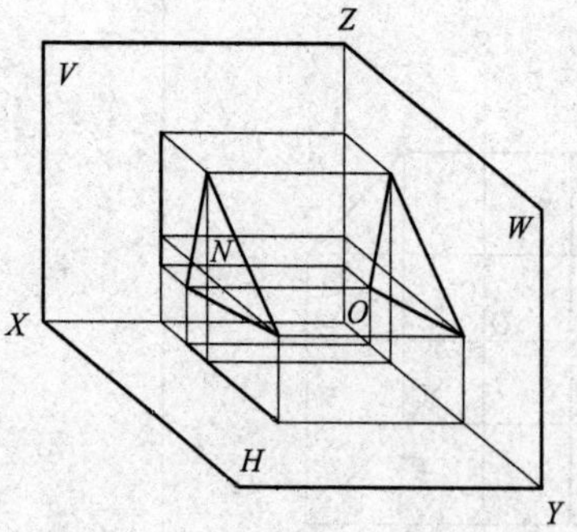
</td><td>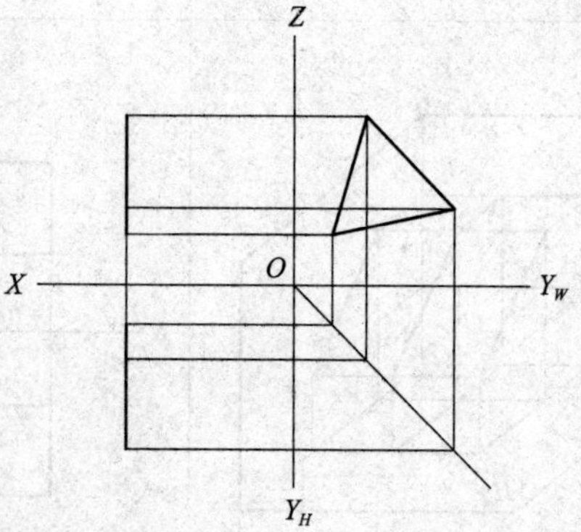
</td></tr>
</table>

2.4.3　平面上的直线与点

由初等几何可知，点和直线在平面上的充分必要条件如下：

(1)点在平面上，则该点必定在这个平面的一条直线上；

(2)直线在平面上，则该直线必定通过这个平面上的两个点，或者通过这个平面上的一个点，且平行于这个平面上的另一条直线。

因此，在平面上取直线有以下两种方法：

(1)平面上取两个已知点并连线，如图 2-25(a)中的直线 DE；

(2)过平面上一个已知点，作平面上一已知直线的平行线，如图 2-25(b)中的直线 DE。

在平面上取点的方法：先在平面上取直线，然后在该直线上取点，这种方法称为辅助线法，如图 2-26 中的 D 点。

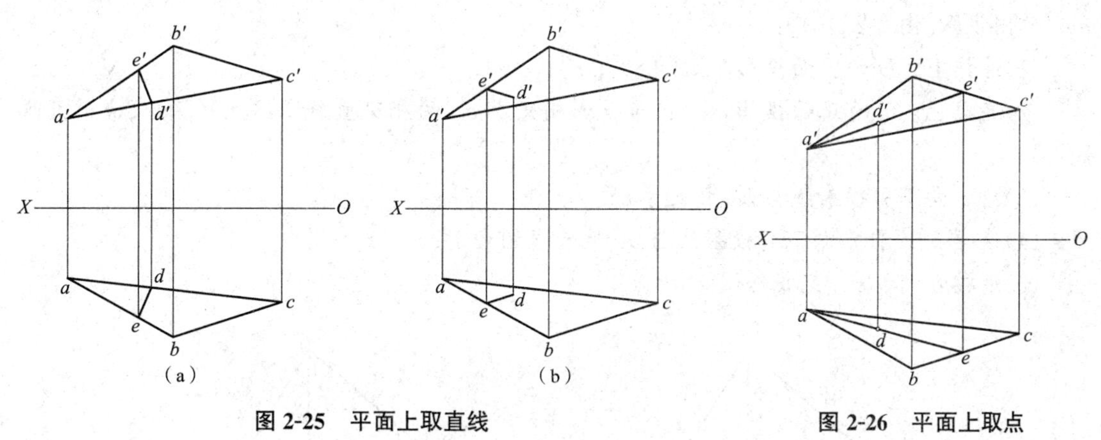

图 2-25　平面上取直线

(a)两已知点定线；(b)平面外一点和平面内一直线定线

图 2-26　平面上取点

【例 2-4】 已知△ABC 平面上 M 点的水平投影 m，求它的正面投影及过 M 点属于△ABC 平面内的正平线[图 2-27(a)]。

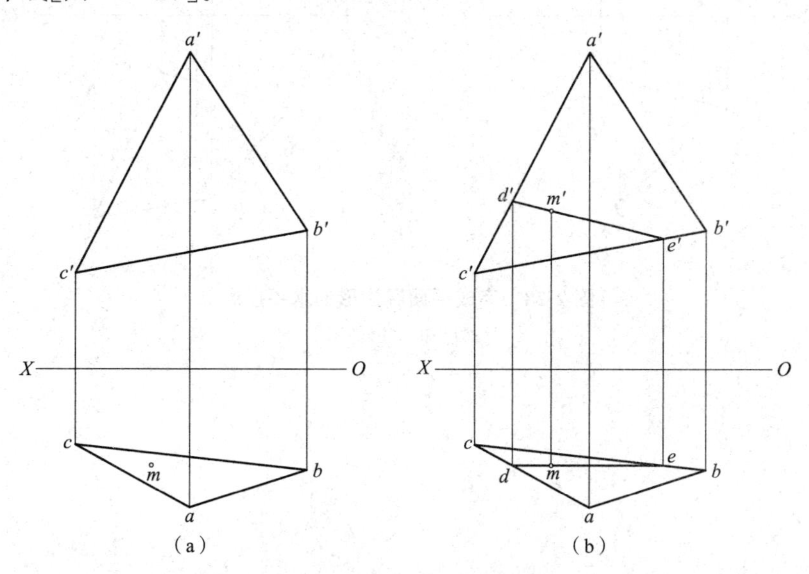

图 2-27　平面上的点和直线

(a)已知；(b)作图

作图步骤[图 2-27(b)]：

(1)在水平投影上过 m 作平行于 OX 轴的辅助线，交 ac 和 bc 于 d、e；

(2)自 d、e 向上引投射线，与 $a'c'$ 和 $b'c'$ 相交于 d'、e'；

(3)连接 d'、e' 成直线，即得过 M 点的正平线 DE 的两面投影 de 和 $d'e'$；

(4)自 m 向上引投射线，与 $d'e'$ 相交于 m'。

【例 2-5】 已知平面四边形 $ABCD$ 的正面投影 $a'b'c'd'$ 和两邻边 AB、AD 的水平投影 ab、ad，试完成该四边形的水平投影[图 2-28(a)]。

分析：C 点属于 A、B、D 三点所确定的平面内，则 C 点的水平投影 c 可用在平面内取点的方法来求得。

作图步骤[图 2-28(b)]：

(1)连接 B、D 的同面投影 b、d 和 b'、d'；

(2)连接 A、C 的正面投影 a'、c' 与 $b'd'$ 相交于 e'(两相交直线 BD、AC 的交点的正面投影)；

(3)自 e' 向下引投射线与 bd 相交于 e；

(4)连接 ae，自 c' 向下引投射线与 ae 延长线相交于 c；

(5)连接 bc 和 dc，完成作图。

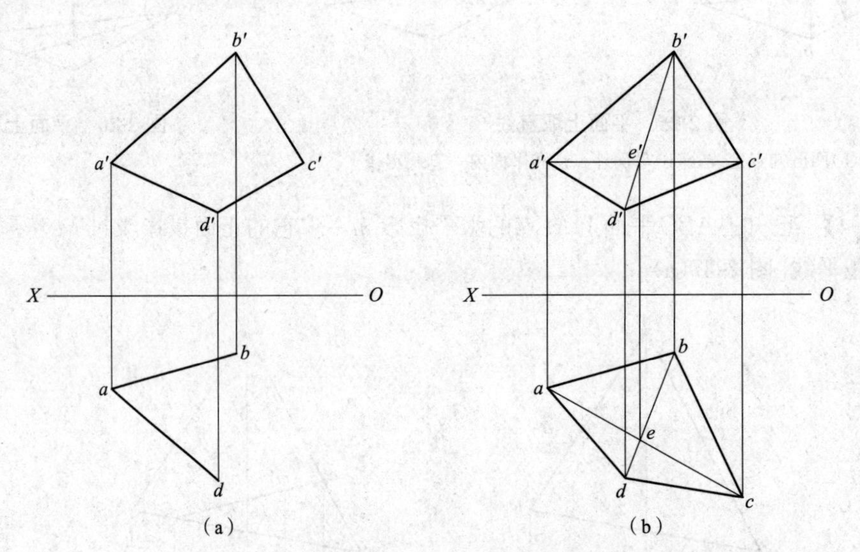

图 2-28 完成平面四边形的水平投影

(a)已知；(b)作图

第3章

立体的投影

★本章知识点

1. 掌握平面立体的投影特性及平面立体表面上取点、取线的投影绘制方法。
2. 掌握曲面立体的投影特性及曲面立体表面上取点、取线的投影绘制方法。

任何建筑物或构筑物，无论形状多么复杂，都是由基本几何体按照不同方式叠加、切割而成。如图3-1所示，人民英雄纪念碑，分析其结构可知，它是由几个基本几何体叠加而成的。由平面围成的基本几何体称为平面立体，如棱柱、棱锥和棱台；由曲面或曲面和平面围成的立体称为曲面立体，如圆柱、圆锥、圆球等。

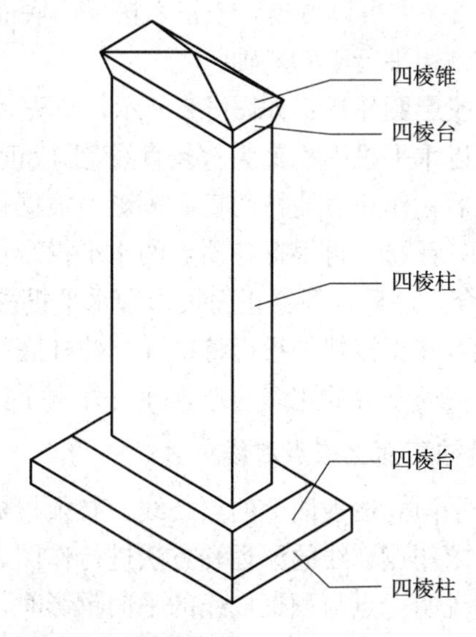

图3-1　人民英雄纪念碑及其结构组成

3.1 平面立体的投影及表面上的点和线

3.1.1 棱柱

工程中大部分形体属于平面立体。作平面立体的投影，关键在于作出平面立体上点(顶点)、线(棱线)、面(底面、棱面)的投影。棱柱由两个相互平行的底面和若干个棱面围成，相邻两个棱面的交线为棱线，棱柱的棱线相互平行。

1. 棱柱的投影

图 3-2 中已知的平面立体为正六棱柱，其上、下底面为正六边形，棱面均为矩形，六条棱线相互平行且垂直于底面。

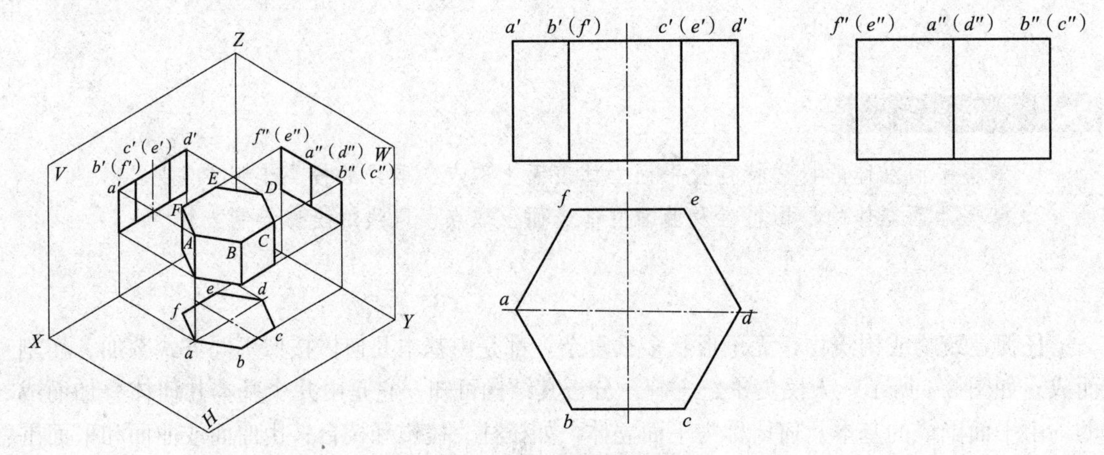

图 3-2 正六棱柱的投影

从图 3-2 中可以看出，该正六棱柱的底面为水平面，六条棱线均为铅垂线，每个正六边形中有两条边平行于 OX 轴。

棱柱投影图作法：如图 3-2 所示，首先，作正六棱柱的水平投影。因为六个棱面都是铅垂面，所以水平投影积聚为六条直线(围成正六边形)，它也是底面的水平投影，反映底面的实形。然后，作正六棱柱的正面投影。根据正六棱柱已知的高度，作出上、下底面的正面投影(两条平行线)。再根据各顶点的水平投影作出六个棱面的正面投影(矩形)，其中 b' 和 f'、c' 和 e' 重合。最后，根据正面投影和水平投影可作得正六棱柱的侧面投影。

由此可知正棱柱的投影特征：当棱柱底面平行于投影面时，棱柱在该平面上投影的外轮廓是与其底面全等的正多边形，而另外两个投影由若干个相邻的矩形线框组成。

2. 棱柱表面上取点和线

求作平面立体表面上的点、线，必须根据已知投影分析该点、线属于哪个表面，并利用在平面上求作点、线的原理和方法进行作图，其可见性取决于该点、线所在表面的可见性。

特别说明：点与积聚成线的平面重影时，不作判别，视为可见。

【例 3-1】 已知正六棱柱表面上的点 A、B、C 的一个投影[图 3-3(a)]，求作该三点的其他投影。

分析：已知 A 点在顶面上，B 点在左前棱面上，C 点在右后棱面上，利用积聚性和投影规律可求出其余投影。

作图步骤：

如图 3-3(b)所示，正六棱柱左前棱面上有一点 B，其正面投影 b'点为已知，由于该棱面为铅垂面，其水平投影具有积聚性，故可利用积聚性先求出 B 点的水平投影 b，然后根据“宽相等”(Δy_b)的投影原理可求出 b''点。同法可求出其他点。

判别可见性：

(1)点 A 所在平面的正面投影和侧面投影有积聚性，不作判别，视为可见。

(2)点 B 在左前棱面上，左前棱面的侧面投影可见，b''点可见。

(3)点 C 在右后棱面上，右后棱面的正面投影不可见，c'点不可见。

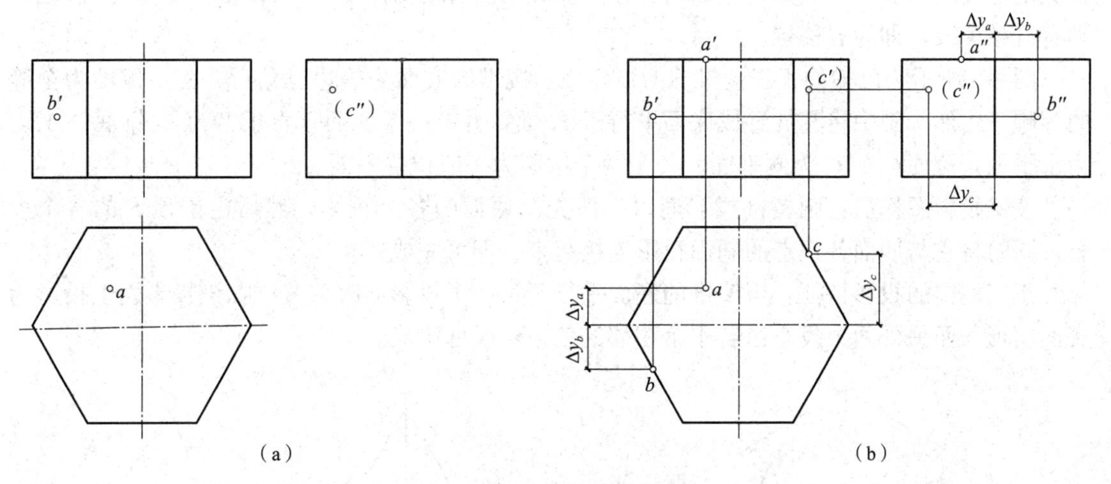

图 3-3　正六棱柱表面上的点

(a)已知；(b)作图

【例 3-2】 已知正六棱柱表面上线 $ABCD$ 的正面投影[图 3-4(a)]，求作该线的其他两面投影。

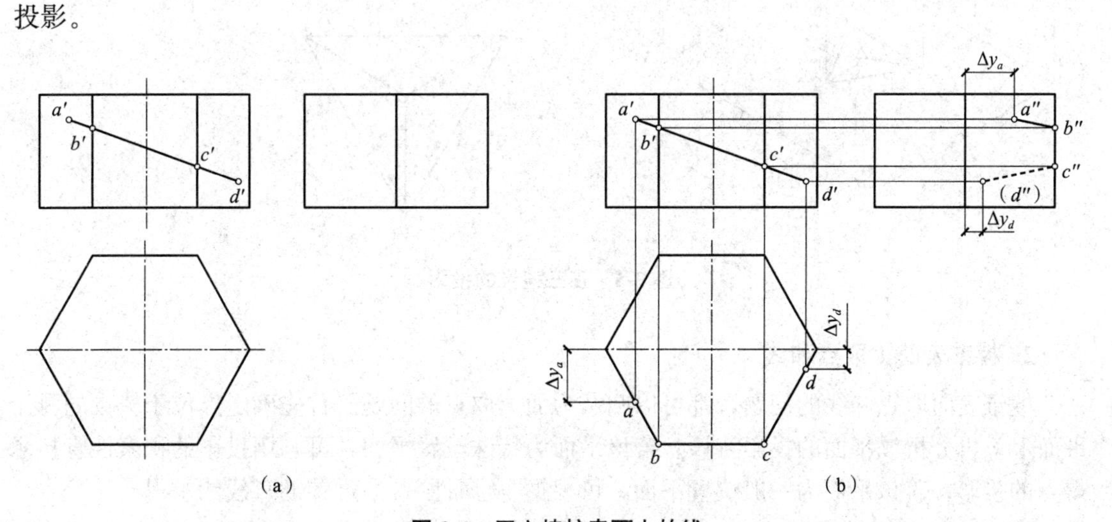

图 3-4　正六棱柱表面上的线

(a)已知；(b)作图

分析：由于 $ABCD$ 四点分别在三个不同棱面上，故线 $ABCD$ 实际是一条折线，转折点为最前面棱线上的 B 点和 C 点。按照例 3-1 中的方法求出四点的水平投影和侧面投影，然后连接同面投影，连线时须根据面的可见性来判断线的可见性。

作图步骤及判断可见性如图 3-4(b)所示。

3.1.2 棱锥

1. 棱锥的投影

棱锥由一个底面和若干个呈三角形的棱面围成，所有的棱面相交于一点，该点称为锥顶，常记为 S。棱锥相邻两棱面的交线称为棱线，所有的棱线都交于锥顶 S。棱锥底面的形状决定了棱线的数目，例如，底面为三角形，则有三条棱线，即为三棱锥；底面为五边形，则有五条棱线，即为五棱锥。

图 3-5 所示为已知的正三棱锥 $SABC$，该三棱锥的底面为等边三角形，三个侧面为全等的等腰三角形，图中将其放置成底面平行于 H 面，并有一个侧面垂直于 W 面。锥底△ABC 为水平面，棱面△SAC 为侧垂面，其余两个棱面为一般位置平面。

棱锥投影图作法：画棱锥投影时，一般先画底面的各个投影，然后定锥顶 S 的各个投影，同时将它与底面各顶点的同面投影连接起来，即可完成。

正三棱锥的投影特征：当棱锥的底面平行于某一个投影面时，棱锥在该投影面上投影为底面实形，而另外两个投影由若干个相邻的三角形线框组成。

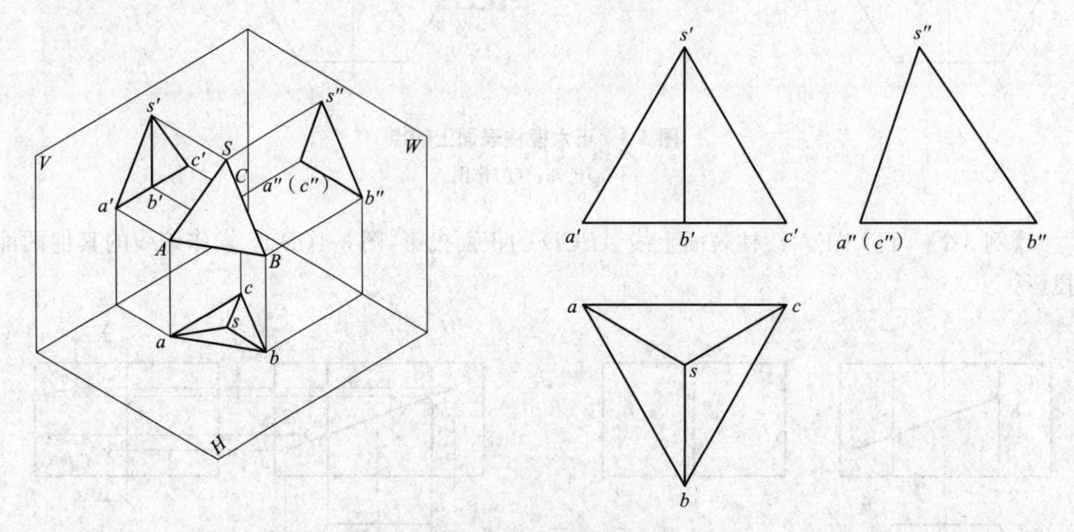

图 3-5 正三棱锥的投影

2. 棱锥表面上取点和线

棱锥表面取点和线的问题，都可以归结为面上取点的问题。首先确定点位于棱锥的哪个平面上，再分析该平面的投影特性。若该平面为特殊位置平面，可利用投影的积聚性直接求得点的投影；若该平面为一般位置平面，可根据“从属性”，通过辅助直线法求得。

【例 3-3】 如图 3-6(a)所示，已知正三棱锥表面上的点 M 的正面投影 m'，点 K 的水平

投影 k，求两点的其他面投影。

分析：根据已知条件，k 可见，因此点 K 在 SAC 棱面上，SAC 为侧垂面，侧面投影积聚成线，根据积聚性可以直接求出 k''。点 M 属于 SAB 棱面，该平面为一般位置平面，利用辅助直线法可求出其余投影。

作图步骤：

棱锥表面作辅助直线一般有两种方法，即作面内一般直线或面内投影面平行线。

方法一：作面内一般直线。如图 3-6(b)所示，在正面投影上过锥顶 s' 和 m' 作直线交 $a'b'$ 于 e'，在水平投影中作出点 e，连接点 s、e，根据点的从属性求出点 m，最后求出点 m''。

方法二：作面内投影面的平行线。如图 3-6(c)所示，在正面投影中过点 m' 作 $e'f' /\!/ a'b'$，点 e' 在 $s'a'$ 上，在水平投影中作出点 e，作 $ef /\!/ ab$，同样可以求出点 m 和点 m''。

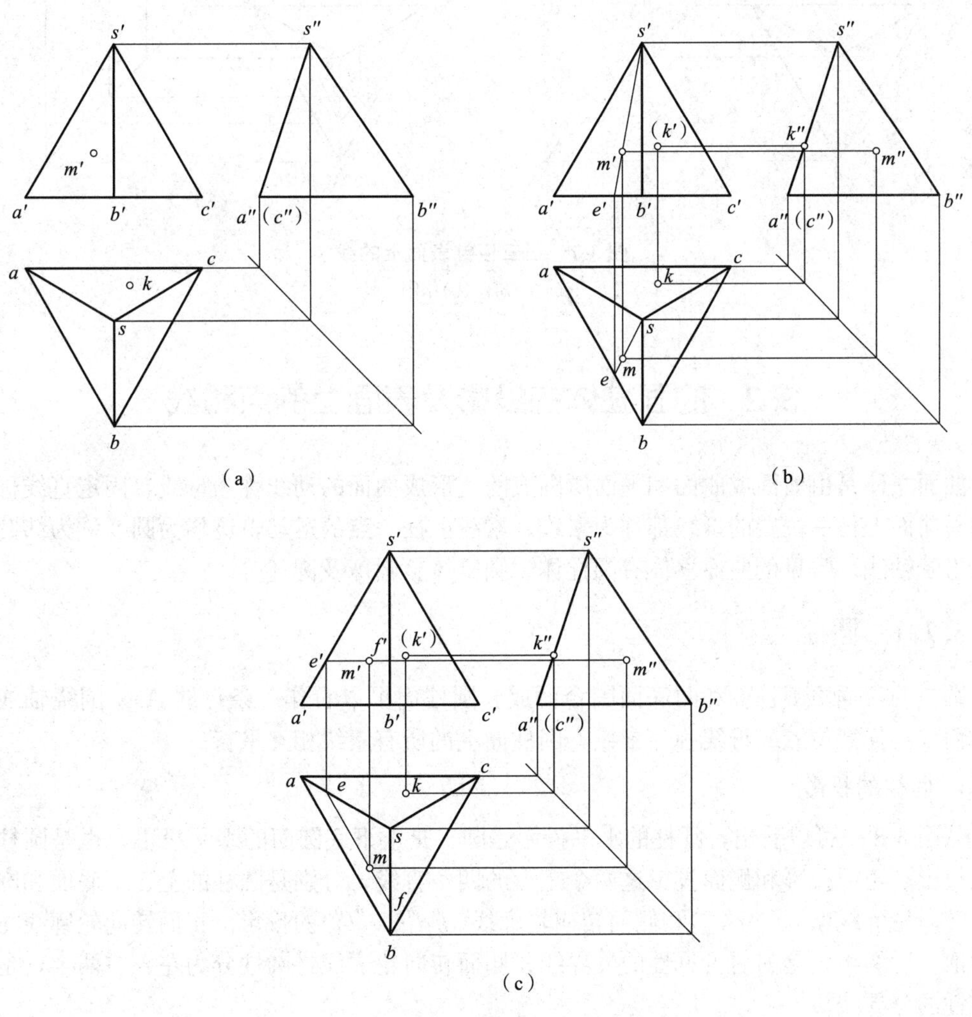

图 3-6　正三棱锥表面上的点

(a)已知；(b)方法一；(c)方法二

【例 3-4】 如图 3-7(a)所示，已知正棱锥表面上线 MN 的正面投影，求其另外两面投影。

分析：MN 实际是三棱锥表面上的一条折线 MKN，M 点投影可根据例 3-3 中方法求得，点 K、N 为棱线上的点。

作图步骤：

求出 M、K、N 三点的水平投影和侧面投影，连接各点的同面投影即为所求直线。由于棱面 SBC 的侧面投影不可见，所以直线 $k''n''$ 不可见。

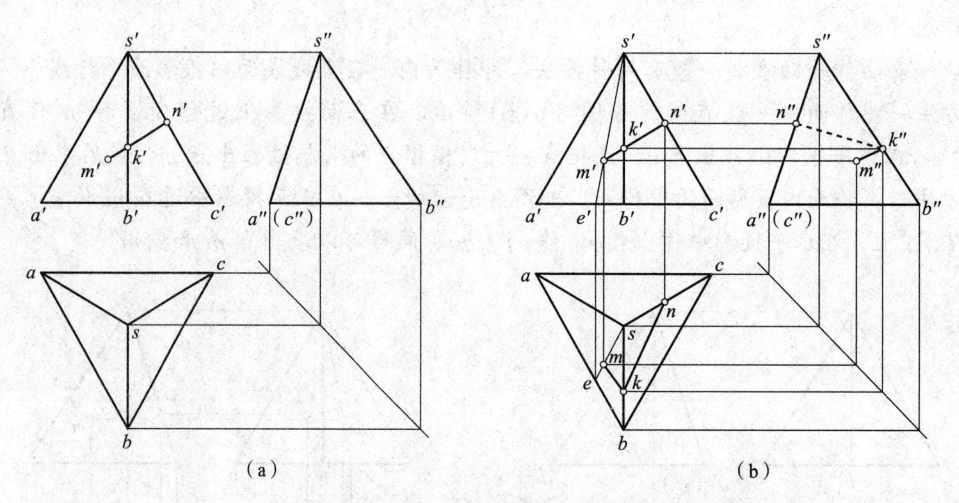

图 3-7　正三棱锥表面上的线

(a)已知；(b)作图

3.2　曲面立体的投影及表面上的点和线

曲面立体是由曲面或曲面和平面所围成的。形成曲面的动线称为母线，固定直线称为回转轴。曲面上任一位置的母线都称为素线。素线上任一点的运动轨迹均为圆，称为纬圆，纬圆垂直于轴线。常见的曲面立体有圆柱体、圆锥体、圆球及圆环等。

3.2.1　圆柱

圆柱的表面由圆柱面和两底面围合而成。圆柱面可以看作一条母线 AA_1 围绕轴线 OO_1 回转而成。任意位置的母线称为素线，圆柱面上的所有素线相互平行。

1. 圆柱的投影

从图 3-8 中可以看出，圆柱的水平投影是圆，是上下底圆面的水平投影，也是圆柱面积聚性投影；正面投影和侧面投影这两个矩形的四条直线，分别是圆柱的上、下底面和圆柱面正面转向轮廓线（$a'a_1'$、$c'c_1'$）和侧面转向轮廓线（$d''d_1''$、$b''b_1''$）的投影。正面转向轮廓线将圆柱分为前、后两半，是前后可见性的分界线；侧面转向轮廓线将圆柱分为左、右两半，是左右可见性的分界线。

圆柱的投影特征：当圆柱的轴线垂直于某个投影面时，此投影面上的投影为圆形，其他两个投影为全等的矩形。

2. 圆柱表面上取点和线

圆柱表面上取点和线的基本思路是利用圆柱面上的点的积聚性。当圆柱的轴线垂直于某个投影面时，圆柱面在此面上的投影积聚成圆，可直接利用积聚性在圆柱表面上取点、取线。

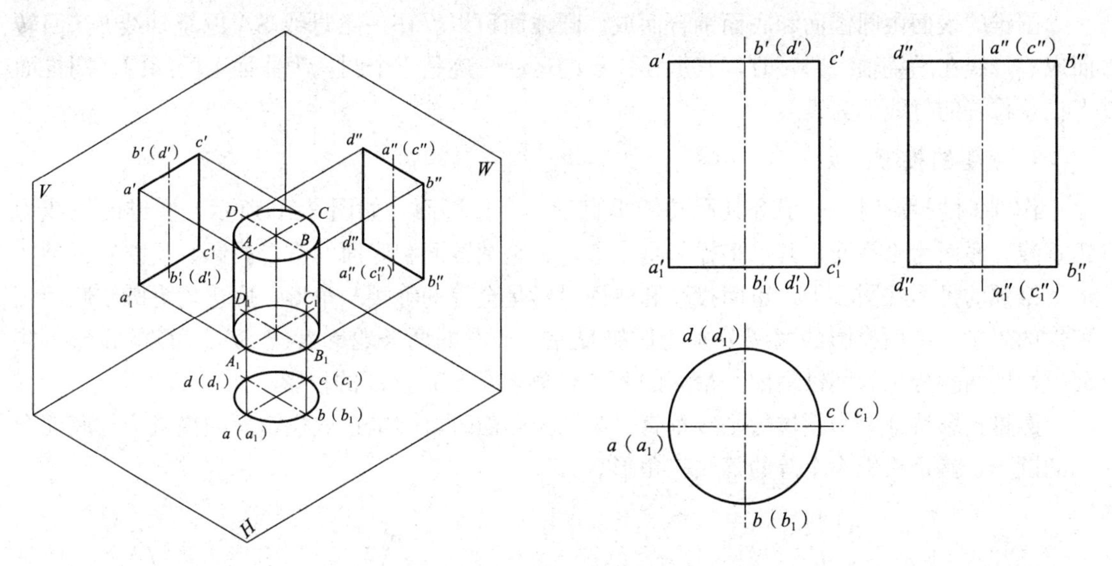

图 3-8　圆柱的投影

【例 3-5】 如图 3-9(a)所示，已知圆柱表面上的点 A 和曲线ⅠⅡⅢ的正面投影，求它们的另外两个投影。

分析：由于圆柱的侧面投影积聚为圆，所以可先求出点 A 和曲线ⅠⅡⅢ的侧面投影，重合在圆周上，得点 a''、$1''$、$2''$和 $3''$，然后作出它们的水平投影，各点的投影就都求出来了。曲线ⅠⅡⅢ的水平投影须顺次光滑连接三个点的水平投影即可，最后判断一下可见性。由于曲线ⅠⅢ在下半圆柱面，所以其水平投影不可见，连接成虚线，作图如图 3-9(b)所示。

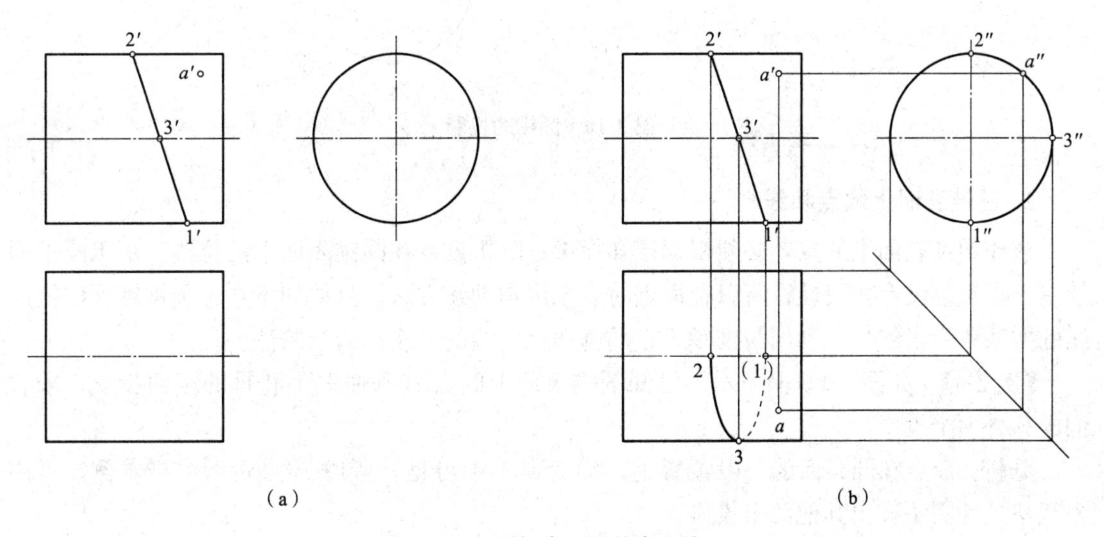

图 3-9　圆柱表面上的点和线

(a)已知；(b)作图

3.2.2　圆锥

圆锥的表面由圆锥面和底面围合而成。圆锥面可以看作一条母线 SA 围绕轴线 SO 回转而成。母线在围绕轴线回转时，其上任一点的运动轨迹是一个圆，为曲面上的纬圆。圆锥面上任意位置的母线称为素线。

1. 圆锥的投影

作圆锥的投影时，一般令其回转轴垂直于一个投影面。如图 3-10 所示，圆锥的轴线为铅垂线，底面为水平面，其水平投影是个圆，它是圆锥面和底面的重合投影，反映底圆的实形，锥顶的投影在圆心上。正面投影和侧面投影是全等的等腰三角形，底边均为圆锥底面积聚性的投影。正面投影的两腰分别为圆锥最左、最右的两条轮廓素线 SA、SC 的投影，侧面投影的两腰分别为圆锥最前、最后的两条轮廓素线 SB、SD 的投影。

圆锥投影特征：当圆锥的轴线垂直于某一投影面时，圆锥在该投影面的投影为与底面全等的圆形，其余投影为全等的等腰三角形。

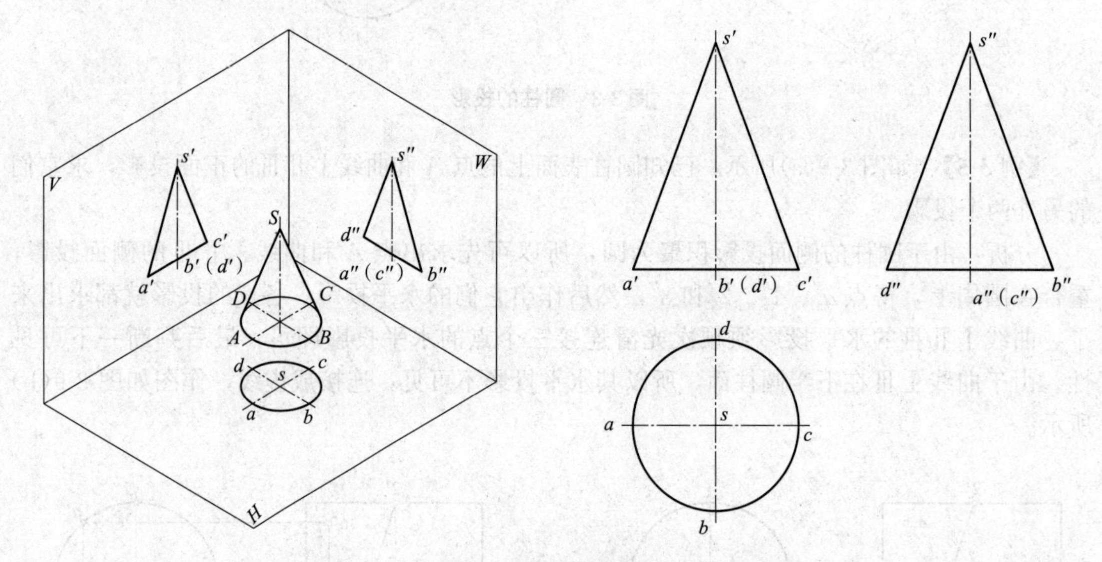

图 3-10　圆锥的投影

2. 圆锥表面上取点和线

求作圆锥表面上的点，必须根据已知投影，分析该点在圆锥表面上的位置，由于圆锥面的三个投影都没有积聚性，所以在取点时，采用辅助线方法。具体如下：过圆锥锥顶作辅助线的方法称为素线法；利用与锥轴垂直的圆作辅助线的方法称为纬圆法。

【例 3-6】　如图 3-11(a)所示，已知圆锥表面上的点 B 和曲线ⅠⅡⅢ的正面投影，求它们的另外两个投影。

分析：B 点在圆锥面的一般位置上，因为点 b' 不可见，所以 B 点在后半锥右侧，可用素线法或纬圆法作出其他两个投影。

作图步骤：

素线法：如图 3-11(c)所示，在正面投影中，过点 b' 和锥顶作直线交底圆于点 m'，作出

点 m，即可根据“从属性”求出点 b，进而作出点 b''。

纬圆法：如图 3-11(d)所示，过点 b'作与轴线垂直的直线交正面转向轮廓线于点 m'，交轴线于点 o'，以 $o'm'$的长度为半径在水平投影中画圆，即为圆锥面过点 B 的纬圆。B 点在纬圆上，可以求出其他两个投影。

分别求出点Ⅰ、Ⅱ、Ⅲ的投影，再分别顺次光滑连接同面投影即可求出曲线ⅠⅡⅢ，作图过程如图 3-11(b)所示。在连线前要判别一下曲线的可见性，曲线ⅠⅡ在右前半锥，所以它的侧面投影不可见，曲线ⅡⅢ在左前半锥，它的侧面投影可见。

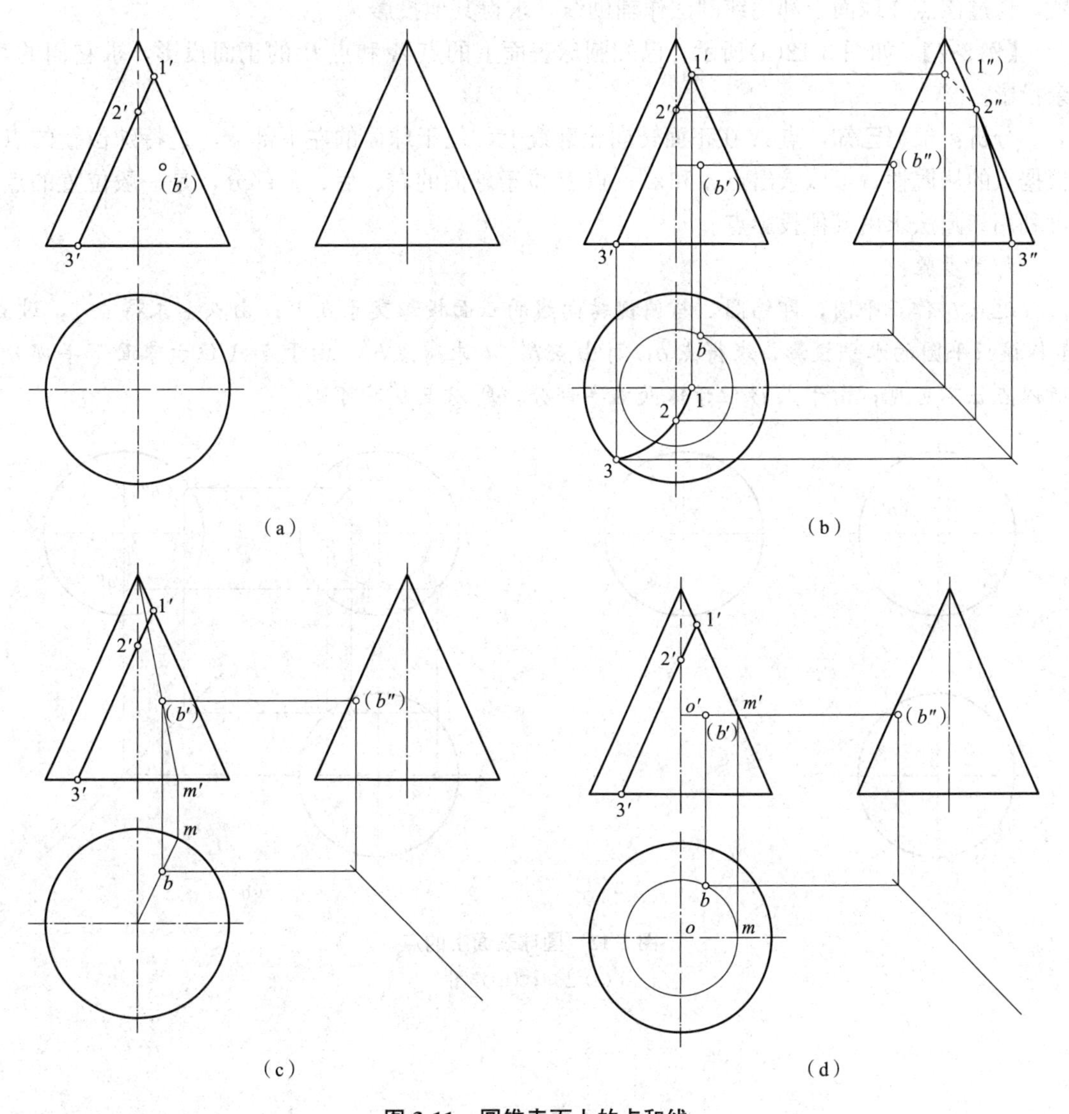

图 3-11　圆锥表面上的点和线

(a)已知；(b)作图；(c)素线法；(d)纬圆法

3.2.3　圆球

圆球由圆球面围成，圆球面是由半圆绕其直径旋转一周而成。

1. 圆球的投影

圆球的三个投影均为直径相等的圆，但这三个圆并不是圆球同一圆周上的投影。正面投影是前后半球的转向轮廓线，水平投影是上下半球的转向轮廓线，侧面投影是左右半球的转向轮廓线。

2. 圆球表面上取点和线

求作圆球表面上的点、线，必须根据已知投影，分析判断该点在圆球表面上所处的位置，再过该点在球面上利用纬圆法作辅助线，求得其他投影。

【例 3-7】 如图 3-12(a)所示，已知圆球表面上的点 A 和点 B 的正面投影，求它们的其余投影。

分析：根据已知，点 A 在正面转向轮廓线上，位于球面的左下部分，是特殊位置的点，根据点的从属性，可以求出点 a 和 a''；点 B 位于球面的右、后、上部分，是一般位置的点，可利用纬圆法求出其他投影点。

作图步骤：

过点 b' 作正平圆，即纬圆，与俯视转向线的正面投影交于点 $1'$；由点 $1'$ 求得点 1，过点 1 作该正平圆的水平投影，求得点 b；再由点 b'、b 求得点 b''。由于点 A 位于球面下半部分，所以点 a 不可见；由于点 B 位于球面右半部分，所以点 b'' 不可见。

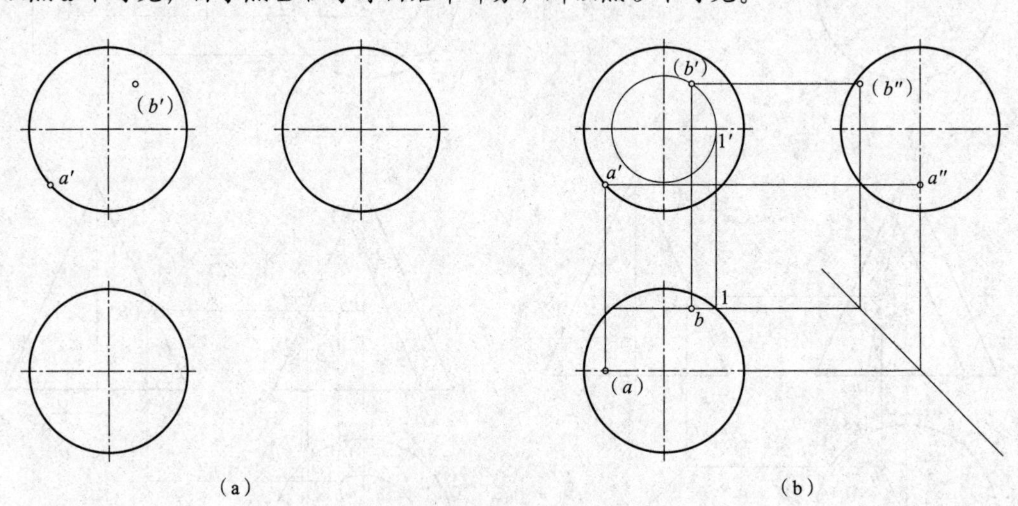

图 3-12 圆球表面上的点

(a)已知；(b)作图

平面与立体相交

★本章知识点

1. 理解立体截交线的性质。
2. 掌握特殊平面与平面立体的截交线的作图方法。
3. 掌握特殊平面与曲面立体的截交线的作图方法。

4.1 平面与平面立体相交

4.1.1 截交线的概念及性质

平面与平面立体相交(图 4-1)，可以认为是立体被平面截切。因此，该平面通常称为截平面，截平面与立体表面的交线称为截交线。截交线所围成的平面图形称为断面。

一般截交线都具有以下性质：

(1)共有性：截交线既在截平面上，又在立体表面上，因此截交线是截平面与立体表面的共有线。截交线上的点是截平面与立体表面的共有点。

(2)封闭性：由于立体表面是封闭的，因此截交线必定是封闭的线条，截断面是封闭的平面图形。

(3)截交线的形状决定于立体表面的形状和截平面与立体的相对位置。

由以上性质可以看出，求画截交线的实质就是求出截平面与基本体表面的一系列共有点，然后依次连接各点即可。

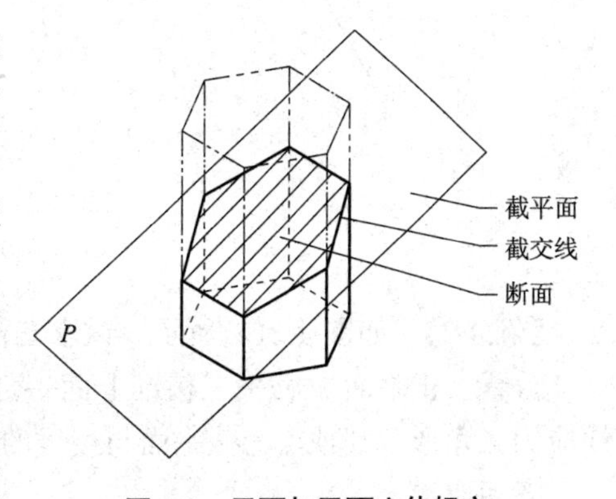

图 4-1　平面与平面立体相交

4.1.2 平面与平面立体相交

由于平面立体的表面都是由平面组成的，所以它的截交线是由直线围成的封闭的平面多边形。多边形的各个顶点是截平面与平面立体的棱线或底边的交点，多边形的每一条边是平面立体表面与截平面的交线。因此，求平面立体切割后的投影，首先要求出平面立体的截交线投影，就是求出截平面与平面立体上被截各棱线或底边的交点的投影，然后依次连接。

【例 4-1】 如图 4-2(a)所示，试求正六棱柱被一正垂面 P 截切后的投影。

分析：因截平面 P 与六棱柱的四个棱面相交，且与顶面也相交，所以截交线为五边形。截平面为正垂面，所以 P 面的正面投影积聚成线，而其侧投影和水平投影则具有类似形。

作图步骤：

(1)画出完整的六棱柱侧面投影。

(2)求截交线上各顶点的投影。作出截平面与五条棱线交点的正面投影 a'、b'、m'、n'、f'，根据点的投影规律求出各点水平投影和侧面投影。

(3)直接将同一棱面上的点顺次用直线连接起来，求得截交线 $ABMNF$ 的另外两面投影。

(4)补充六棱柱未被截切的棱线的侧面投影，不可见的部分用虚线表示，如图 4-2(b)所示。

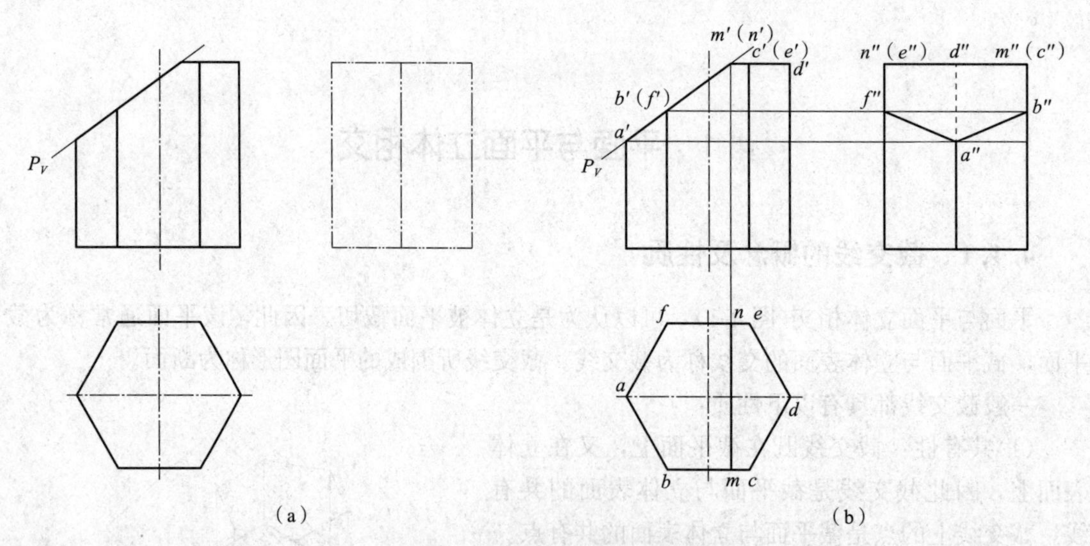

图 4-2 正六棱柱截切投影

(a)已知；(b)作图

【例 4-2】 如图 4-3(a)所示，试求三棱锥被一正垂面 P 截切后的投影。

分析：正垂面 P 截去三棱锥上面一部分，它与三棱锥的三个棱面都相交，形成的截交线应为三角形，其顶点为截平面与棱线的交点。

作图步骤：

(1)画出完整的三棱锥的侧面投影。

(2)求截交线上各顶点的投影。作出截平面与三条棱线交点的正面投影 1′、2′、3′，根据点的投影规律求出各点水平投影和侧面投影。

(3)直接将同一棱面上的点顺次用直线连接起来，求得截交线ⅠⅡⅢ的另外两面投影。

(4)补充三棱锥棱线的水平投影，如图 4-3(b)所示。

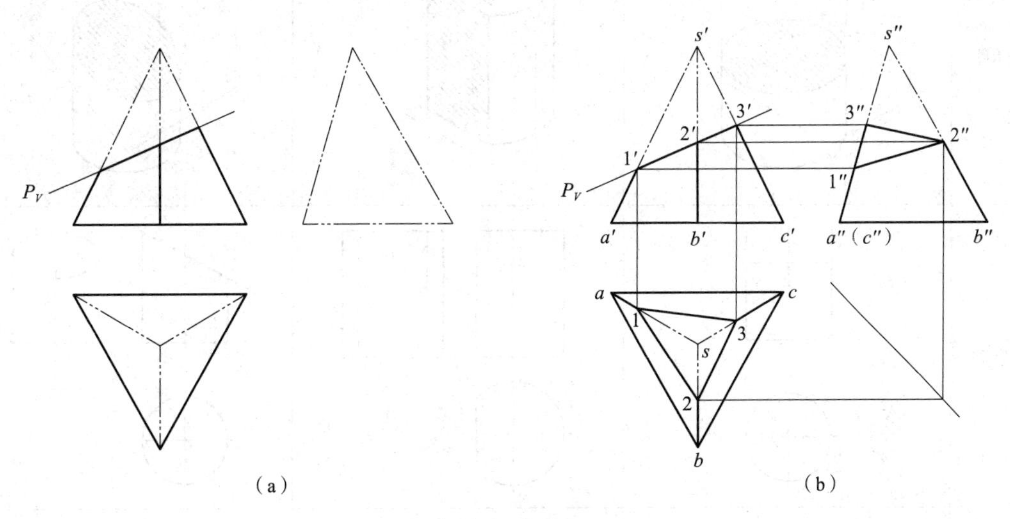

图 4-3　三棱锥截切投影

(a)已知；(b)作图

4.2　平面与曲面立体相交

平面与曲面立体相交的截交线是两者的共有线，一般是封闭的平面曲线，也可能是由截平面上的曲线和直线所围成的平面图形或多边形。其形状取决于回转体的几何特征，以及回转体与截平面的相对位置。

当截交线是圆或直线时，可借助绘图仪器直接作出截交线的投影。当截交线为非圆曲线时，则需采用描点作图。即先作出能确定截交线的形状和范围的特殊点，再作出若干个一般点，判断可见性，然后将这些共有点连成光滑曲线。所谓特殊点包括曲面投影的转向轮廓线上的点，截交线在对称轴上的点，以及截交线上最高、最低点，最左、最右点，最前、最后点等。

求平面与曲面立体相交总体方法步骤一般如下：

(1)空间及投影分析。根据平面与曲面立体轴线的位置判断截交线的形状；明确截交线的投影特性，如积聚性、类似性等。

(2)求解截交线的投影。当截交线的投影为非圆曲线时，先求特殊点，再补充一般点，依次光滑连线并判别可见性，最后整理轮廓线，完成作图。

4.2.1　平面与圆柱相交

根据截平面与圆柱轴线的相对位置不同，圆柱切割后其截交线有圆、矩形、椭圆三种不同形状，见表 4-1。

表 4-1　平面与圆柱相交

截平面	垂直于轴线	平行于轴线	倾斜于轴线
立体图	P	P	P
投影图			
截交线	圆	矩形	椭圆

【例 4-3】 如图 4-4(a)所示，试求圆柱被一正垂面 P 截切后的投影。

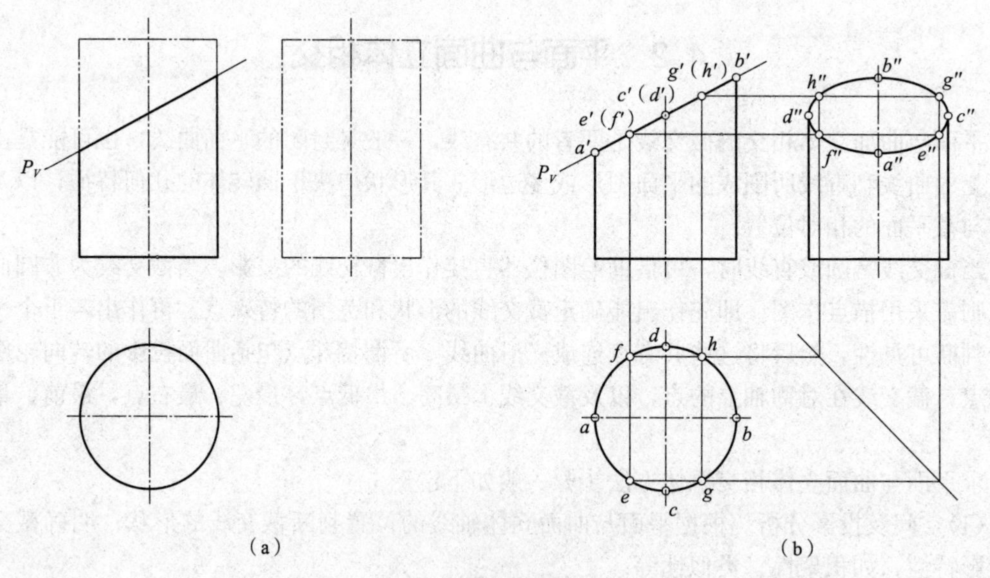

图 4-4　圆柱截切投影

(a)已知；(b)作图

分析：圆柱被正垂面 P 截断，由于截平面 P 与圆柱轴线倾斜，故所得的截交线是一椭圆，它既位于截平面 P 上，又位于圆柱面上。因截平面 P 在 V 面上的投影有积聚性，故截交线的 V 面投影应与 P_V 重合。圆柱面的 H 面投影有积聚性，截交线的 H 面投影与圆柱面的 H 面投影重合。所以，只需要求出截交线的 W 面投影。

作图步骤：

(1)作截交线的特殊点。特殊点通常指截交线上一些能确定截交线形状和范围的特殊位置点，如最高、最低、最左、最右、最前和最后点，以及轮廓线上的点。对应椭圆首先应求出长短轴的四个端点。因长轴的端点 A、B 是椭圆的最低点和最高点，位于圆柱的最左、最右两条素线上；短轴两端点 C、D 是椭圆最前点和最后点，位于圆柱的最前、最后两条素线上。这四点在 H 面上的投影分别是 a、b、c、d，在 V 面上的投影分别是 a'、b'、c'、d'。根据对应关系，可求出在 W 面上的投影 a''、b''、c''、d''。

(2)求一般点。为了准确地作出截交线，在特殊点之间还需求出适当数量的一般点。如图 4-4(b)所示，在截交线的水平投影上，取对称于中心线的四点 e、f、g、h，按投影关系可找到其正面投影 e'、f'、g'、h'，再求出侧面投影 e''、f''、g''、h''。

(3)依次光滑连接各点，即可得截交线的侧面投影。

4.2.2　平面与圆锥相交

平面与圆锥体表面的交线有五种情况，见表 4-2。

表 4-2　平面与圆锥相交

截平面	立体图	投影图	截交线
垂直于轴线	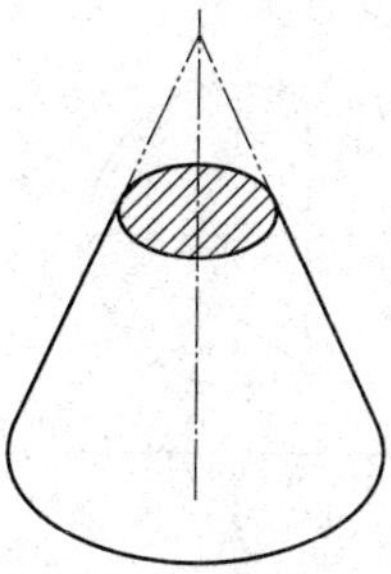	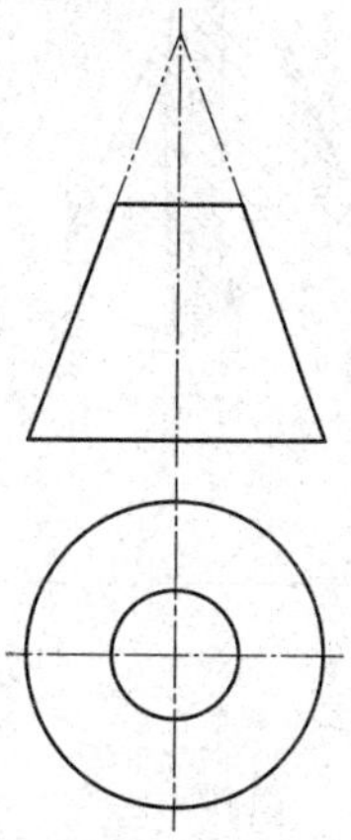	圆
倾斜于轴线 ($\theta>\alpha$)	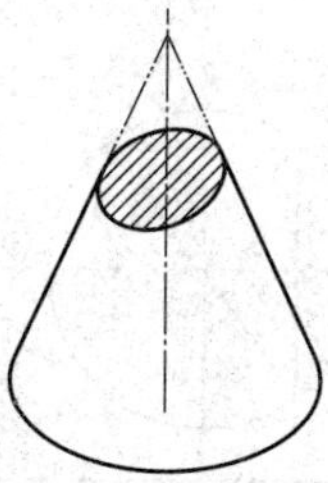	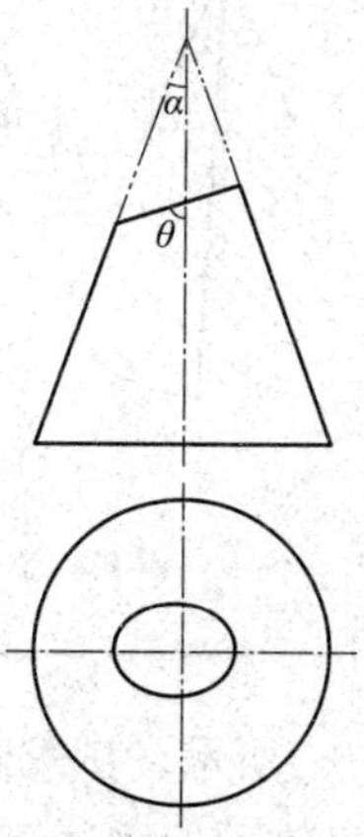 α θ	椭圆

续表

截平面	立体图	投影图	截交线
平行于轴线（$\theta=0°$）或倾斜于轴线（$\theta<\alpha$）	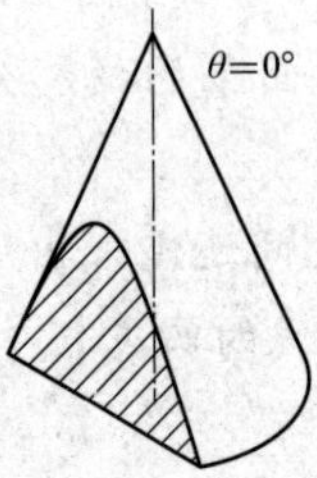 $\theta=0°$	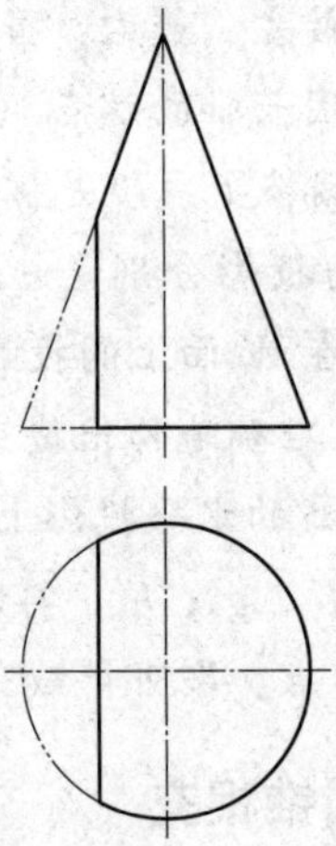	双曲线加直线段
平行于一条素线（$\theta=\alpha$）	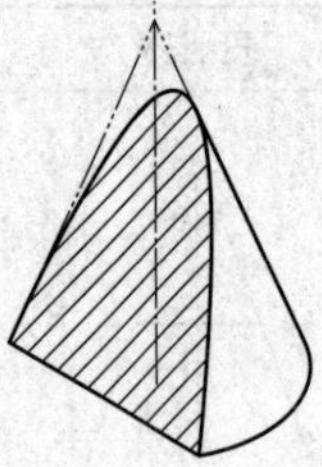	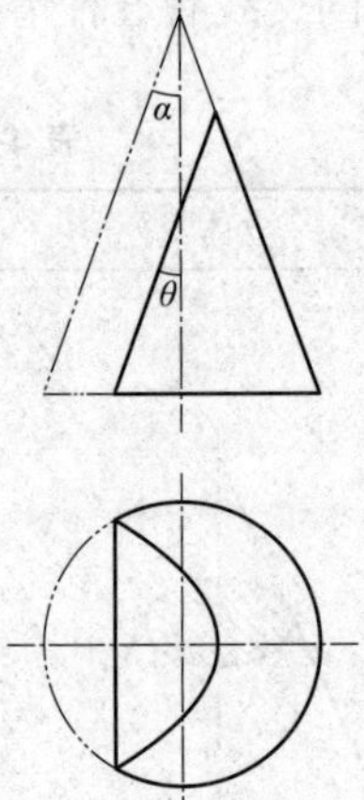 α θ	抛物线加直线段
通过锥顶	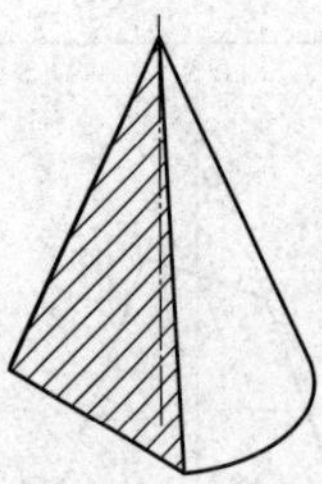	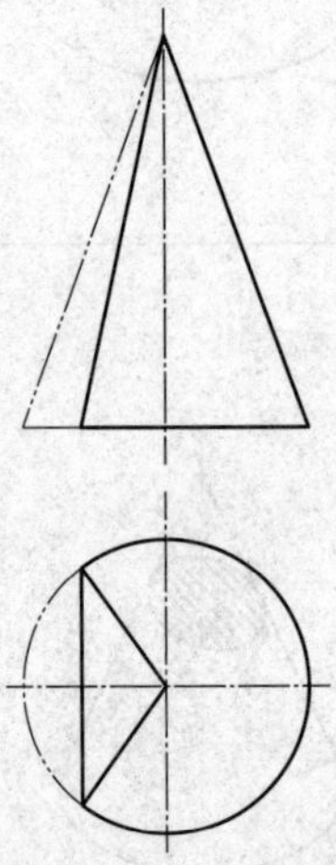	等腰三角形

【例 4-4】 如图 4-5(a)所示，试求圆锥被一侧平面截切后的投影。

分析：截平面为不过锥顶但平行于圆锥轴线的侧平面，其截交线是双曲线和直线围成的平面图形。截交线的水平投影和正面投影都积聚为直线，只需求侧面投影，侧面投影反映双曲线实形。

作图步骤[图 4-5(b)]：

(1)画出完整的圆锥的侧面投影。

(2)求特殊点。点Ⅲ为最高点，位于最左素线上，点Ⅰ、Ⅴ为最低点，位于底圆上。可由其水平投影 3、1、5 求得点 3′、1′、5′及点 3″、1″、5″。

(3)求一般点。在截交线已知的水平投影上适当取两点的投影 2、4，然后采用纬圆法在圆锥表面上取点，求得其侧面投影 2″、4″和正面投影 2′、4′。

(4)判别可见性并光滑连接各点。

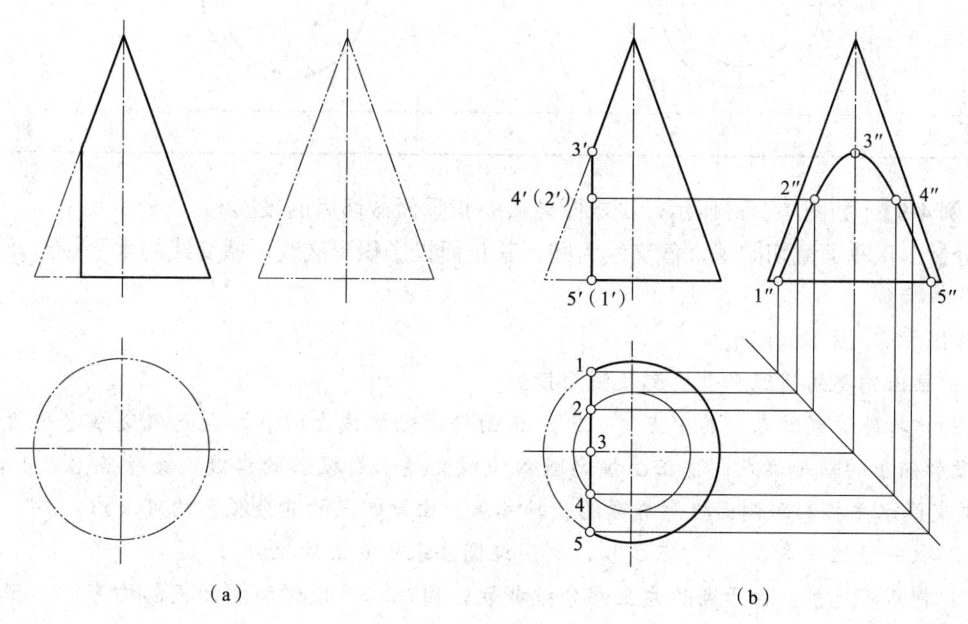

图 4-5　圆锥截切投影

(a)已知；(b)作图

4.2.3　平面与圆球相交

平面与球面的交线总是圆，见表 4-3，但这个圆的投影可能是圆、椭圆或直线，这取决于截平面的位置。

表 4-3　平面与圆球相交

截平面	与投影面平行	与投影面倾斜
立体图		

续表

截平面	与投影面平行	与投影面倾斜
投影图	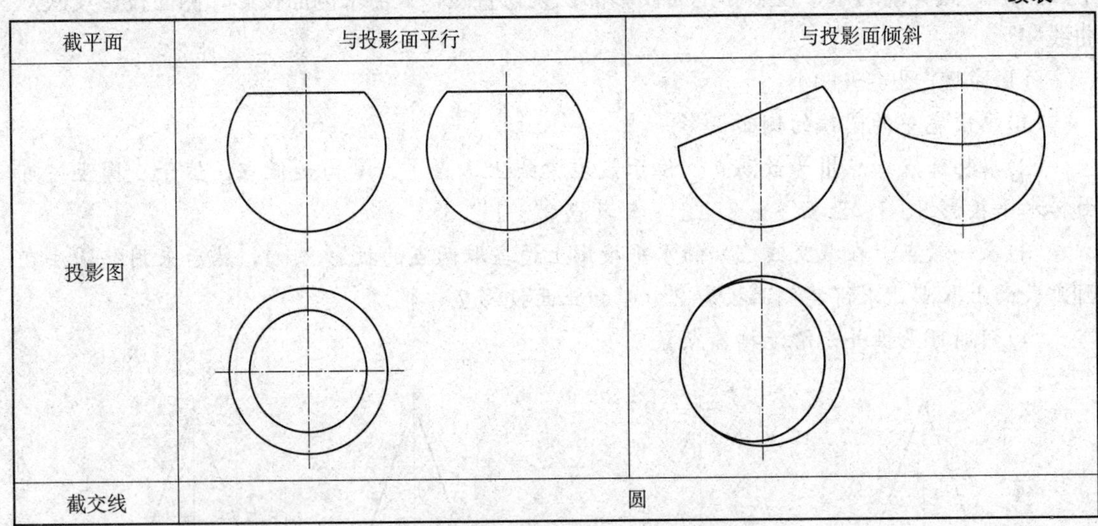	
截交线	圆	

【例 4-5】 如图 4-6(a)所示，试求圆球被一正垂面截切后的投影。

分析：正垂面截切圆球，截交线为圆，其正面投影积聚成线，截交线的水平投影及侧面投影均为椭圆。

作图步骤[图 4-6(b)]：

(1)画出完整的圆球水平投影及侧面投影。

(2)作特殊位置的点。其中点 1′、2′为正面转向轮廓线上的点，也是截交线水平投影和侧面投影椭圆的短轴端点；过正面投影圆心作截交线正面投影的垂线，交于点 3′、4′，3′、4′为截交线水平投影和侧面投影椭圆的长轴端点。由此四点的其余投影均可求出。

(3)取一般位置点 5′、6′、7′、8′，利用纬圆法求出其余的投影。

(4)判断可见性：由于圆球左上部分被截切，因此水平投影和侧面投影均可见，将求出各点的同面投影依次光滑连接即可。

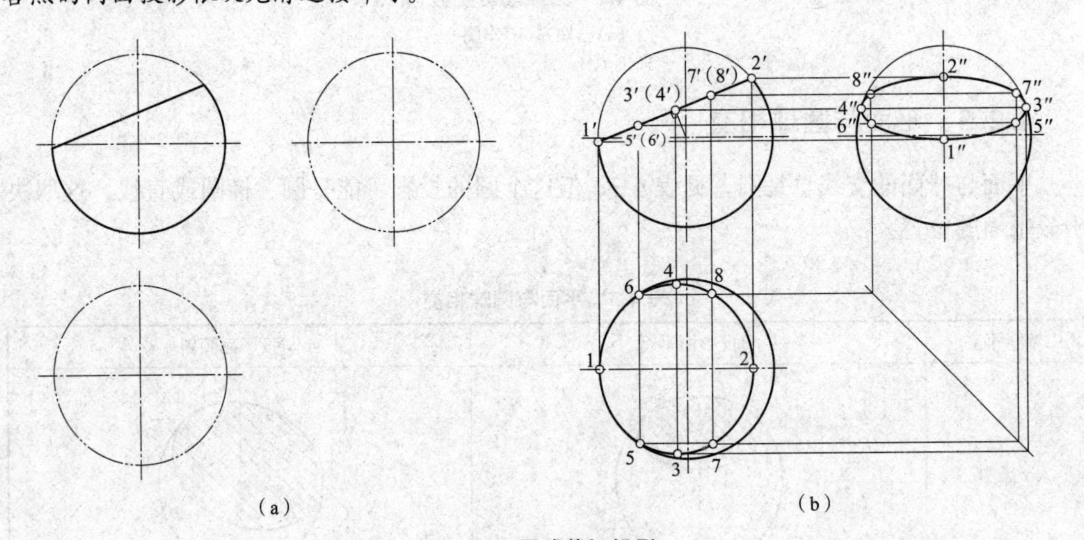

图 4-6 圆球截切投影

(a)已知；(b)作图

第5章

轴测图

★本章知识点

1. 了解轴测图的形成。
2. 掌握正等轴测图的画法。
3. 了解斜二轴测图的画法。

5.1　基本知识

多面正投影图，可以比较完整地、确切地表达出物体各部分的形状，具有良好的度量性，且作图简便，但这种图样缺乏立体感，直观性差，需具有一定的基础才能读懂图样；轴测投影图是一种能够反映物体长、宽、高三个方向形状的单面投影图，这种图直观性好，立体感强，但不能确切地表达物体原来的形状与大小，度量性差，且作图较复杂，因此在工程应用中，轴测投影图一般仅用作辅助图样。图5-1(b)中的图形就是图5-1(a)用多面正投影图表示的物体的轴测图。

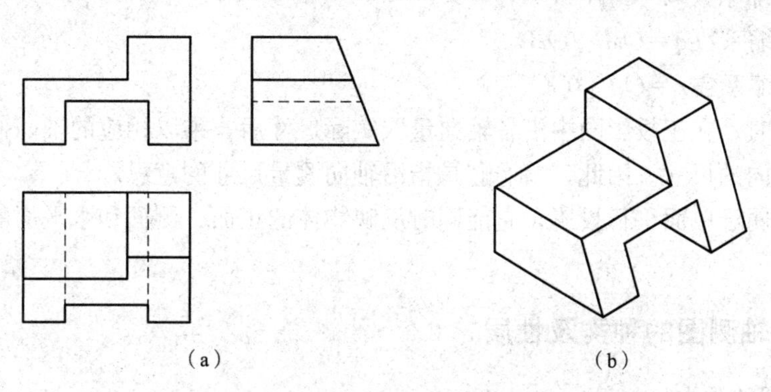

图5-1　物体的多面正投影图与轴测图的比较

(a)多面正投影图；(b)轴测图

5.1.1 轴测图的形成

轴测投影图：将物体连同其确定该物体的直角坐标系，沿不平行于任一坐标面的方向，用平行投影法将其投影在单一投影面上得到的具有立体感的图形称为轴测投影图，简称轴测图。如图 5-2 所示，将物体投影到投影平面 P 上，使所得到的投影图能反映出三个坐标面。

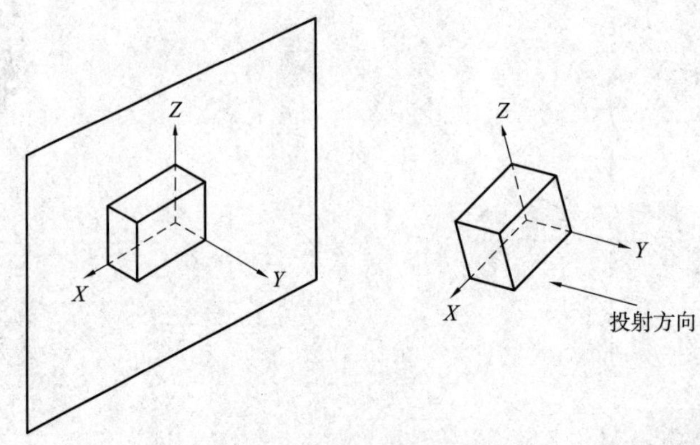

图 5-2 轴测图的形成

1. 轴测投影面

将物体的三个坐标面投影在一个投影平面 P 上，该投影平面 P 称为轴测投影面。

2. 轴测轴

空间坐标轴 OX、OY、OZ 在轴测投影面 P 上的投影 O_1X_1、O_1Y_1、O_1Z_1，称为轴测投影轴，简称轴测轴。

3. 轴间角

轴测轴之间的夹角 $\angle X_1O_1Y_1$、$\angle X_1O_1Z_1$、$\angle Y_1O_1Z_1$，称为轴间角。

4. 轴向伸缩系数

轴测轴 O_1X_1、O_1Y_1、O_1Z_1 上的线段与坐标轴 OX、OY、OZ 上的对应线段的长度比 p、q、r，分别称为 O_1X_1、O_1Y_1、O_1Z_1 的轴向伸缩系数。

X 轴向伸缩系数 $p=O_1A_1/OA$；

Y 轴向伸缩系数 $q=O_1B_1/OB$；

Z 轴向伸缩系数 $r=O_1C_1/OC$。

画轴测图时，在正投影图中沿各轴向量取实际尺寸后，乘以相应的轴向伸缩系数，即得到轴测图各轴向的尺寸。因此，“轴测”是指沿轴向测量尺寸的意思。

轴测投影属于单面平行投影，它能同时反映物体的正面、侧面和水平面的形状，因而立体感较强。

5.1.2 轴测图的种类及性质

(1)轴测图的种类。

1)根据投射线方向和轴测投影面的位置的不同，轴测图可分为两大类。

①正轴测图。投射线方向垂直于轴测投影面，称为正轴测图。

②斜轴测图。投射线方向倾斜于轴测投影面，称为斜轴测图。

2)按轴向变形系数的不同，轴测图又可分为以下三大类：

①正(斜)等测轴测图(简称正/斜等测)，p、q、r 三个轴向变形系数都相等，即 $p=q=r$；

②正(斜)二测轴测图(简称正/斜二测)，p、q、r 三个轴向变形系数中的两个相等，即 $p=q\neq r$ 或 $p=r\neq q$ 或 $q=r\neq p$；

③正(斜)三测轴测图(简称正/斜三测)，p、q、r 三个轴向变形系数各不相等，即 $p\neq q\neq r$。

为了作图简便同时可以获得较强的立体感，本书只介绍正等测轴测图(简称正等轴测图)和斜二测轴测图(简称斜二轴测图)的画法。

(2)轴测图的基本性质。轴测投影图具有如下平行投影的性质：

1)空间中相互平行的线段，在轴测图中仍然相互平行。

2)平行于坐标轴的线段，轴测图中仍然平行于轴测轴。

画轴测图时，需依据以上两个特性完成。

5.2　正等轴测图

5.2.1　正等轴测图的形成

物体所在的空间位置与轴测投影面 P 均倾斜，且其三个直角坐标轴与轴测投影面 P 的倾角均相等，投射线的投射方向 S 垂直于轴测投影面 P，如图 5-3 所示，故物体上平行于三个坐标平面的图形对应的正等轴测投影的形状和大小的变化均相同，即轴向伸缩系数 p、q、r 均相同。

1. 轴间角

正等轴测图的三个轴间角$\angle X_1O_1Y_1$、$\angle X_1O_1Z_1$、$\angle Y_1O_1Z_1$ 均为 120°，作图时 Z_1 轴为垂直方向，以 Z_1 轴为基准，作夹角为 120°的两根轴线，分别为 X_1 轴和 Y_1 轴，如图 5-4 所示。

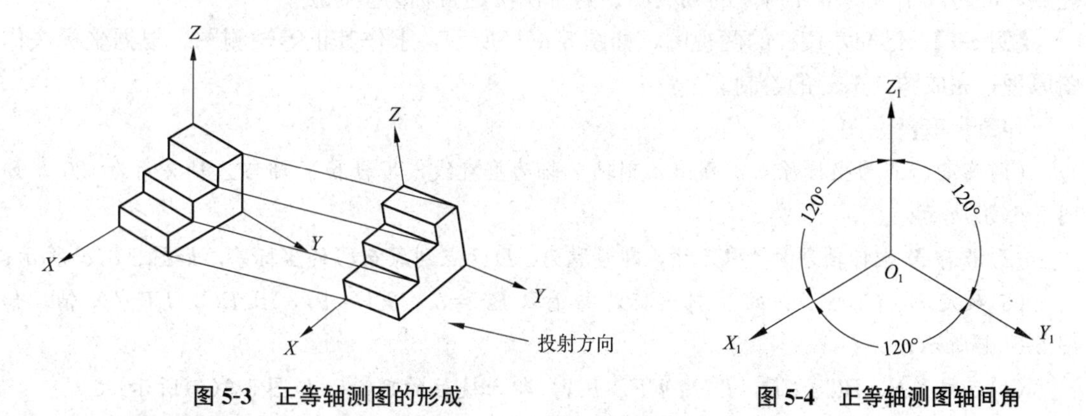

图 5-3　正等轴测图的形成　　　图 5-4　正等轴测图轴间角

2. 轴向伸缩系数

正等轴测图的 O_1X_1、O_1Y_1、O_1Z_1 轴的轴向伸缩系数相等，即 $p=q=r$。经数学推导得：$p=q=r\approx 0.82$。由于轴测图只是为了增强立体感，零件加工和工程施工的标准仍然要依据多面正投影图标准的尺寸，故为了作图方便，简化轴向伸缩系数为 1，即 $p=q=r=1$。画轴测图时只需直接量取多面正投影图的实际尺寸即可，此时正等轴测图比原投影图放大了 1/0.82≈1.22 倍，这样作图方便快捷，也不影响对物体形状的理解，按简化轴向伸缩系数画的轴测图和按轴向伸缩系数画的轴测图的对比图如图 5-5 所示。

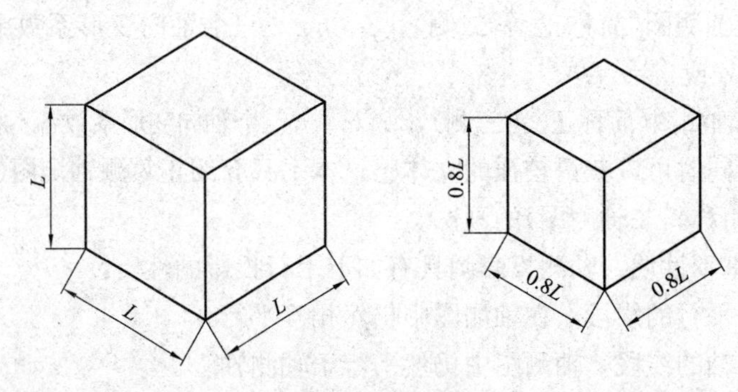

图 5-5　对比图

5.2.2　正等轴测图的画法

绘制轴测图时，首先要建立轴测轴，然后在多面投影图中沿着各轴线方向(长、宽、高)量取尺寸，画出对应的线段。作图时一般只画出可见的轮廓线，内部不可见的部分在最后整理时需擦除。

轴测图的画法有坐标法、切割法、叠加法三种方法。其中坐标法是基础，多数情况需要将以上三种方法结合起来应用，因此被称为“综合法”。接下来应用以上方法完成具体实例。

1. 坐标法

画基本几何体的轴测图时，通常把基本几何体的一个表面放置在坐标平面上，使它的水平面投影与这个表面的轴测投影重合，依次画出几何体表面上各点的轴测投影，然后连接这些点，便形成了该基本几何体的轴测图。这种画法通常称为坐标法。

【例 5-1】 已知六棱柱的两视图，如图 5-6(a)所示，求作其正等轴测图。根据坐标法作图原理，完成图 5-6(a)的绘制。

作图步骤：

(1)确定 O 点为坐标原点，画出轴测轴 Z 轴为垂直线，X 轴和 Y 轴与 Z 轴夹角为 120°，如图 5-6(b)所示；

(2)沿着 X 坐标轴方向量取尺寸，即量取 A、D 两点到原点 O 的坐标差，如图 5-6(c)所示；

(3)确定 B、C、E、F 的 Y 轴坐标，并量取 $BC=bc$，$EF=ef$，且 $BC /\!/ EF /\!/ X$ 轴，如图 5-6(d)所示；

(4)连接 AB、BC、CD、DE、EF、FA，即六棱柱的顶面，如图 5-6(e)所示；

(5)在 V 面投影图中量取六棱柱的棱长(六条棱平行于 Z 轴)，并在轴测图中画出，并连接棱柱的底面，如图 5-6(f)所示；

(6)整理，擦去作图线、轴线和不可见的线，加深各可见棱线，即完成作图，如图 5-6(g)所示。

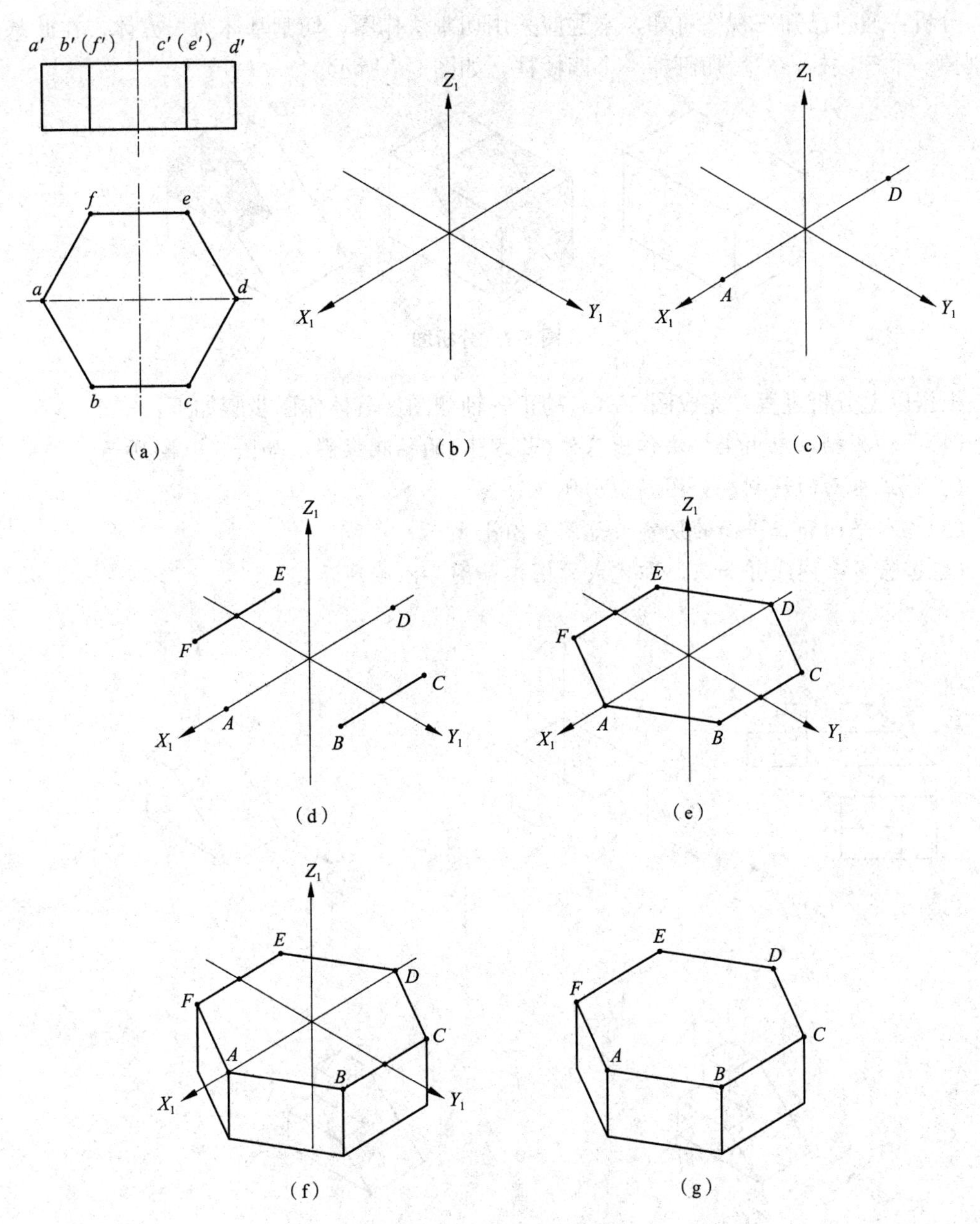

图 5-6　坐标法作正等轴测图

(a)已知；(b)画轴测轴；(c)量取 A、D 坐标；(d)确定 B、C、E、F 的 Y 轴坐标；(e)坐标平面；(f)量取棱长，连接底面；(g)轴测图

2. 切割法

切割法也是轴测图的常用方法之一，画切割体的轴测图时，先画出未切割之前的基本几何体的轴测图，然后根据其结构逐步进行切割，进而完成整个切割体的轴测图，这种绘制轴测图的方法称为切割法。

【例 5-2】 已知物体的三视图如图 5-8(a)所示，求作正等轴测图。

分析：通过已知三视图可知，本题应采用切割法作图，切割基体为长方体，在此基础上切割掉一个三棱柱，然后切割掉一个四棱柱，如图 5-7 所示。

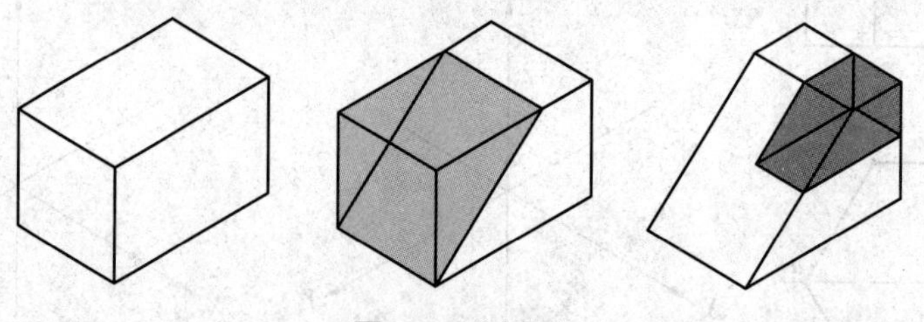

图 5-7　分析图

根据以上分析过程，完成图 5-8(a)的正等轴测图，具体作图步骤如下：

(1)画轴测轴，应用坐标法作出基体(长方体)的轴测投影，如图 5-8(b)所示；

(2)作正垂面的切割，如图 5-8(c)所示；

(3)作水平面和正平面的切割，如图 5-8(d)所示；

(4)擦除多余图线并加深，即完成作图，如图 5-8(e)所示。

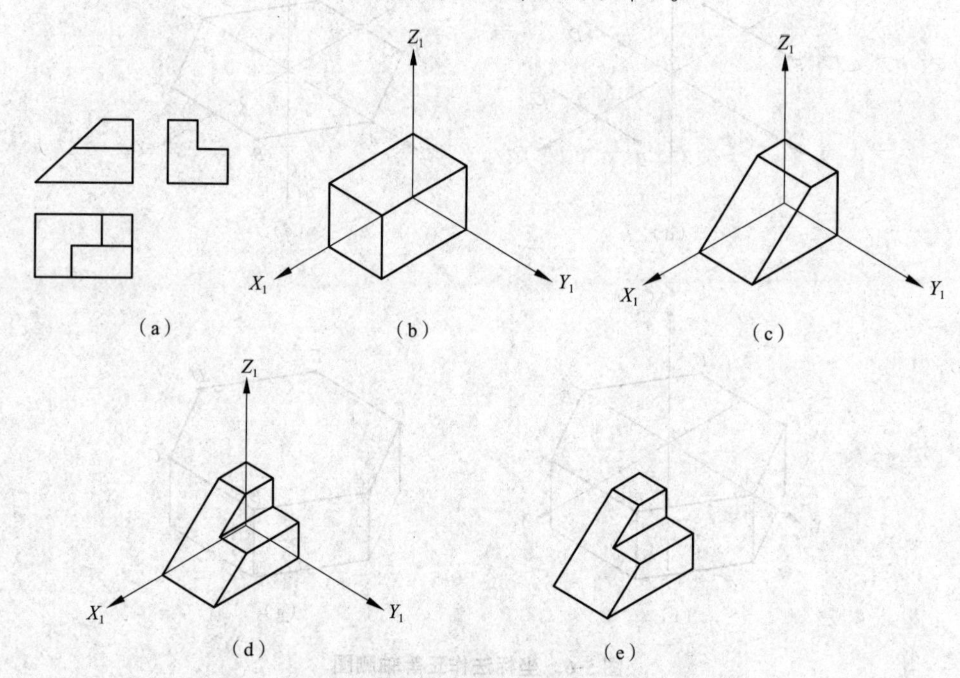

图 5-8　切割法作正等轴测图

(a)已知；(b)作基体轴测投影；(c)作正垂面的切割；(d)作水平面和正平面的切割；(e)完成图

3. 叠加法

对于叠加形物体，运用形体分析法将物体分成几个简单的形体，然后根据各形体之间的相对位置依次画出各部分的轴测图，即可得到该物体的轴测图，这种方法称为叠加法。

【例 5-3】 已知物体的三视图如图 5-10(a)所示，求作正等轴测图。

分析：通过已知三视图可知，本题应采用叠加法作图，该几何体由底板(长方体)、侧板(梯形柱)和立板(三棱柱)三部分组成，如图 5-9 所示。

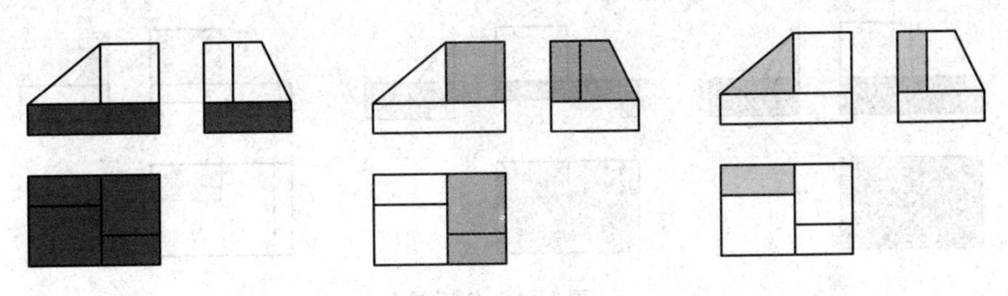

图 5-9　分析图

根据以上分析过程，完成图 5-10(a)的正等轴测图，具体作图步骤如下：

(1)绘制轴测轴，以轴测轴为基准先画出底板(长方体)的轴测图，如图 5-10(b)所示；

(2)在底板上绘制侧板(梯形柱)，擦除多余图线，如图 5-10(c)所示；

(3)在底板上绘制立板(三棱柱)，擦除多余图线，如图 5-10(d)所示；

(4)判断共面部分及不可见线，擦除多余图线并加深，即完成作图，如图 5-10(e)所示。

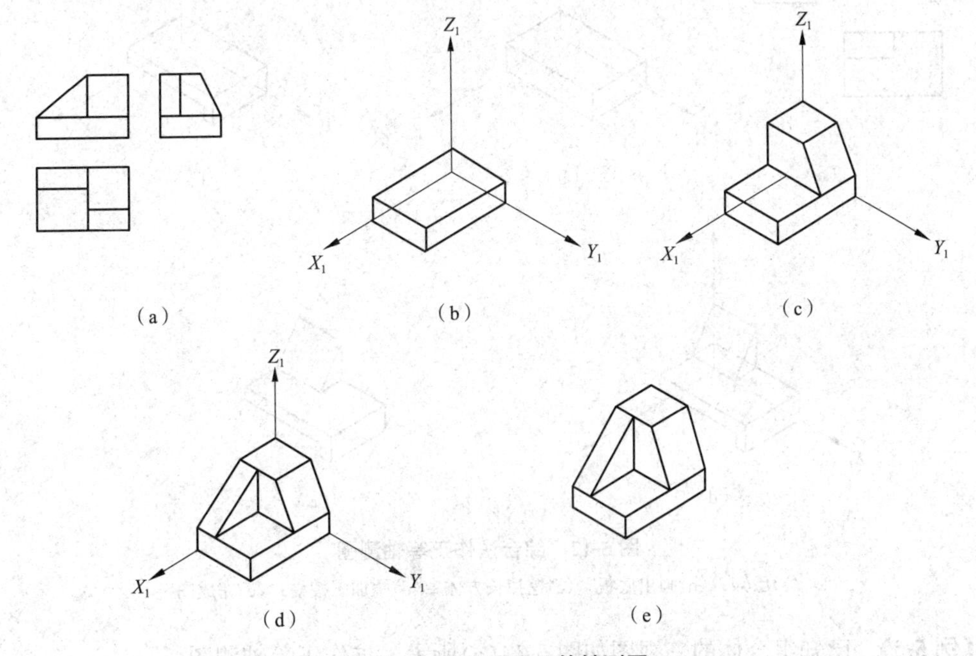

图 5-10　叠加法作正等轴测图

(a)已知；(b)画出底板的轴测图；(c)绘制侧板；(d)绘制立板；(e)完成图

4. 综合法

将坐标法、切割法和叠加法应用在一个轴测图中的作图方法，称为综合法。

【例 5-4】 已知物体的三视图如图 5-12(a)所示，求作正等轴测图。

分析：通过已知三视图可知，本题应采用综合法作图，首先采用切割法，切割基体为长方体，在此基础上切割掉一个长方体，然后叠加一个三棱柱，如图 5-11 所示。

根据以上分析过程，完成图 5-12(a)的正等轴测图，具体作图步骤如下：

(1)绘制轴测轴，以轴测轴为基准画出底板(长方体)的轴测图，如图 5-12(b)所示；

(2)应用切割法在底板上挖切掉一个长方体，如图 5-12(c)所示；

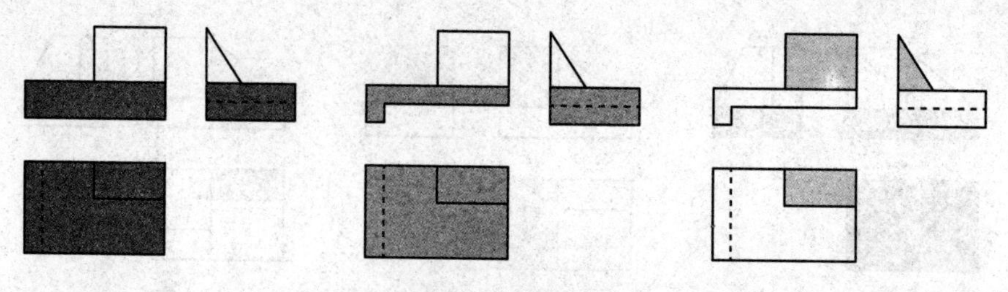

图 5-11　分析图

(3)应用叠加法在底板上叠加一个三棱柱，如图 5-12(d)所示；

(4)判断共面部分及不可见线，擦除多余图线并加深，即完成作图，如图 5-12(e)所示。

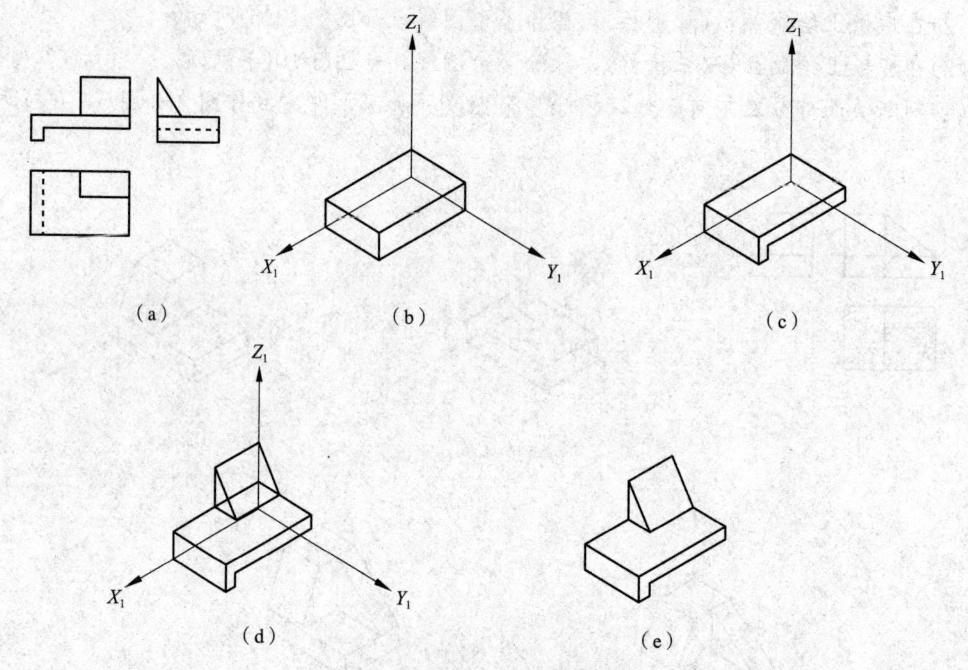

图 5-12　综合法作正等轴测图

(a)已知；(b)画出底板；(c)挖掉长方体；(d)叠加三棱柱；(e)完成图

【例 5-5】 已知组合体的三视图如图 5-14(a)所示，求作正等轴测图。

分析：通过已知三视图可知，本题应采用综合法作图，首先在基体(长方体)上切割掉两个三棱柱，然后在此基础上叠加一个四棱柱，再在四棱柱中间挖切一个四棱柱，如图 5-13 所示。

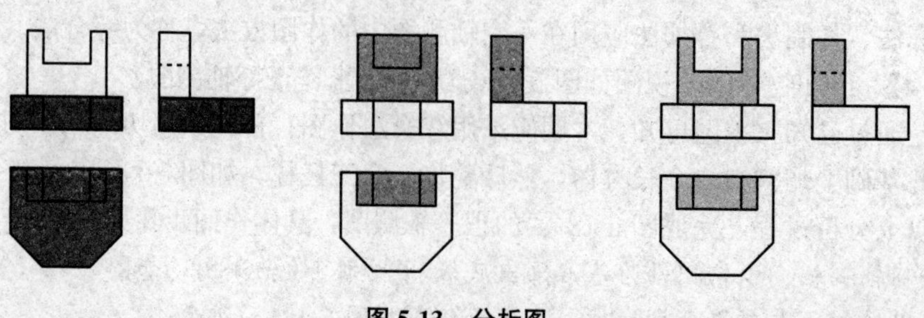

图 5-13　分析图

根据以上分析过程，完成图 5-14(a)的正等轴测图，具体作图步骤如下：

(1)绘制轴测轴，以轴测轴为基准画出底板(长方体)的轴测图，如图 5-14(b)所示；

(2)应用切割法在底板上切割掉两个三棱柱，如图 5-14(c)所示；

(3)应用叠加法在底板上叠加一个四棱柱，如图 5-14(d)所示；

(4)在立板上挖切掉一个四棱柱，如图 5-14(e)所示；

(5)判断共面部分及不可见线，擦除多余图线并加深，即完成作图，如图 5-14(f)所示。

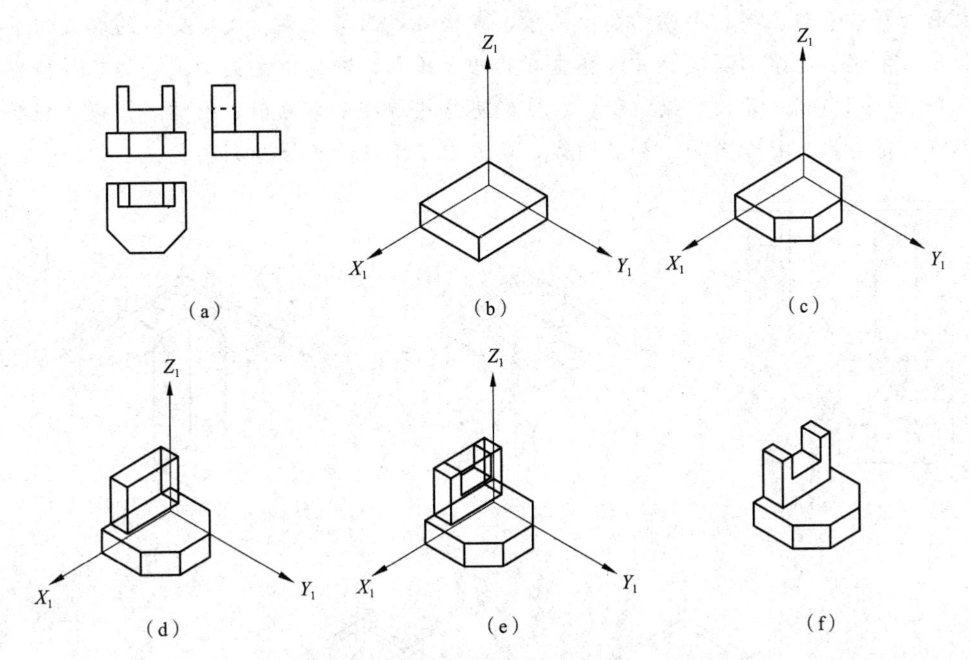

图 5-14　组合体正等轴测图

(a)已知；(b)画出底板；(c)切掉三棱柱；(d)叠加四棱柱；(e)挖掉四棱柱；(f)完成图

【例 5-6】　已知由楼板、主梁、次梁和柱组成的楼盖的三视图，如图 5-16(a)所示，作出它的仰视正等轴测图。

分析：楼盖的三面投影，了解楼盖的组成部分和形状。在读图过程中，假想楼板与下面的梁、柱分开，根据投影特性(长对正、高平齐、宽相等)确定每个部分。按题目要求画仰视图，即从下向上的投射，这样能把板、梁、柱相交处的构造表达清楚。三视图中分别标注出楼板、柱、主梁、次梁，如图 5-15 所示。

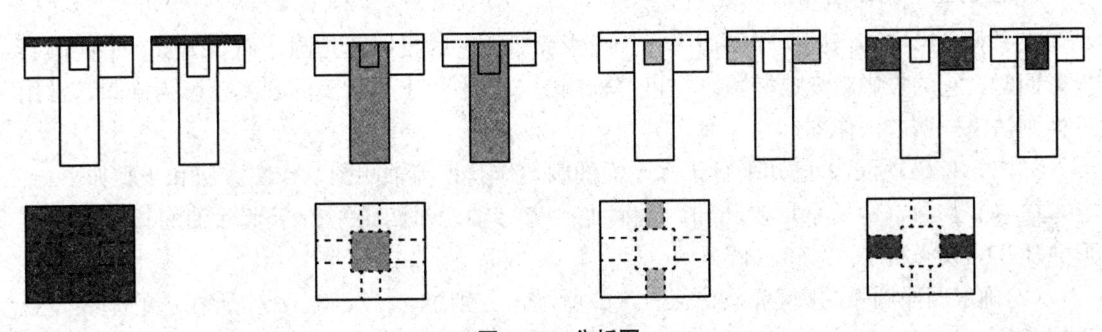

图 5-15　分析图

根据以上分析过程，完成图 5-16(a)的正等轴测图，具体作图步骤如下：

(1)如图 5-16(b)所示，画出楼板的正等轴测图，以及梁、柱与楼板底面的交线。

(2)如图 5-16(c)所示，画出楼板下的柱的正等轴测图，从 5-16(a)正立面投影或侧立面投影中量取柱的高度尺寸，在楼板底面与柱交线的端点向下引垂线，长度为柱的高度，并连接垂线的四个端点，即得出柱的正等轴测图。

(3)如图 5-16(d)所示，画出楼板下的主梁、次梁的正等轴测图，从 5-16(a)正立面投影或侧立面投影中量取主梁、次梁的高度尺寸，在楼板底面与主梁、次梁交线的端点向下引垂线，长度为主梁、次梁的高度，并连接垂线的四个端点，即得出主梁、次梁的正等轴测图。

(4)如图 5-16(e)所示，将梁、板、柱中的可见轮廓线全部画出。校核后，擦去辅助作图线和不可见轮廓线，整理图面，加深图线，就作出了楼盖的正等轴测图。

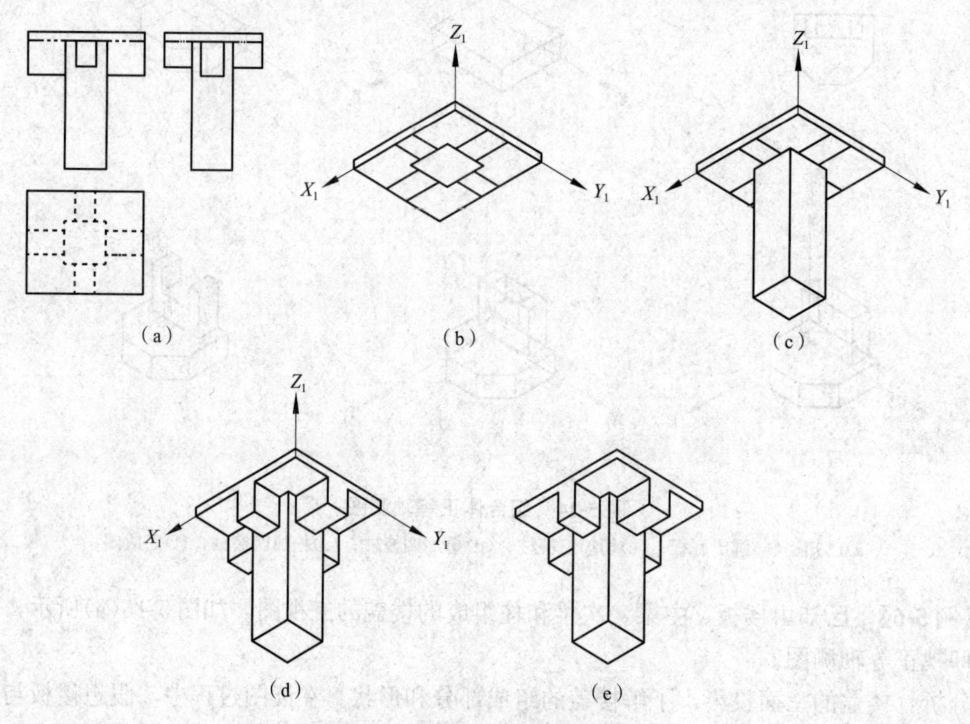

图 5-16 楼盖仰视正等轴测图

(a)已知；(b)画楼板正等轴测图及梁柱与底面交线；(c)画柱的正等轴测图；(d)画主梁、次梁的正等轴测图；(e)完成图

5. 圆的正等轴测图画法

在平行投影中，当圆所在平面平行于投影面时，它的投影还是圆。而当圆所在平面倾斜投影面时，它的投影就变成椭圆。在正等轴测图中，平行于坐标面的圆其投影为椭圆，常用近似画法——四心法作图。

如图 5-17(a)所示，已知平行于水平面的圆，作其正等轴测图，作图方法和步骤如下：

(1)如图 5-17(b)所示，在已知圆平面上画坐标轴，作四条平行于坐标轴的圆外切正方形 *ABCD*，切点为 1、2、3、4。

(2)确定四段圆弧的圆心，如图 5-17(c)所示，分别过 1、2、3、4 作所在边的垂线，且垂线的交点为 O_1、O_2、O_3、O_4(由于四边形 *ABCD* 是 60°角的菱形，故 O_4 就是 *D* 点，O_2 就

是 B 点，$O_2 4$ 和 $O_4 1$ 的交点是 O_1，$O_2 3$ 和 $O_4 2$ 的交点是 O_3），其中 O_2、O_4 是两个大弧的圆心，O_1、O_3 是小弧的圆心。

(3)$O_2 3$ 和 $O_4 2$ 分别为两个大弧的半径 R_1，$O_1 1$、$O_3 3$ 分别为两个小弧的半径 R_2，四段弧分别于点 1、2、3、4 处相切和相接，分别以 O_1、O_3 为圆心，R_2 为半径画弧，O_2、O_4 为圆心，R_1 为半径画弧，连接四段圆弧即得出平行于水平面的圆的正等轴测图，如图 5-17(d)。

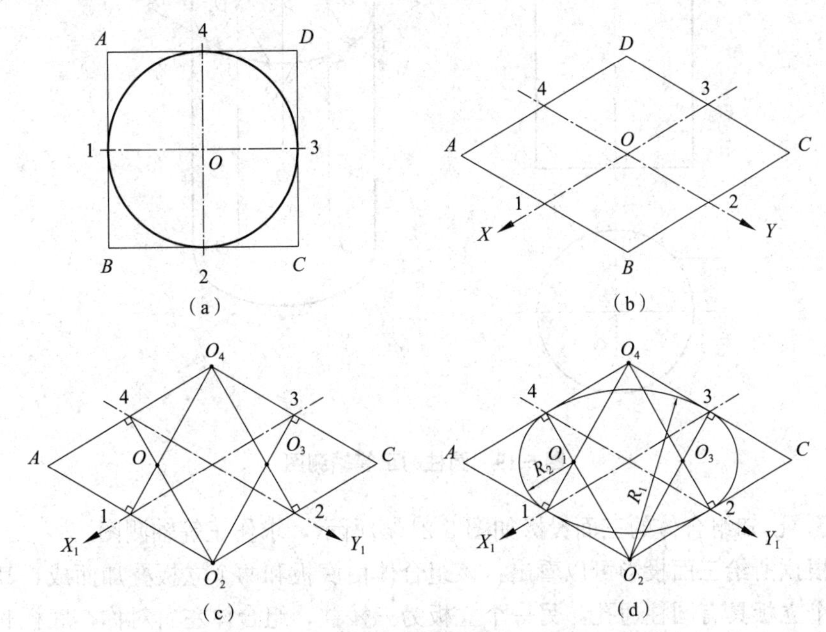

图 5-17　平行于水平投影面的圆的正等测近似画法

(a)已知；(b)画坐标轴，作圆外切正方形；(c)确定四段圆弧圆心；(d)完成作图

平行于正立投影面和侧立投影面的圆的正等轴测图的画法与平行于水平投影面的圆的画法相同，只是轴测轴的方向不同。画图时，先按圆平行的投影面确定轴测轴的方向，即如果圆平行于正立投影面，则取轴测轴为 OX、OZ，如果圆平行于侧立投影面，则取轴测轴为 OY、OZ，再画菱形，求四个圆心，最后连接四段圆弧，如图 5-18 所示。

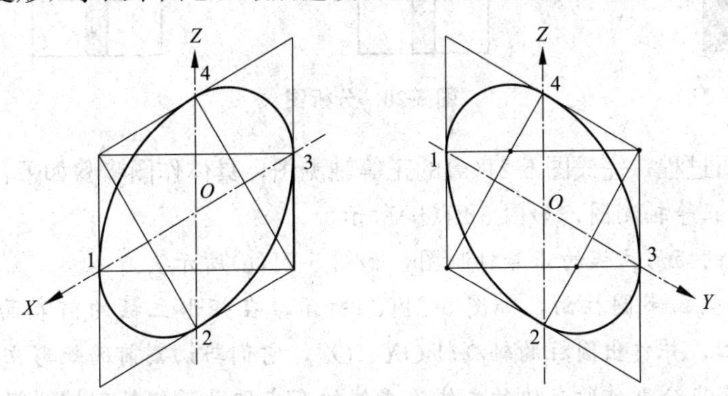

图 5-18　平行于 V 面、W 面的圆的正等测近似画法

【例 5-7】　已知圆柱的 H 面、V 面投影，如图 5-19 所示，作出它的正等轴测图。

根据四心法先完成椭圆的顶圆的轴测图，由于顶圆和底圆是相互平行的，所以只需沿着

垂线方向下移圆心 O_1、O_3、O_4，然后以此三点为圆心，按对应的半径画圆弧即可，就能画出底圆的正等轴测图，这样作图简便。

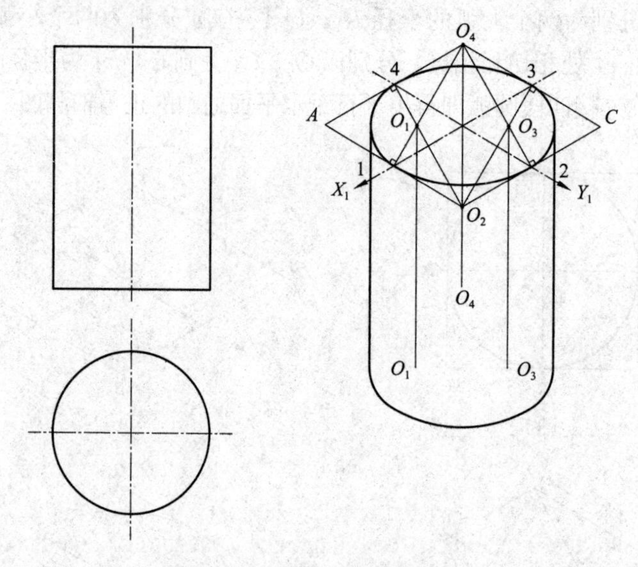

图 5-19　圆柱的正等轴测图

【例 5-8】 已知组合体的三面投影如图 5-21(a)所示，求作正等轴测图。

分析：根据所给三面投影可以看出：该组合体由底板和两个立板叠加而成，其中底板是长方体，一个立板具有圆柱通孔，另一个立板为三棱柱，组合体左右对称，底板和立板的后平面位于同一个正平面上，如图 5-20 所示。

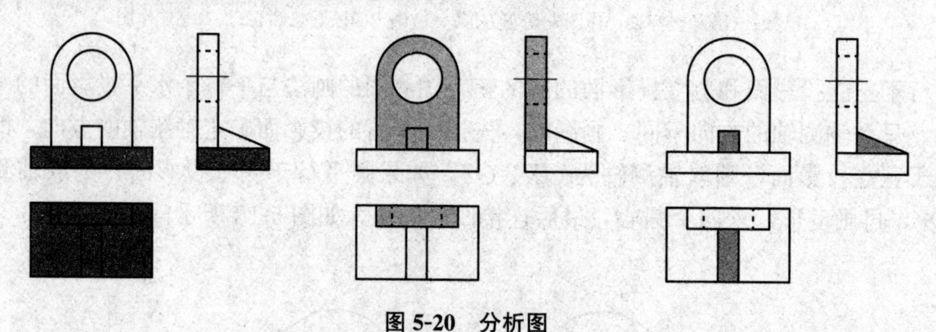

图 5-20　分析图

根据以上分析过程，完成图 5-21(a)的正等轴测图，具体作图步骤如下：

(1)画底板的正等轴测图，如图 5-21(b)所示。

(2)画未切割的矩形立板的正等轴测图，如图 5-21(c)所示。

(3)在立板上端画半圆柱面，如图 5-21(d)所示，在矩形立板的前表面上作出中心线，确定圆孔口的中心，并作出圆柱的轴测轴 OX、OZ，它们与切割前的矩形立板前表面有三个交点，过这三个交点分别作所在边的垂线，垂线的交点便是近似轴测椭圆圆弧的圆心，分别作出椭圆的大弧与小弧。用向后平移这两个圆心的方法，即可画出立板后表面上的半圆轮廓线对应的近似轴测椭圆的两个大圆弧和两个小圆弧，擦除切割掉的部分，整理立板上端的半圆柱面的正等轴测图。

(4)画圆柱通孔如图5-21(e)所示，圆柱通孔画法基本上与画正垂圆柱相同，但要注意立板后表面上圆孔的可见部分，在正等轴测图中可以应用向后平移前孔口的近似轴测椭圆弧的画法，也可以用圆弧代替近似椭圆弧的粗实线。

(5)整理，经校核和清理图面，确认无误后，加深图线，完成全图，如图5-21(f)所示。

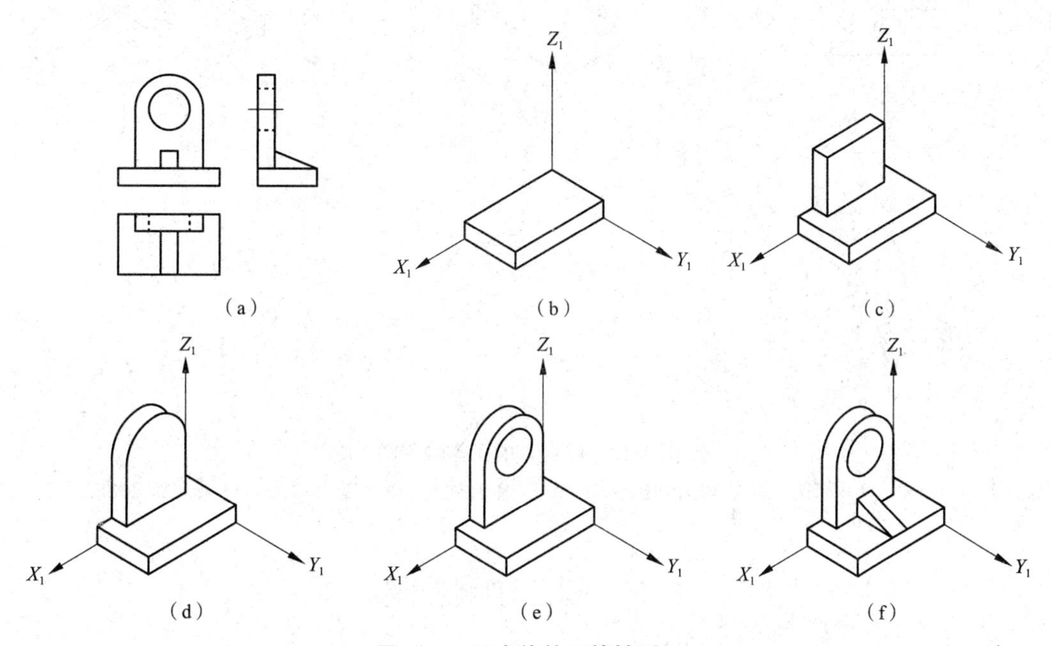

图5-21　组合体的正等轴测图

(a)已知；(b)画底板；(c)画矩形立板；(d)画半圆柱面；(e)画圆柱通孔；(f)完成图

【例5-9】 已知组合体的三面投影如图5-23(a)所示，求作正等轴测图。

分析：通过已知三面投影，我们可以判断出该组合体由以下四部分组成：在底板(长方体)上叠加立柱1(四棱柱)，再叠加半个圆柱，然后挖切掉一个圆柱，最后叠加立柱2(三棱柱)，如图5-22所示。

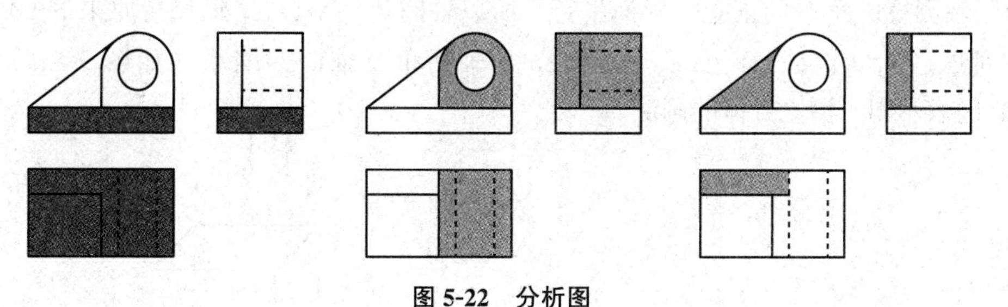

图5-22　分析图

根据以上分析过程，完成图5-23(a)的正等轴测图，具体作图步骤如下：

(1)画底板的正等轴测图，如图5-23(b)所示。

(2)在底板上叠加四棱柱，如图5-23(c)所示。

(3)再在四棱柱上叠加半个圆柱，如图5-23(d)所示。

(4)挖切掉一个圆柱，如图5-23(e)所示。

(5)叠加一个三棱柱，注意三棱柱与圆柱相切的连接处，如图5-23(f)所示。

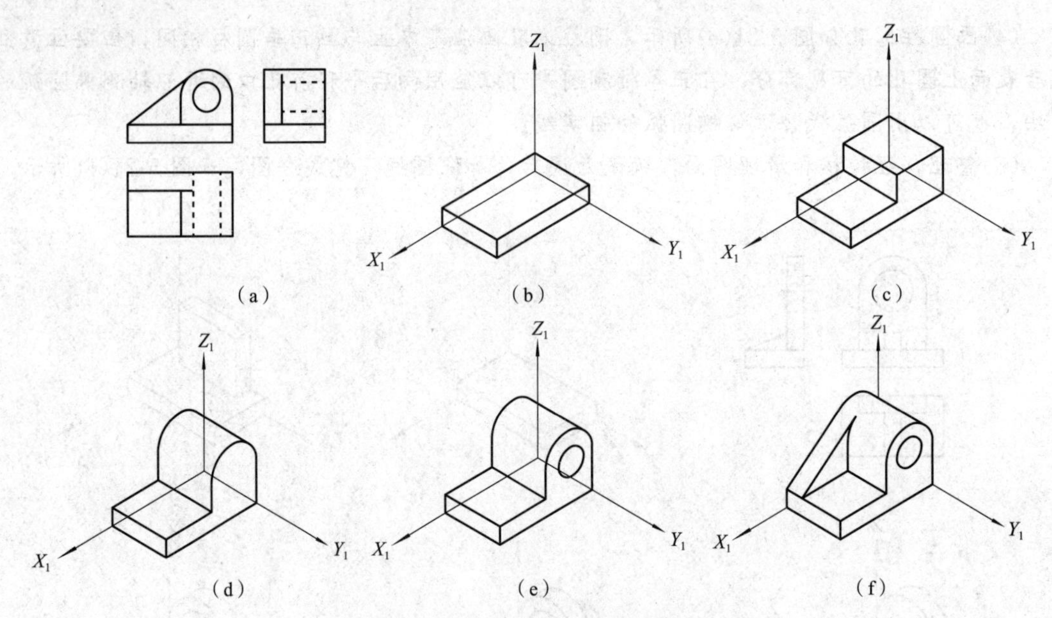

图 5-23　组合体的正等轴测图

(a)已知；(b)画底板；(c)画叠加四棱柱；(d)画叠加半圆柱；(e)画挖切掉圆柱；(f)画叠加三棱柱

5.3　斜二轴测投影

5.3.1　斜二轴测图的形成

工程中最常用的斜轴测图是正立投影面与轴测投影面 P 平行的斜二轴测图，简称斜二测，所以根据平行投影特性，正立投影面上的图形在 P 面中反映真实形状。

1. 轴间角

由于轴测投影面 P 与正立投影面平行，所以轴间角 $\angle X_1O_1Z_1$ 仍保持原来的 90°，另外两个轴间角 $\angle X_1O_1Y_1$、$\angle Y_1O_1Z_1$ 均为 135°，轴间角及轴向伸缩系数如图 5-24(a)所示。图 5-24(b)表示斜二测立方体的画法。

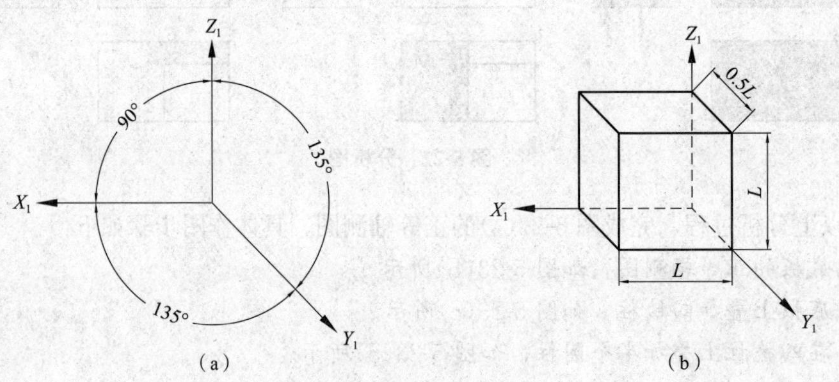

图 5-24　斜二轴测图

(a)轴间角及轴向伸缩系数；(b)立方体画法

2. 轴向伸缩系数

X 轴、Z 轴的轴向伸缩系数为 1，但是斜投影后 Y 轴长度缩短约为原长的 47%，为方便作图取轴向伸缩系数为 0.5，$p=r=1$，$q=0.5$ 正等轴：测图与斜二轴测图参数对比见表 5-1。

表 5-1　正等轴测图与斜二轴测图参数对比

项目		正等轴测图	斜二轴测图
特性	投射线方向	投射线与轴测投影面垂直	投射线与轴测投影面倾斜
	轴向伸缩系数	$p=q=r=0.82$	$p=r=1$，$q=0.47$
	简化轴向伸缩系数	$p=q=r=1$	$p=r=1$，$q=0.5$
	轴间角	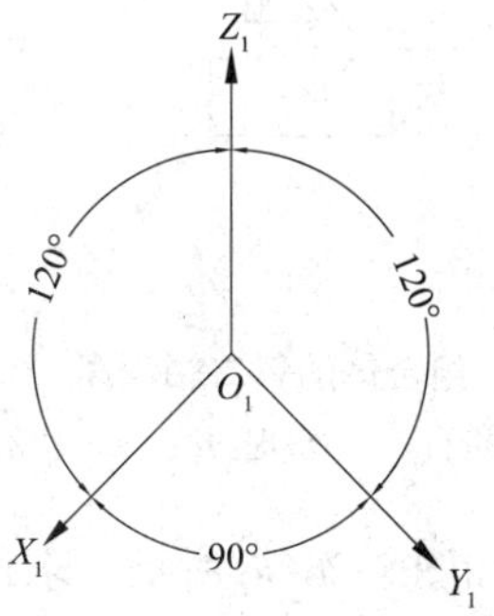	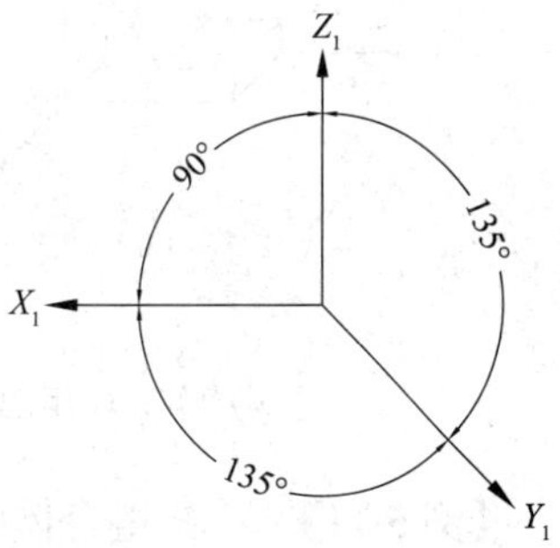
示例	边长为 L 的正方形的轴测图	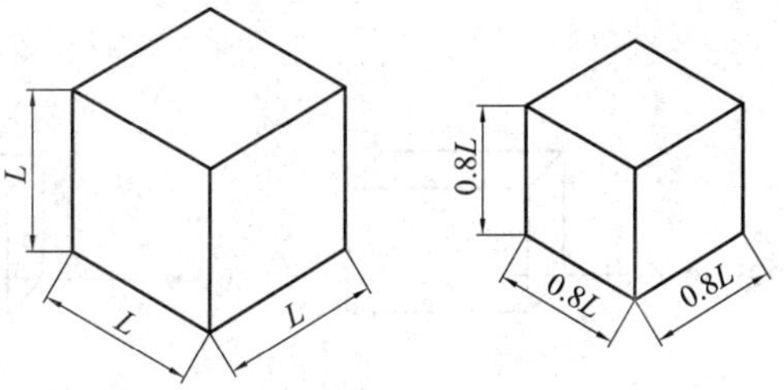	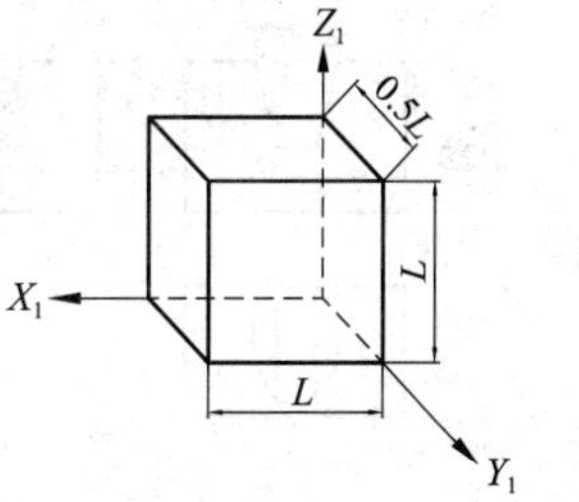

5.3.2　斜二轴测图的画法

【例 5-10】　已知组合体的三面投影如图 5-25(a)所示，求作正等轴测图。

分析：本题采用切割法，基体是长方体，通过正立面投影可以确定切割掉一个四棱台，通过侧立面投影可以确定切割掉一个四棱柱，根据以上顺序，完成作图。

作图步骤：

(1)画基体(长方体)的斜二轴测图，如图 5-25(b)所示。

(2)在基体的基础上切割掉四棱台，如图 5-25(c)所示。

(3)为方便识图，整理图线，如图 5-25(d)所示

(4)切割掉四棱柱，如图 5-25(e)所示。

(5)擦除多余图线并加深，即完成作图，如图 5-25(f)所示。

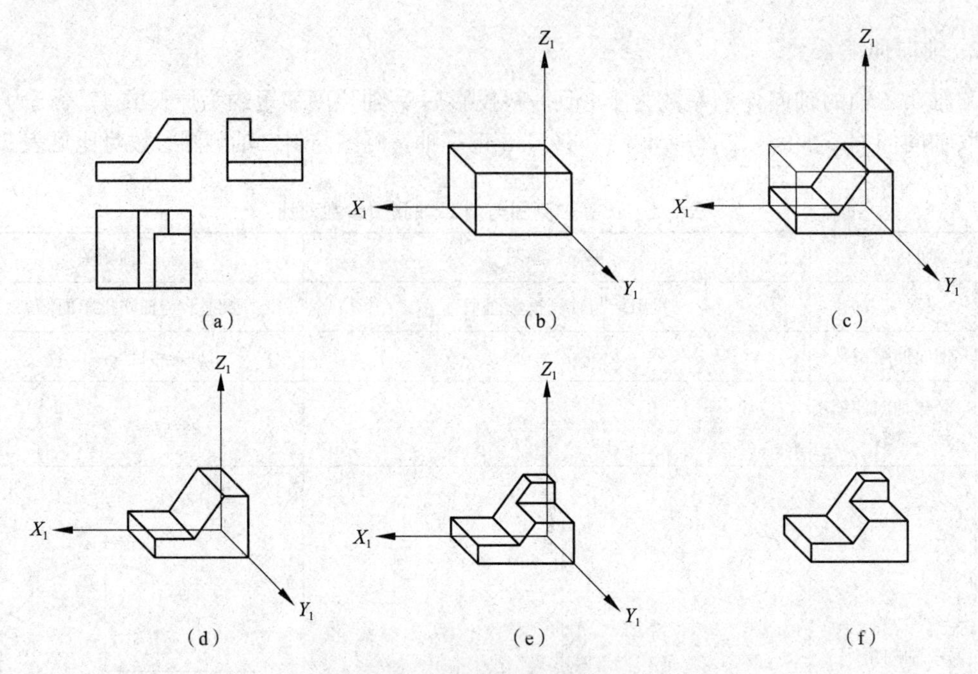

图 5-25 组合体的斜二轴测图

(a)已知；(b)画基体；(c)切割四棱台；(d)整理图线；(e)切割四棱柱；(f)完成图

【例 5-11】 已知组合体的三面投影如图 5-26(a)所示，求作斜二轴测图。

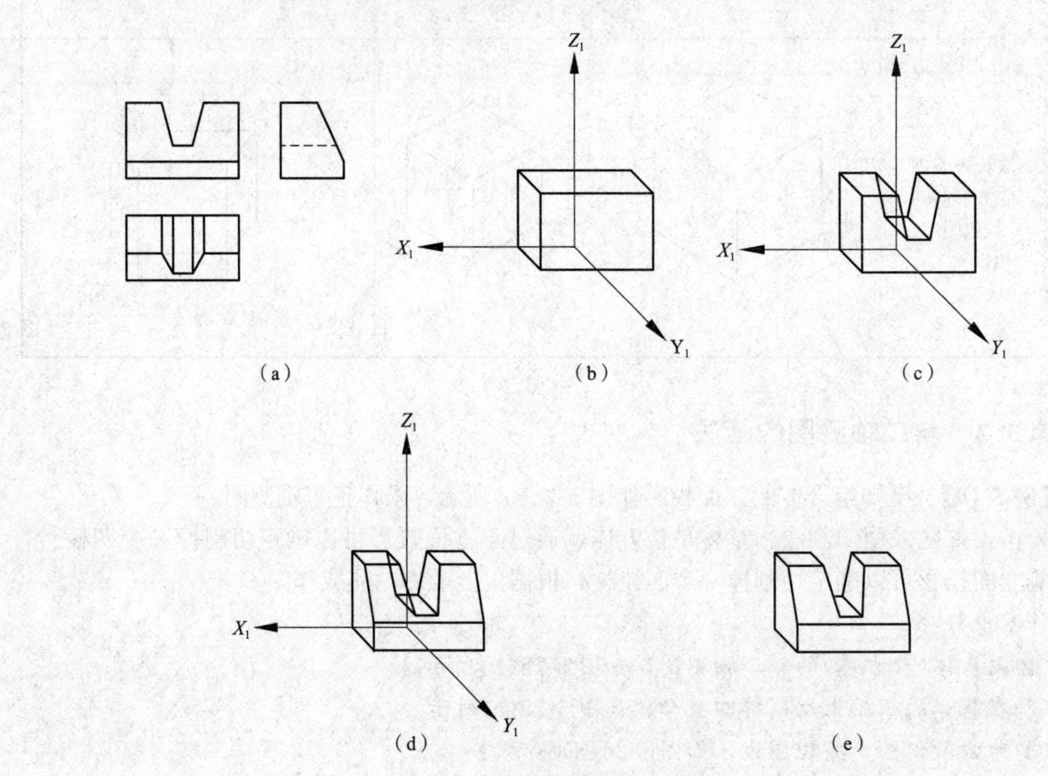

图 5-26 组合体的斜二轴测图

(a)已知；(b)画基体；(c)切割四棱台；(d)切割三棱柱；(e)完成图

分析：本题采用典型的切割法，基体是长方体，通过正立面投影可以确定在基体上切割掉一个四棱台，通过侧立面投影可以确定切割掉一个三棱柱，根据以上顺序，完成作图。由于该组合体是对称结构，所以选择坐标轴为中线位置。

作图步骤：

(1)画基体(长方体)的斜二轴测图，如图5-26(b)所示。

(2)在基体的基础上切割掉四棱台，分别在前、后平面上确定切割的梯形，然后前后连接对应的棱线，在正立投影上测量出中间切割掉的梯形短边的尺寸，并确定其在轴测图中位置，即可完成该四棱台的斜二轴测图，如图5-26(c)所示。

(3)切割掉三棱柱，完成切割后的梯形柱的斜二轴测图，如图5-26(d)所示。

(4)擦除多余图线并加深，即完成作图，如图5-26(e)所示。

【例5-12】 已知组合体的三面投影如图5-27(a)所示，求作斜二轴测图。

分析：本题采用叠加法，通过读图可以分析出，该组合体由四部分组成，分别是底座(长方体)、中间立柱(长方体)，两侧分别是两个三棱柱，所以将以上四个基体按位置叠加在一起，即得到该组合体。

作图步骤：

(1)画底座(长方体)的斜二轴测图，如图5-27(b)所示。

(2)画中间叠加的立柱(长方体)的斜二轴测图，如图5-27(c)所示。

(3)画左侧叠加的三棱柱的斜二轴测图，如图5-27(d)所示。

(4)画右侧叠加的三棱柱的斜二轴测图，如图5-27(e)所示。

(5)擦除多余图线并加深，即完成作图，如图5-27(f)所示。

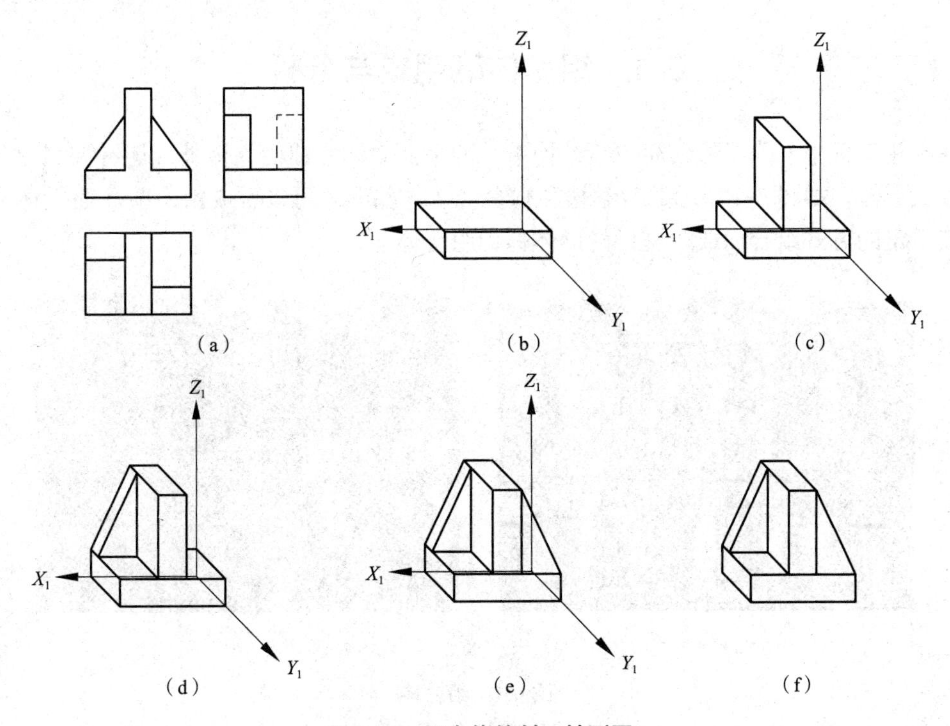

图5-27　组合体的斜二轴测图

(a)已知；(b)画底座；(c)画中间叠加的立柱；(d)画左侧叠加的三棱柱；(e)画右侧叠加的三棱柱；(f)完成图

第6章

组合体

★本章知识点

1. 了解组合体的组成与分析方法。
2. 掌握组合体视图的读图。
3. 掌握组合体视图的画法。

6.1　组合体的组成与分析

在土建工程中，除了形状简单、结构单一的平面立体和曲面立体外，还有许多形状、结构复杂的形体，如图 6-1 所示的教学楼和宿舍楼。这些形体可以看成由一些平面立体或曲面立体按一定的方式组合而成，这样的形体称为组合体。

(a)

(b)

图 6-1　组合体

(a)教学楼；(b)宿舍楼

6.1.1　三视图

1. 三视图的形成和图样的布置

在土建工程制图中，运用正投影理论，将组合体向投影面作正投影，所得到的图样称为视图。依据国家标准中第一角画法的规定，结合画法几何中三面投影的定义，将正立投影面的图样称为主视图(或正立面图)、将水平投影面的图样称为俯视图(或平面图)、将侧立投影面的图样称为左视图(或左侧立面图)，如图 6-2 所示。从图 6-2(b)可以看出，为了使绘制的图样清晰，可以省略投影间的联系线以及辅助线，三个视图间的距离，可以根据组合体的实际尺寸、图幅大小、图纸比例、标注尺寸等综合确定。当在同一张图纸上绘制三视图的位置按图 6-2(b)排列时，可以省略视图的名称。

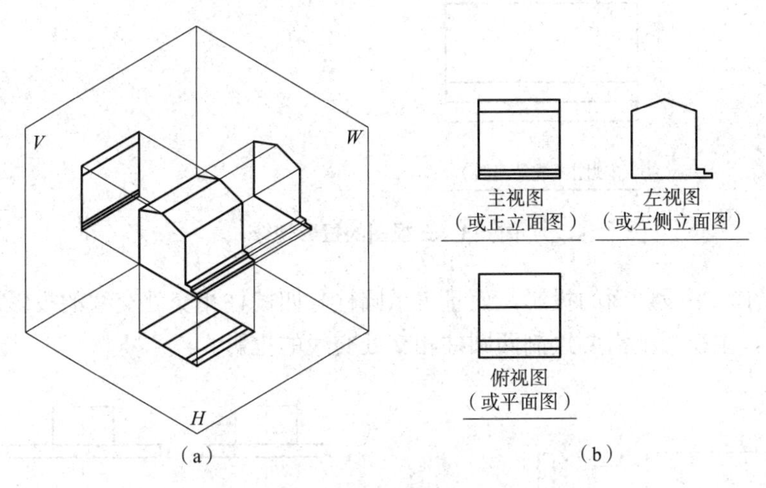

图 6-2　三视图的形成

(a)正投影；(b)三视图

2. 三视图的投影规律

如图 6-3 所示，主视图(或正立面图)反映了组合体的高度和长度，即视图中的上下、左右的位置关系；俯视图(或平面图)反映了组合体的长度和宽度，即视图中的左右、前后的位置关系；左视图(或左侧立面图)反映了组合体的高度和宽度，即视图中的上下、前后的位置关系。三视图间仍然保持“长对正、宽相等、高平齐”的三等投影规律。

6.1.2　组合体的组成分析

组合体的组成形式主要有叠加、挖切以及综合类。

1. 叠加

叠加类组合体由平面立体或曲面立体叠加而成。这类叠加又包括相交、相切和共面三种情况。

(1)相交。两立体相交时，在相邻表面处会产生交线。图 6-4(a)是由两个四棱柱相交形成的组合体，主视图上的交线不仅表示底部四棱柱上表面的正面投影，而且表示两个四棱柱相交处的交线的投影。图 6-4(b)是四棱柱与圆柱相交形成的组合体，俯视图中的圆不仅表

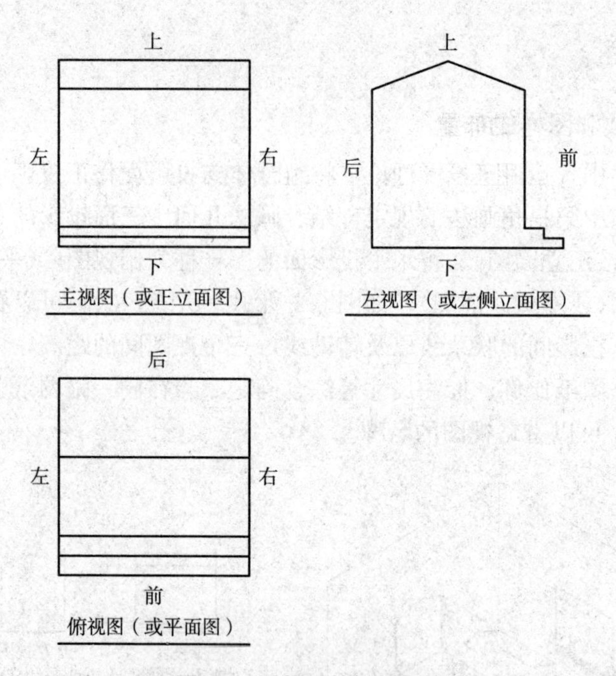

图 6-3　三视图的投影规律

示圆柱上表面在水平投影面的投影，而且表示圆柱与四棱柱相交处交线的投影。图 6-4(c)是两个正交圆柱，主视图上需要绘制两圆柱相交处交线的投影。

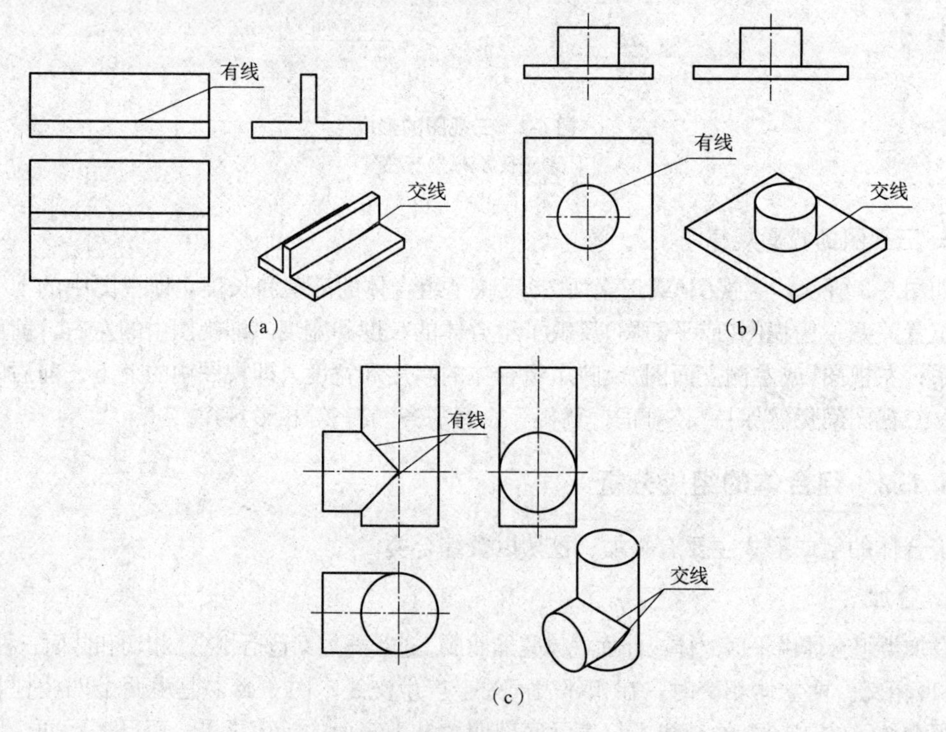

图 6-4　两立体相交

(a)两平面立体相交；(b)平面与曲面立体相交；(c)两曲面立体相交

(2)相切。两立体相切时，在相邻表面处不应画线。图 6-5(a)组合体中的平面分别与大、小圆柱相切，相切处不存在轮廓线，且主视图、俯视图和左视图中的线只要画到切点即可。图 6-5(b)是圆柱与上半圆球相切，主视图和左视图在相切处均不存在轮廓线。

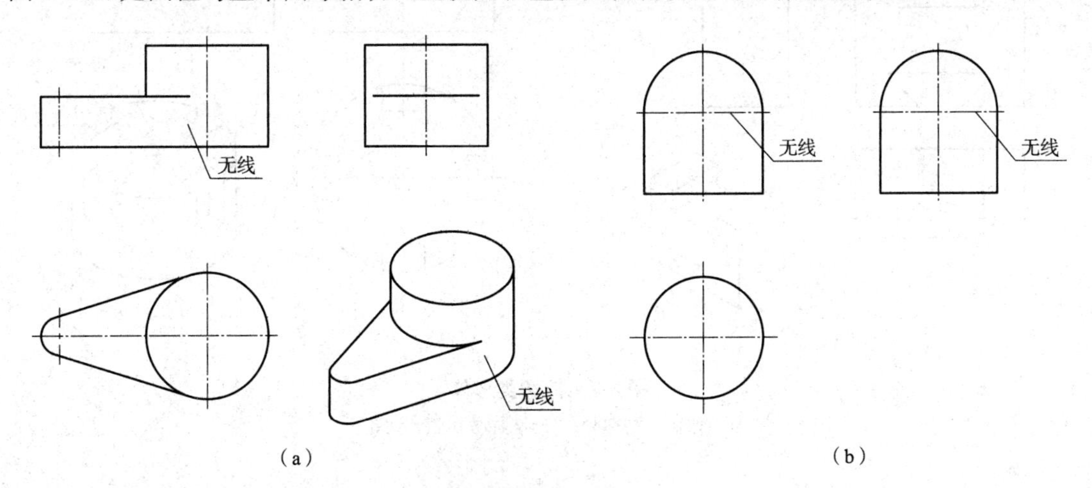

图 6-5　两立体相切

(a)平面与柱面相切；(b)柱面与球面相切

(3)共面。两立体共面时，相邻表面处不应画线。如图 6-6 所示，图中上、下四棱柱与中部四棱柱在左、右端面是共面的关系，因此在主视图上无须画线。

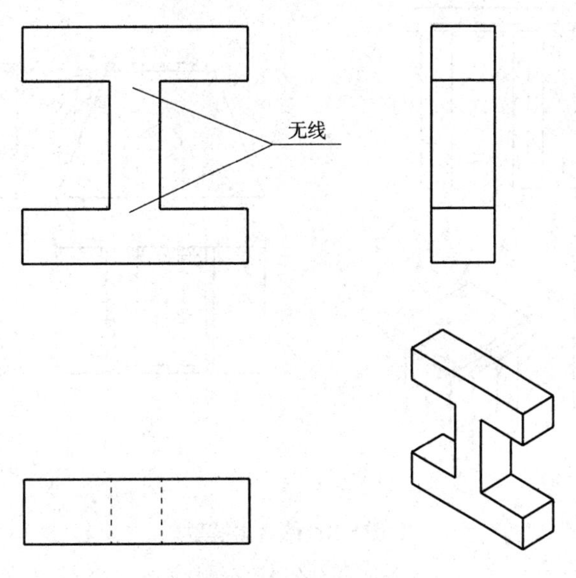

图 6-6　两立体共面

2. 挖切

挖切类组合体是在平面立体或曲面立体上进行切割、钻孔等得到的。图 6-7(a)的四棱柱上端切去一个长方体，下端切去一个梯形。图 6-7(b)的圆柱在圆周上进行了四次切割；此外，一个圆孔贯穿圆柱。

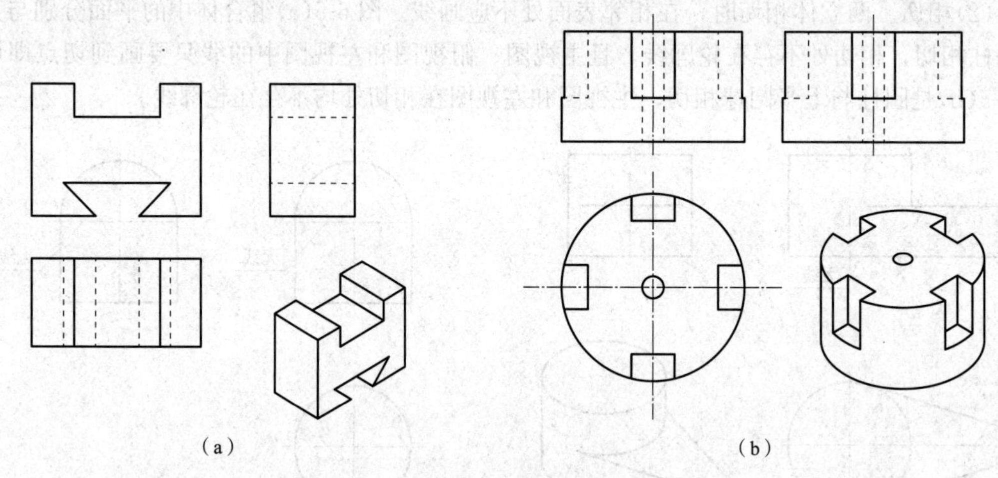

图 6-7　挖切类形体

(a)四棱柱被切割；(b)圆柱被切割、钻孔

3. 综合类

土建工程制图中，多数组合体都是以叠加或挖切的形式综合出现的，这类组合体称为综合类组合体。图 6-8(a)中桥墩模型由一个挖切的四棱柱和四个圆柱组成。图 6-8(b)中的城墙模型由多个四棱柱经过挖切、叠加组成。

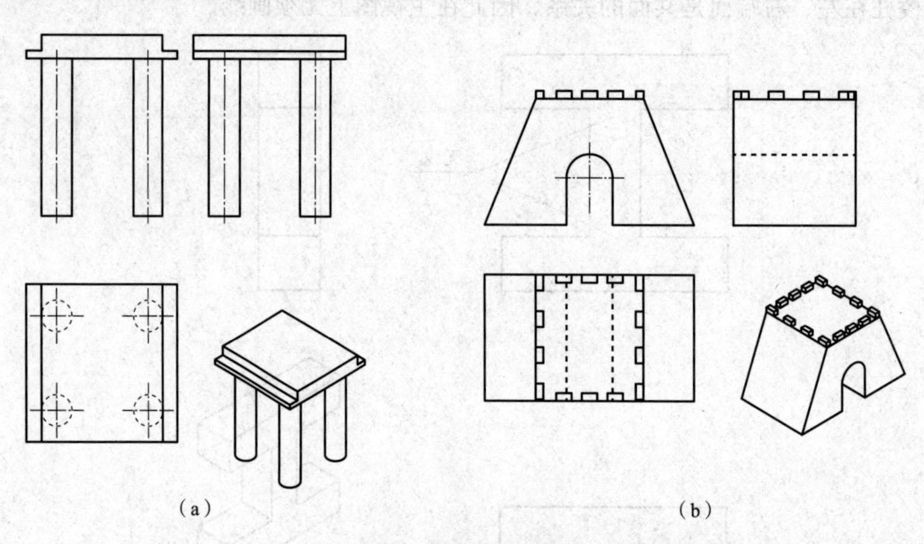

图 6-8　综合类模型

(a)桥墩模型；(b)城墙模型

6.2　组合体视图的读图

组合体视图的读图，就是根据绘制出的投影图样或视图，想象出组合体的空间形状、大小以及各组成部分间的位置关系。

6.2.1　读图的基本知识

1. 熟练掌握并应用“长对正、宽相等、高平齐”的三等投影规律

在多面正投影图中，主视图(或正立面图)反映了组合体的高度和长度，即视图中的上下、左右的位置关系；俯视图(或平面图)反映了组合体的长度和宽度，即视图中的左右、前后的位置关系；左视图(或左侧立面图)反映了组合体的高度和宽度，即视图中的上下、前后的位置关系。因此，读图时，不能只看一个视图，而需要把三个视图联系起来，才能读出正确的组合体。若已知主、俯视图，如图 6-9(a)所示，则不能完全确定组合体的形状，若左视图如图(b)、(c)所示，则会出现两种不同形状的组合体。由此可知，若读图 6-9 所示的组合体，应先读最能反映组合体形状特征的左视图。

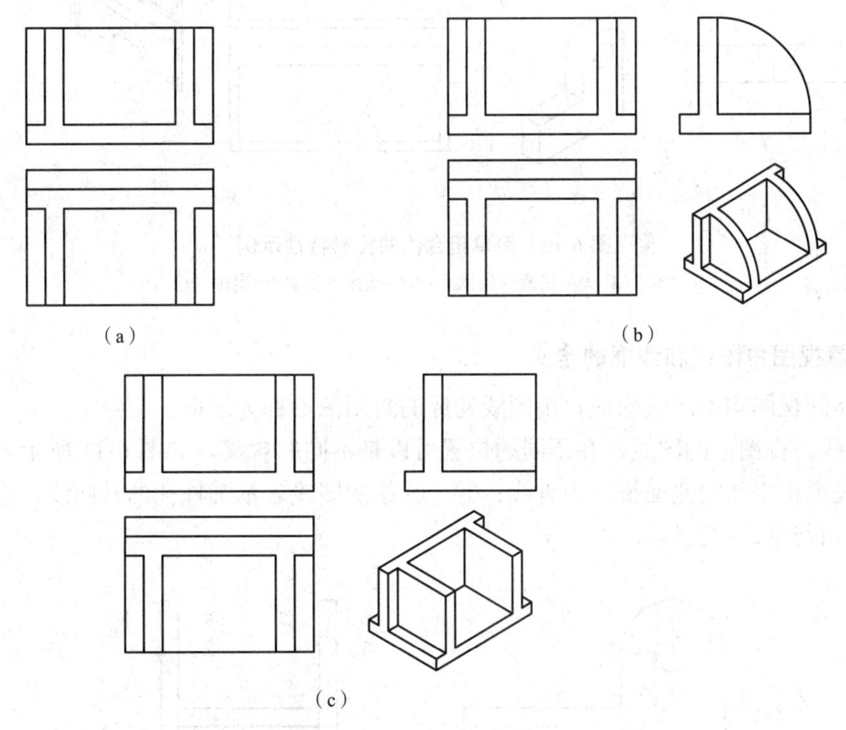

图 6-9　依据两个视图不能确定组合体的形状

(a)主、俯视图；(b)、(c)主、俯视图相同的两种形状组合体

2. 熟练掌握基本几何体的投影特性

常见的基本几何体包括棱柱(长方体、六棱柱、三棱柱)、三棱锥、圆柱、圆锥以及圆球。若三个视图均为矩形，则可以判断这个形体为长方体；若一个视图是六边形，其余两个视图为若干个矩形组合而成，则可以判断这个形体为六棱柱；若一个视图是三角形，其余两个视图为若干个矩形组合而成，则可以判断这个形体为三棱柱；若三个视图均为三角形或若干三角形组合而成，则可以判断这个形体为三棱锥；若一个视图是圆，其余两个视图为矩形，则可以判断这个形体为圆柱；若一个视图是圆，其余两个视图为三角形，则可以判断这个形体为圆锥；若三个视图均为圆，则可以判断这个形体为圆球。

3. 熟练掌握简单组合体的投影特性

简单组合体可以看作经过简单的挖切或叠加的形体组合而成。图 6-10(a)所示主视图反映的特征最明显，所以读图是从主视图开始读，对照左视图和俯视图可知，中间图形为圆孔。图 6-10(b)所示俯视图反映特征最明显，所以从俯视图可以读出该组合体为两个对称形体叠加而成，结合主、左视图中的虚线可知，中间为圆槽形状。

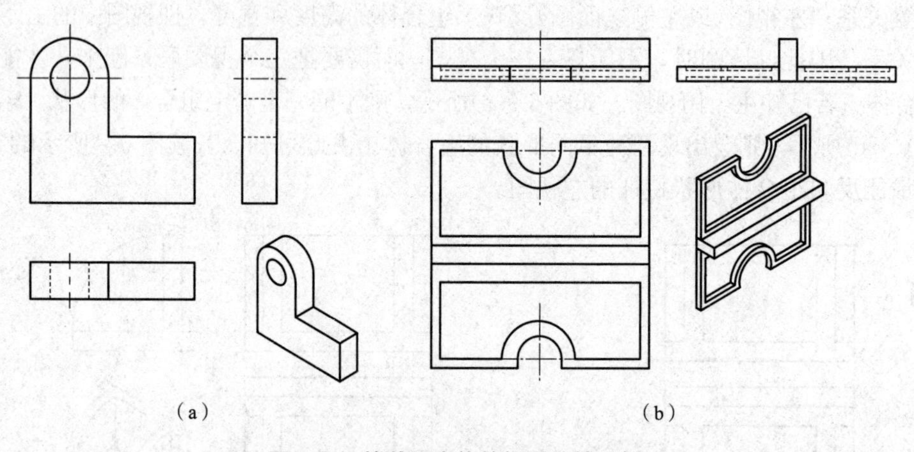

图 6-10　简单组合体的投影特性示例

(a)从主视图开始读图；(b)从俯视图开始读图

4. 读懂视图中图线和线框的含义

组合体的视图均由图线构成，由图线构成的封闭图形称为线框。

(1)图线。视图中的图线，在不同的位置可以是不同的含义，如图 6-11 所示，图①～④指的图线表示正平面的侧面投影为直线；⑤～⑧指的图线表示圆柱孔的转向线；⑨指的图线表示“[”形面与平面的交线。

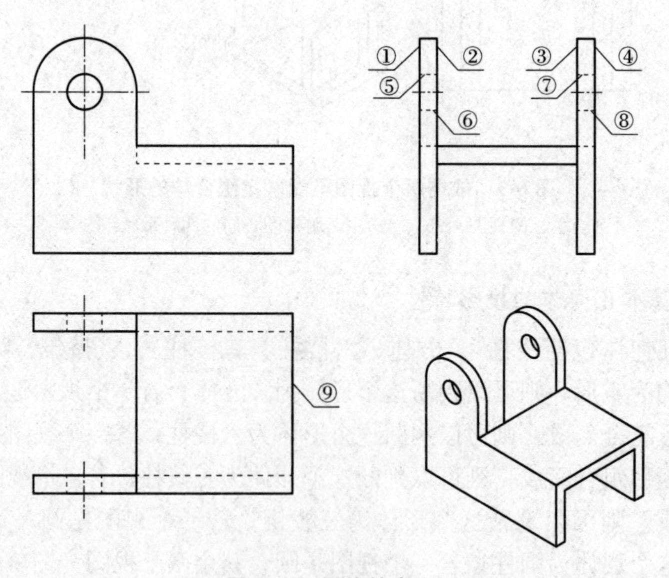

图 6-11　图线的含义

(2)线框。视图中的线框，可以是某些平面或曲面的投影，也可以是两个面的重影。如图6-12所示，轴测图中区域Ⅰ、Ⅱ、Ⅲ在主视图上对应的投影为1′、2′、3′，这三个区域也是与区域Ⅰ、Ⅱ、Ⅲ正对着的六棱柱表面的投影，因此属于重影；俯视图中的六边形是组合体上、下表面的投影；俯视图中的圆是组合体圆孔的投影。

需要说明的是，同一图线或线框也可能包含几种不同的含义。如图6-12所示，俯视图中的圆，既可以表示圆孔柱面在水平投影面的投影，也可以表示圆孔上顶面在水平投影面的投影。

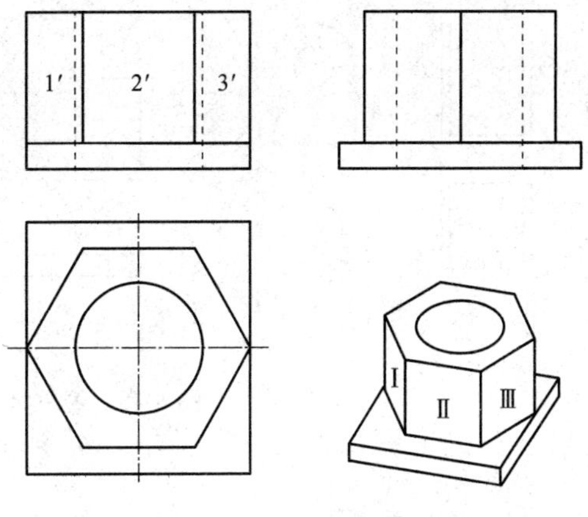

图6-12　线框的含义

6.2.2　组合体视图的阅读方法

1. 形体分析法

形体分析法读图就是将组合体分解成若干个基本形体，结合各形体视图间的投影关系，先想象出各形体的形状，再按照各形体间的相对位置，综合想象出组合体的整体形状。

下面以图6-13为例，说明形体分析法的具体步骤。

(1)读视图，巧分解。结合主视图和左视图可知，图中的组合体可以看成由四个形体组合而成。如图6-14所示，先将主视图划分为a'、b'、$c'(d')$四个封闭线框，根据高平齐的投影规律，在左视图上找到对应的线框a''、b''、c''和d''；根据长对正、宽相等的投影规律，在俯视图上找到对应的线框a、b、c和d。

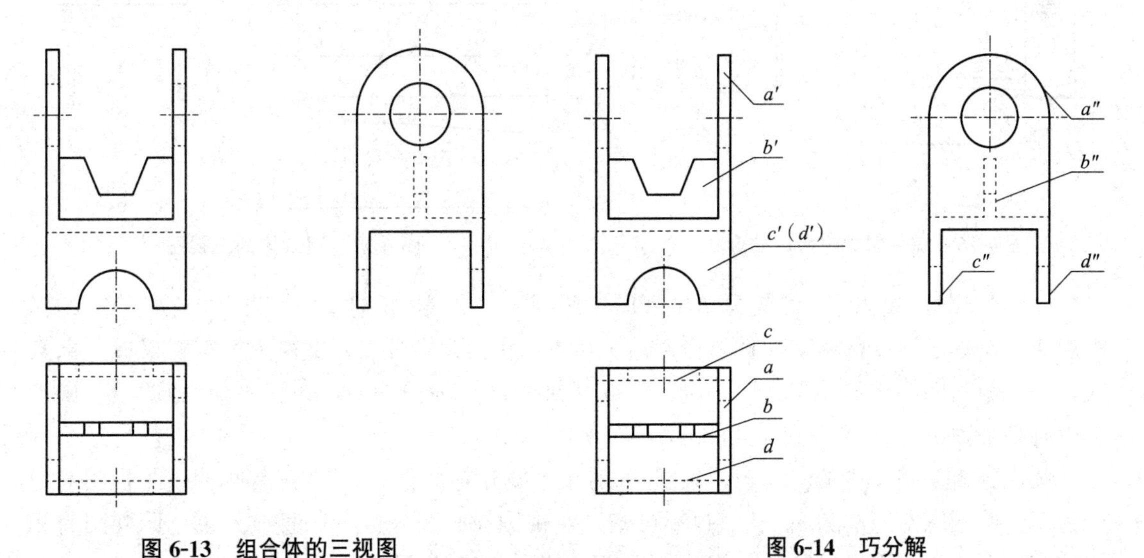

图6-13　组合体的三视图　　**图6-14　巧分解**

(2)按投影，想形状。根据上述分出的线框，结合基本形体的投影特性，确定各线框所表达的形体。如图6-15所示，形体A为一个U形板，中间开圆孔；形体B为一个被梯形挖切的四棱柱；形体$C(D)$为一个被半圆弧挖切的四棱柱。

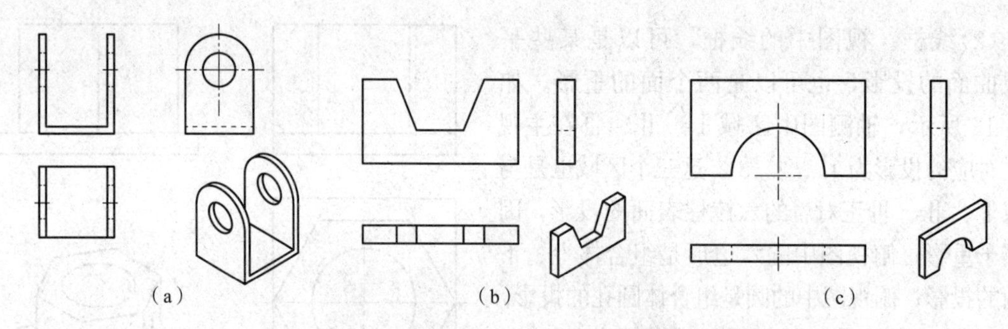

图 6-15　线框 *A*、*B*、*C*、*D* 表示的形体

(a)形体 *A* 及其三视图；(b)形体 *B* 及其三视图；(c)形体 *C*、*D* 及其三视图

(3)综合起来想形体。在确定各基本形体后，根据三视图显示的位置关系，综合确定组合体的形状。如图 6-16 所示，结合图 6-13 中左视图，形体 *B* 位于形体 *A* 内侧，居中布置；形体 *C* 和 *D* 位于形体 *A* 左右两端面下方，对齐；由此，可想象出组合体的整体形状。

2. 线面分析法

对于土建工程中复杂的组合体，用形体分析法较难读出形状时，可结合线、面的投影特性，分析视图中较难读懂的线、线框所表达的含义，从而帮助构思出组合体的整体形状，这种方法称为线面分析法。

下面以图 6-17 为例，说明线面分析法的具体步骤。

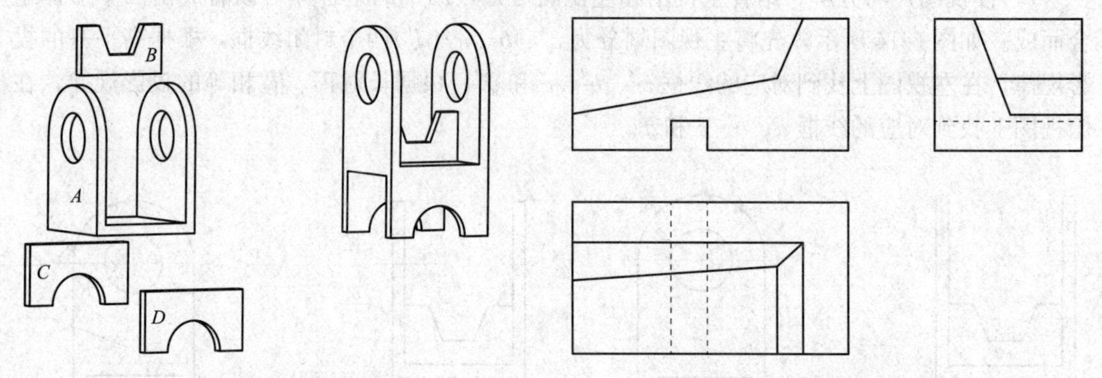

图 6-16　综合想象组合体的形状

图 6-17　组合体的三视图

(1)读视图，找线框。首先分析主视图中斜线 a'，根据“长对正、宽相等、高平齐”的三等规律，左视图对应的为 a''，俯视图对应的为 a。从三投影可知，主视图投影积聚成一条直线，左、俯视图为相似的多边形，由此可以判断平面 *A* 为正垂面，如图 6-18(a)所示。同理可以判断平面 *B* 也为正垂面，如图 6-18(b)所示。

其次分析左视图中的斜线 c''，根据“长对正、宽相等、高平齐”的三等规律，主视图对应的为 c'，俯视图对应的为 c。从三投影可知，左视图投影积聚成一条直线，主、俯视图为相似的多边形，由此可以判断平面 *C* 为侧垂面，如图 6-18(c)所示。

接下来分析主视图的直线 d'，根据“长对正、宽相等、高平齐”的三等规律，左视图为多边形 d''，俯视图为一条直线 d。从三投影可知，侧面投影反映实形，另外两面投影积聚成直线，平面 *D* 为侧平面，如图 6-18(d)所示。

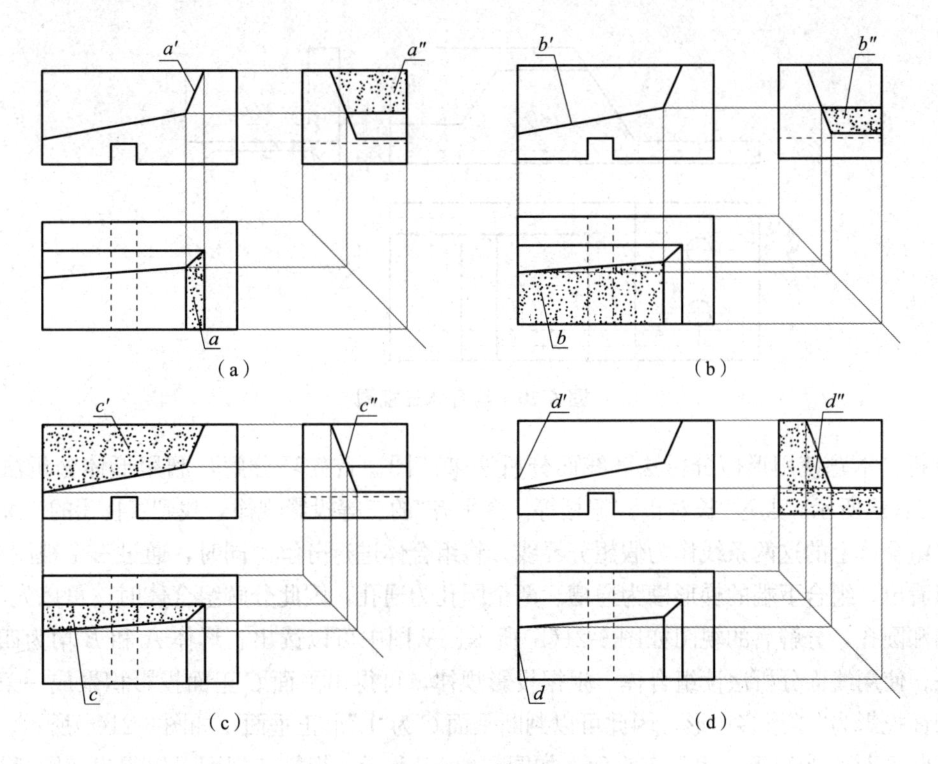

图 6-18　线面分析法读图

(a)A 为正垂面；(b)B 为正垂面；(c)C 为侧垂面；(d)D 为侧平面

最后分析主视图下端面的“n”形状，在左视图的投影为一条虚线，俯视图的投影为两条虚线，由此可以判断这是在四棱柱底面开槽。

(2)综合起来想形状。综合上述分析结果，并考虑各形体上下、前后、左右的位置关系，可以想象出组合体的形状如图 6-19 所示。

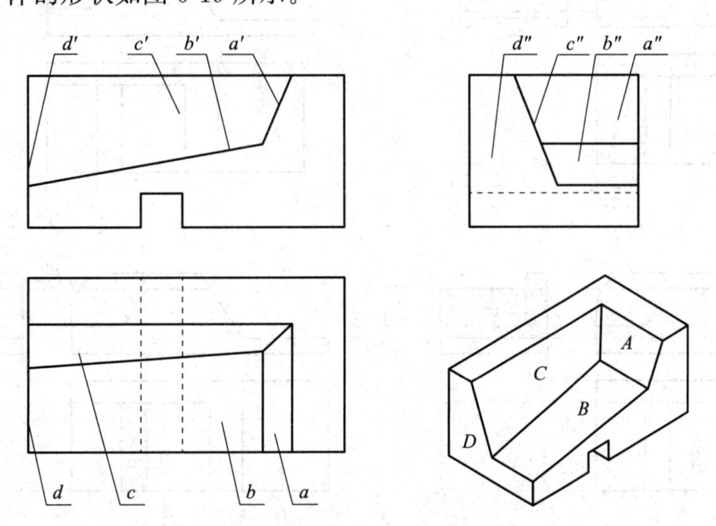

图 6-19　组合体及其三视图

【例 6-1】　已知组合体的三视图(图 6-20)，想象其空间形状。

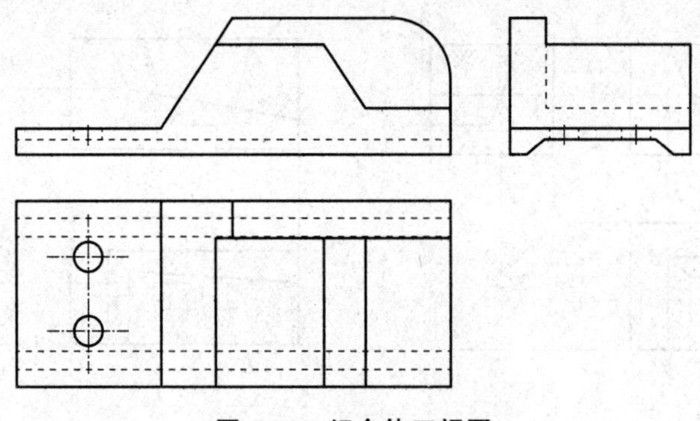

图 6-20　组合体三视图

分析：本题使用形体分析法和线面分析法来读图。首先巧分解，利用形体分析法读图。如图 6-21(a)所示，通过“长对正、宽相等、高平齐”的三等投影规律，找到线Ⅰ、Ⅱ的三面投影，可以将组合体上的这两条线作为假想分界线，将组合体进行分解。同时，通过三个视图结合起来可以看出，组合下端的梯形槽为通槽、两个圆孔为通孔，因此分解组合体时，可以先不考虑梯形槽和圆孔，分解后的视图如图 6-21(b)所示，从图中可以读出，形体 A 和 B 均为四棱柱。接下来，使用线面分析法读组合体。根据投影规律，可得出平面 C 正面投影积聚成一条直线，其余两面投影为“L”形多边形，因此可以判断平面 C 为“L”形正垂面，如图 6-21(c)所示。同理，可以判断平面 D 为矩形，也是正垂面，如图 6-21(d)所示。根据三视图可以得出，圆弧板所在的形体在所有视图均无虚线，表明圆弧板在高度方向与组合体尺寸相等，结合投影规律可得圆弧板 E 平行于 V 面，如图 6-21(e)所示。同理可以得出平面 F 也为正平面，如图 6-21(f)所示。最后，根据上述分析，结合各形体间的位置关系，可想象出本题的组合体如图 6-21(g)所示。

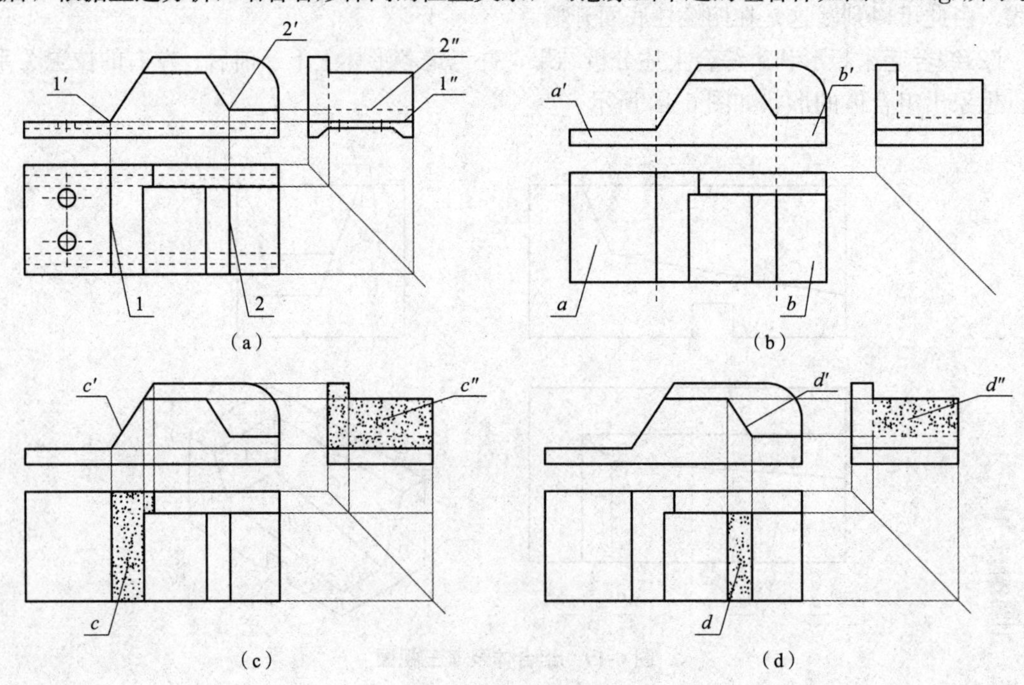

图 6-21　组合体读图

(a)巧分解；(b)分解后的视图；(c)判断 C 面；(d)判断 D 面；

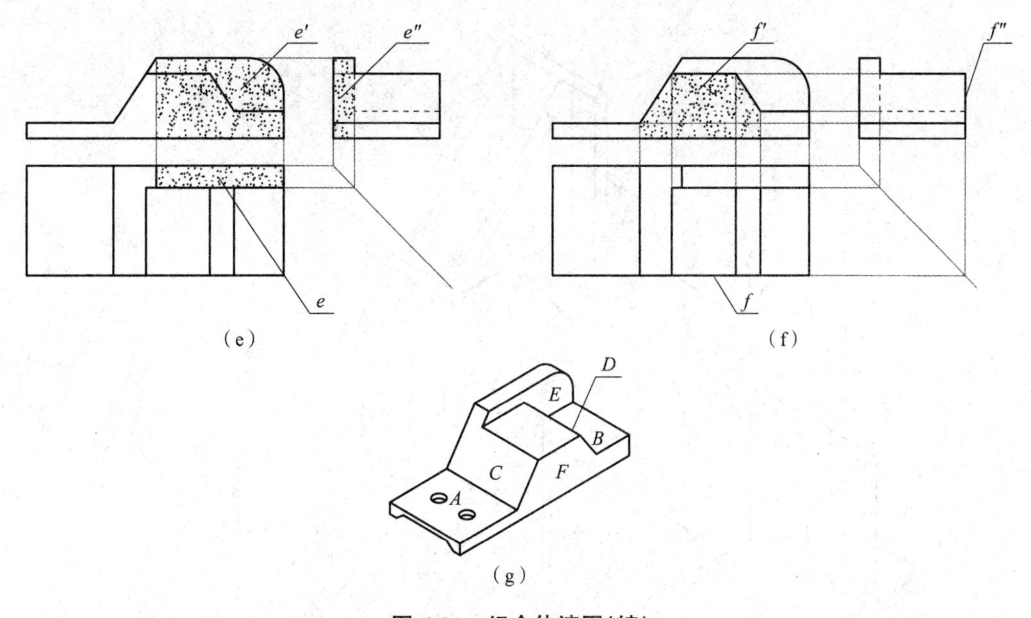

图 6-21　组合体读图(续)

(e)判断圆弧板 E；(f)判断 F 面；(g)完成图

6.3　组合体视图的画法

通常情况下，组合体由基本形体经过叠加、挖切或综合的形式组合而成。因此，按这三类对组合体的视图进行绘制。

6.3.1　叠加式组合体的画法

叠加式组合体通常以若干形体叠加而成，绘图时要考虑形体间相交、相切以及共面的关系。以图 6-22(a)所示的组合体立体图为例，说明叠加式组合体的绘图步骤。

1. 形体分析

如图 6-22(b)所示，该组合体由五部分组成：十字交叉板Ⅰ，三棱柱Ⅱ，支撑板Ⅲ、Ⅳ、Ⅴ。其中，支撑板Ⅲ和支撑板Ⅴ大小相等，所有的三棱柱、支撑板均与十字交叉板相交，同时三棱柱Ⅱ和十字交叉板Ⅰ共面。

2. 视图选择

选择视图时，首先尽可能多地将组合体的平面放置成与投影面平行或垂直的位置；然后将最能反映组合体特征或相对位置的方向作为主视图的投射方向，如图 6-22(a)所示，箭头所示方向为主视图方向。主视图确定后，其余视图根据“长对正、宽相等、高平齐”的三等投影规律绘制即可。

3. 布置视图

根据组合体形状、尺寸、图幅以及比例确定各视图在图纸上的位置，绘制各视图的中心线或基准线。本例组合体的基准线选择十字交叉板Ⅰ的左端面，如图 6-23(a)所示。

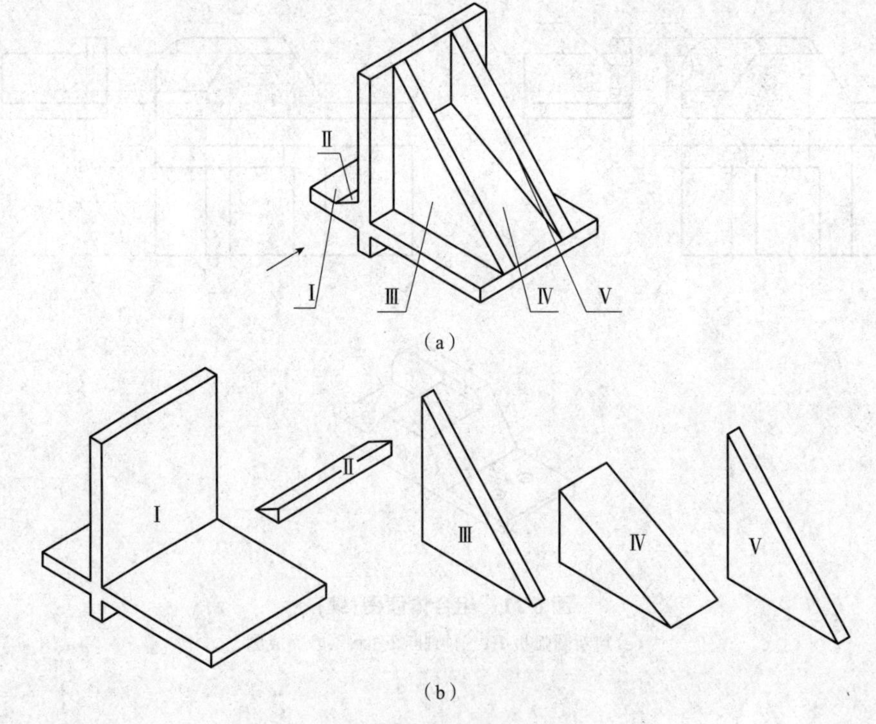

图 6-22　组合体立体图及形体分析

(a)立体图；(b)形体分析

4. 画底稿

根据形体分析，分别绘制各形体的三视图。绘图过程中要注意，各形体的三视图需对应同时画出。首选绘制十字交叉板Ⅰ的三视图，如图 6-23(b)所示。其次绘制三棱柱Ⅱ的三视图，三棱柱Ⅱ和十字交叉板Ⅰ共面，因此主视图中只需画出三棱柱Ⅱ的斜线，另外两个视图画出三棱柱Ⅱ的其余线条，且擦去图(b)的一处"」"线条，如图 6-23(c)所示。最后绘制支撑板Ⅲ、Ⅳ、Ⅴ的三视图，绘制时需要注意支撑板在左、俯视图中的可见性，如图 6-23(d)所示。

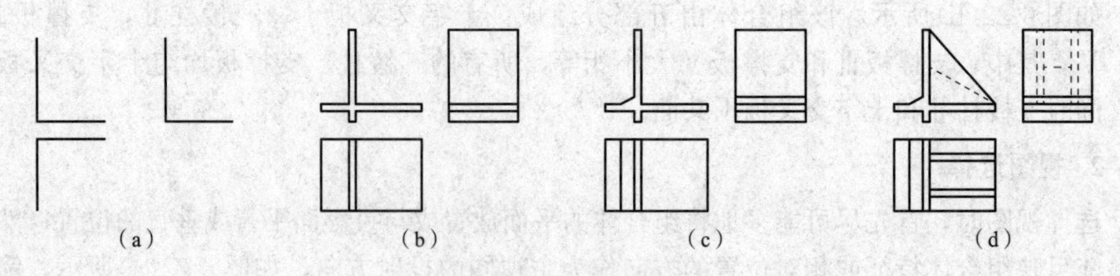

图 6-23　组合体底稿

(a)选择基准线；(b)绘制十字交叉板Ⅰ的三视图；(c)绘制三棱柱Ⅱ的三视图；(d)绘制支撑板Ⅲ、Ⅳ、Ⅴ的三视图

5. 校核、加深

底稿完成后，根据投影关系对三视图进行校核，无误后加深或上墨，完成全图，如图 6-24 所示。

6.3.2 挖切式组合体的画法

挖切式组合体绘图前，可以采用形体分析法分析基本体的原始几何形状，再结合线面分析法分析特殊位置的面和线。以图 6-25(a)所示的组合体立体图为例，说明挖切式组合体的绘图步骤。

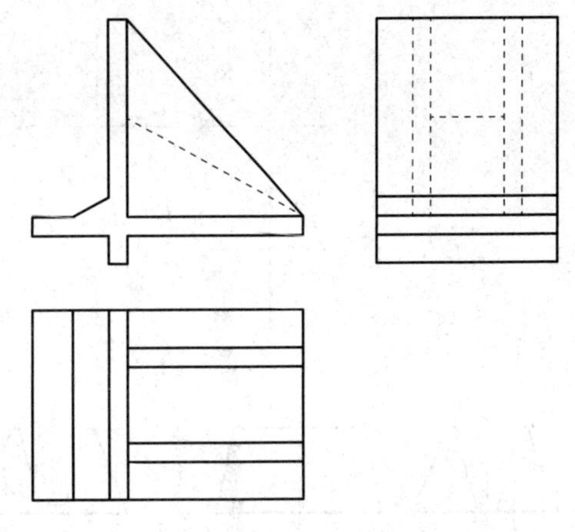

图 6-24 组合体三视图

1. 形体分析

如图 6-25(b)所示，该组合体由五部分组成：梯形切割体Ⅰ、四棱柱切割体Ⅱ、梯形切割体Ⅲ、底座Ⅳ以及底座Ⅴ。其中，梯形切割体Ⅰ和梯形切割体Ⅲ形状相同、大小相等，底座Ⅳ以及底座Ⅴ形状相同、大小相等，四棱柱Ⅱ同时与梯形切割体Ⅰ、Ⅲ共面。

2. 视图选择

本例将梯形截面作为主视图的投射方向，如图 6-25(a)所示，箭头所示方向为主视图方向。主视图确定后，其余视图根据“长对正、宽相等、高平齐”的三等投影规律绘制即可。

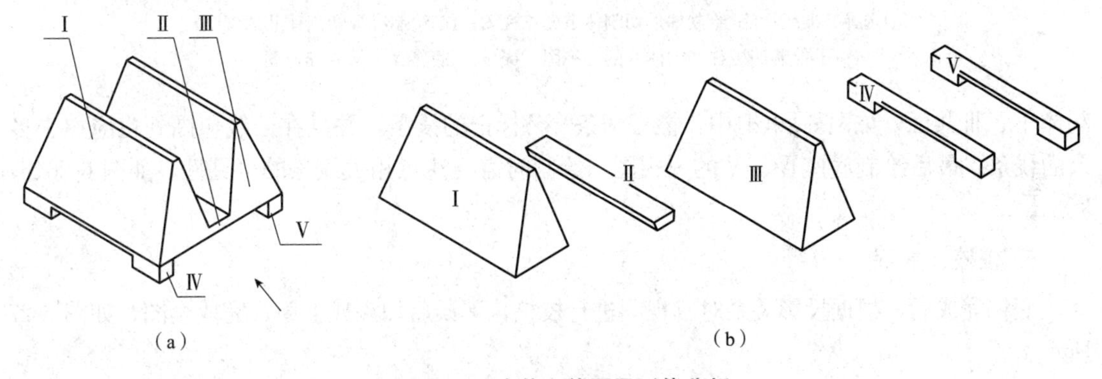

图 6-25 组合体立体图及形体分析

(a)立体图；(b)形体分析

3. 布置视图

根据组合体形状、尺寸、图幅以及比例确定各视图在图纸上的位置，绘制各视图的中心线或基准线。本例组合体为前后、左右对称结构，因此，选择对称中心线作为绘图基准线，如图 6-26(a)所示。

4. 画底稿

根据形体分析，分别绘制各形体的三视图。绘图过程中须注意，各形体的三视图需对应同时画出。首先绘制梯形切割体Ⅰ的三视图，其左右两面为正垂面、上下面为水平面、前后面为侧垂面，根据特殊面的投影特性，绘制后如图 6-26(b)所示；同理可绘出梯形切割体Ⅲ的三视图，如图 6-26(c)所示。其次绘制四棱柱切割体Ⅱ的三视图，四棱柱切割体Ⅱ和梯形切

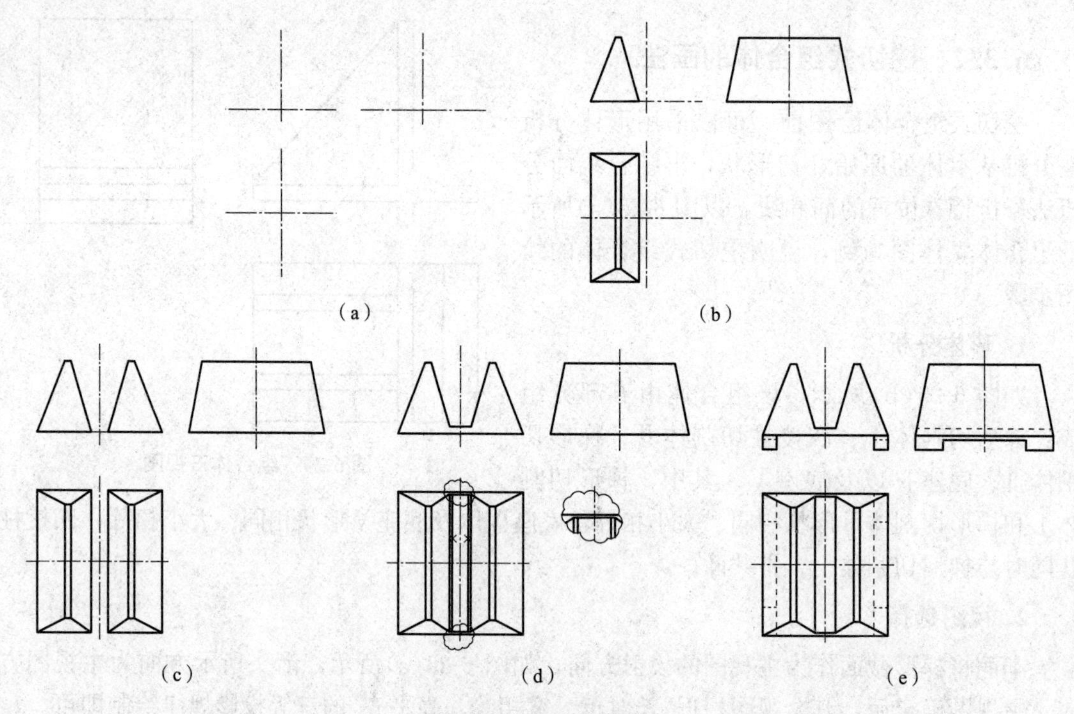

图 6-26　组合体底稿

(a)选择基准线；(b)绘制梯形切割体Ⅰ的三视图；(c)绘制梯形切割体Ⅱ的视图；
(d)绘制四棱柱切割体Ⅱ的三视图；(e)绘制底座Ⅳ、Ⅴ的三视图

割体Ⅰ、Ⅲ共面，如图 6-26(d)中，擦去两条“×”标记的线条，并且在云线包围处也应擦去多余的线条。最后绘制底座Ⅳ、Ⅴ的三视图，绘制时需要注意相关线条的可见性，如图 6-26(e)所示。

5. 校核、加深

底稿完成后，根据投影关系对三视图进行校核，无误后加深或上墨，完成全图，如图 6-27 所示。

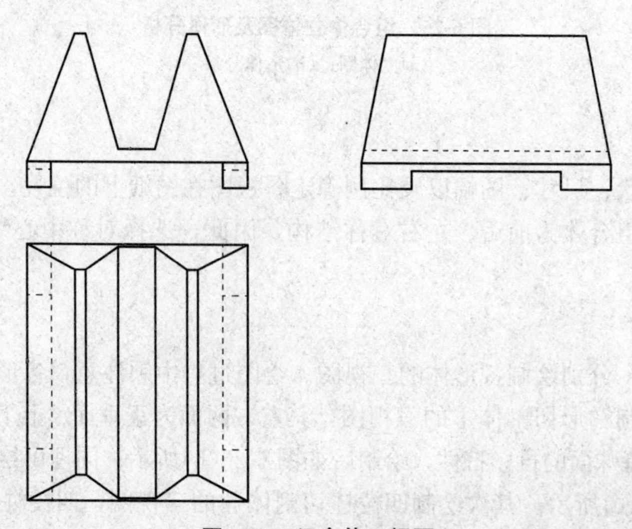

图 6-27　组合体三视图

6.3.3 综合类组合体的画法

以图 6-28 所示的组合体立体图为例，说明综合类组合体的绘图步骤。

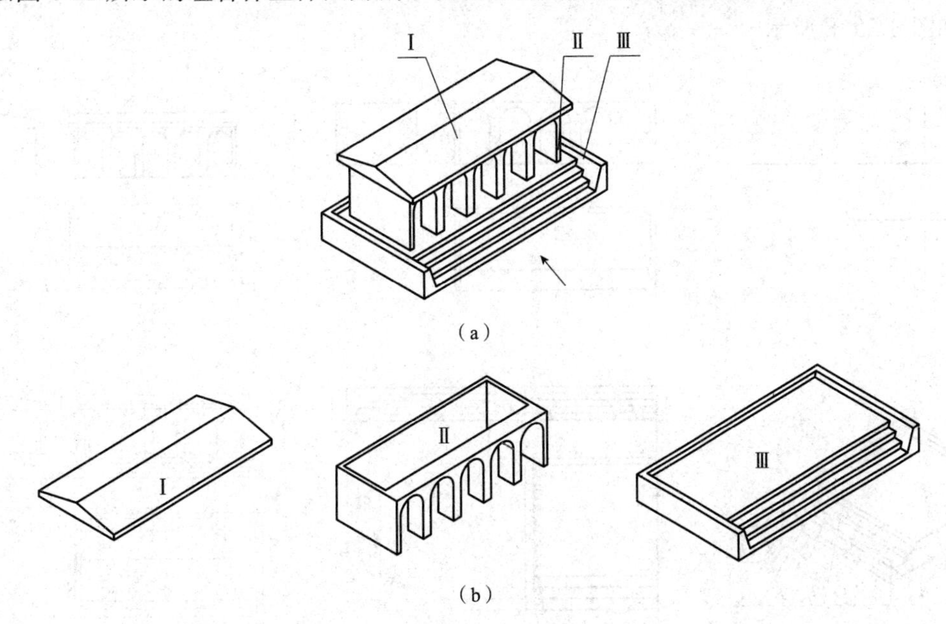

图 6-28 组合体立体图及形体分析

(a)立体图；(b)形体分析

1. 形体分析

如图 6-28(b)所示，该组合体由三大部分组成：屋顶Ⅰ、主体Ⅱ以及平台及楼梯Ⅲ。其中屋顶Ⅰ由四棱柱经过两次切割而成；主体Ⅱ是在四棱柱上进行内部及正面挖切门洞而成；楼梯Ⅲ为组合体。

2. 视图选择

本例将门洞所在面作为主视图的投射方向，如图 6-28(a)所示，箭头所示方向为主视图方向。主视图确定后，其余视图根据“长对正、宽相等、高平齐”的三等投影规律绘制即可。

3. 布置视图

根据组合体形状、尺寸、图幅以及比例确定各视图在图纸上的位置，绘制各视图的中心线或基准线。本例组合体为左右对称结构，因此，选择对称中心线(第三个门洞中心线)作为绘图基准线，如图 6-29(a)所示。

4. 画底稿

根据形体分析，分别绘制各形体的三视图。绘图过程中须注意，各形体的三视图需对应同时画出。首先绘制主体Ⅱ的三视图，主体Ⅱ的主视图中，左右两侧拱形门洞将后壁挡住，因此有一小段虚线；左、俯视图中也需要注意虚线的表达，如图 6-29(b)所示。其次绘制屋顶Ⅰ的三视图，由于屋顶长度和宽度方向大于主体Ⅱ，因此俯视图中的主体Ⅱ均为虚线，如图 6-29(c)所示。接下来绘制平台及楼梯Ⅲ的三视图，为表达清晰，平台及楼梯Ⅲ切割一半进行绘制，如图 6-29(d)所示。其中，平面 A、B、C、D 为水平面，根据的投影特性可知，在水平投影面反映实形；平面 E、F、G、H 为正平面，在正立投影面反映实形；平面 J 为正垂面，结合“长对正、宽相等、高平齐”的三等投影规律，绘图如图 6-29(e)所示。综合后，绘制如图 6-29(f)所示。

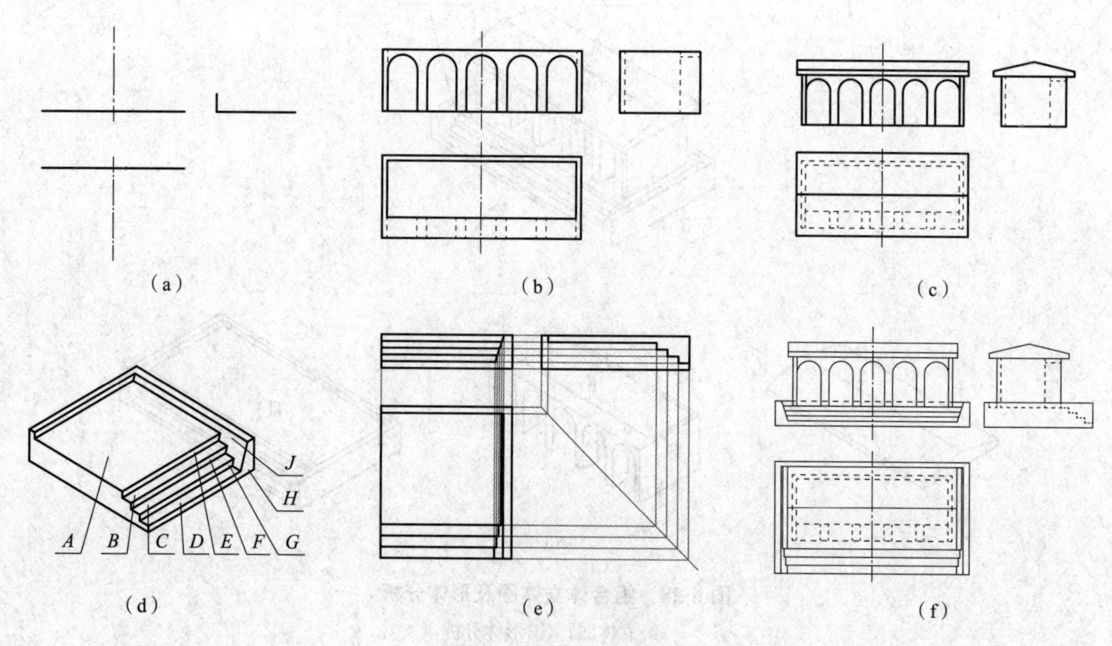

图 6-29　组合体底稿

(a)选择基准线；(b)绘制主体Ⅱ的三视图；(c)绘制屋顶Ⅰ的三视图；(d)绘制平台及楼梯Ⅲ的三视图；(e)绘制平面 E、F、G、H；(f)底稿完成图

5. 校核、加深

底稿完成后，根据投影关系对三视图进行校核，无误后加深或上墨，完成全图，如图 6-30 所示。

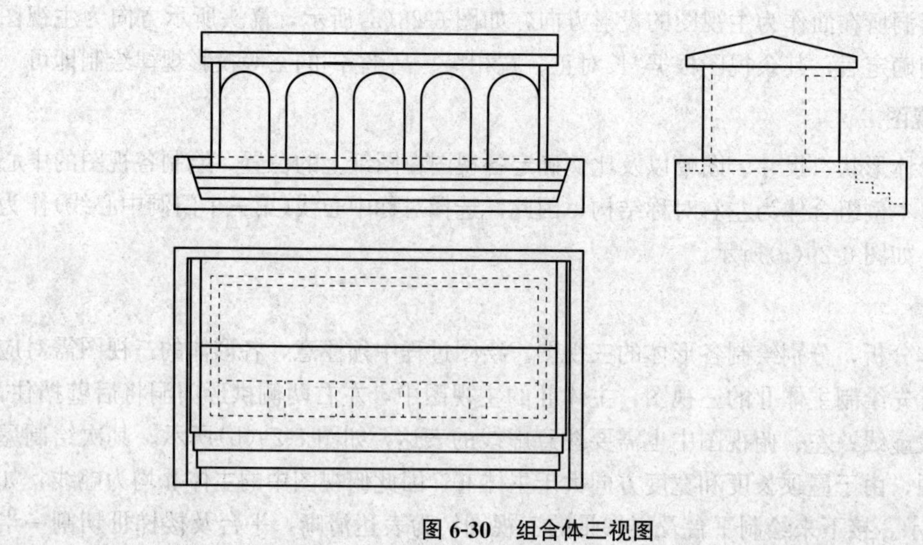

图 6-30　组合体三视图

6.3.4 组合体的尺寸标注

在土建工程图中，视图仅能表达组合体的形状及各形体间的相对位置关系，若想确定其大小，需标注尺寸。组合体的尺寸标注要完整、准确、合理、清晰，同时要符合国家标准相关规定。

1. 尺寸类型

组合体的尺寸分为定形、定位和总体尺寸三类。

(1)定形尺寸。定形尺寸用来确定组合体或形体的形状。如图 6-31 所示圆的直径为 16，肋板的尺寸为 36 和 40。

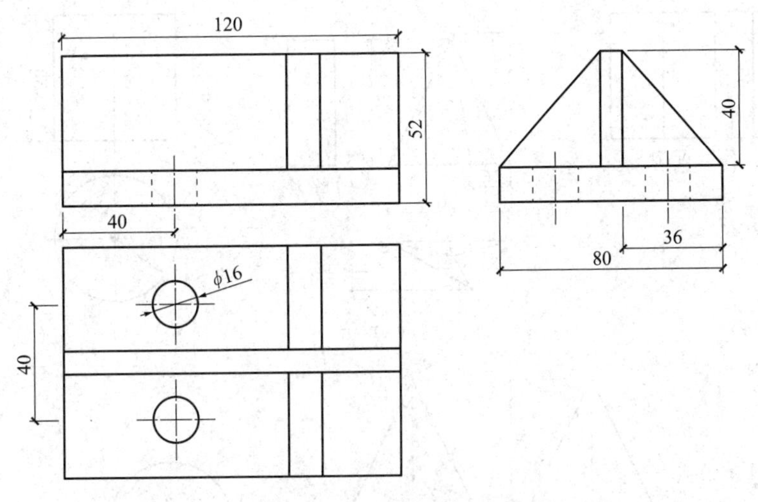

图 6-31 组合体的尺寸标注

(2)定位尺寸。定位尺寸用来确定各基本形体之间的相对位置。如图 6-31 所示，两圆心的距离 40，圆心到左端面尺寸 40 均属于定位尺寸。

(3)总体尺寸。总体尺寸用来表示组合体总长、总宽、总高的尺寸。如图 6-31 所示，尺寸 120 表示组合体总长度为 120 mm，尺寸 80 表示组合体总宽度为 80 mm，尺寸 52 表示组合体总高度为 52 mm。

2. 基本形体的尺寸标注

常见的基本形体有棱柱、圆球等，尺寸标注如图 6-32 所示。从图 6-32(a)(b)中可以看出，基本形体一般标注长、宽、高三个方向的尺寸即可，若两个视图可以完整地表达形体的形状及尺寸，则第三个视图可以省略。对于五棱柱可以按照图 6-32(c)的方法进行标注，也可以按照图 6-32(d)标注外接圆的直径；棱锥、圆柱、圆锥、圆球类，或以直径表达，则在数字前面加“$S\phi$”，或以半径表达，则在数字前面加“SR”即可[图 6-32(e)～(h)]。

3. 组合体的尺寸标注

以图 6-33 为例说明组合体的尺寸标注。

图中定形尺寸：主视图中拱门半圆的半径 $R30$、梯形长度尺寸 160、梯形高度尺寸 110、底板槽深 10、底板高度 20；左视图中尺寸 40 和 10 表示上部梯形的上底和下底宽度方向尺

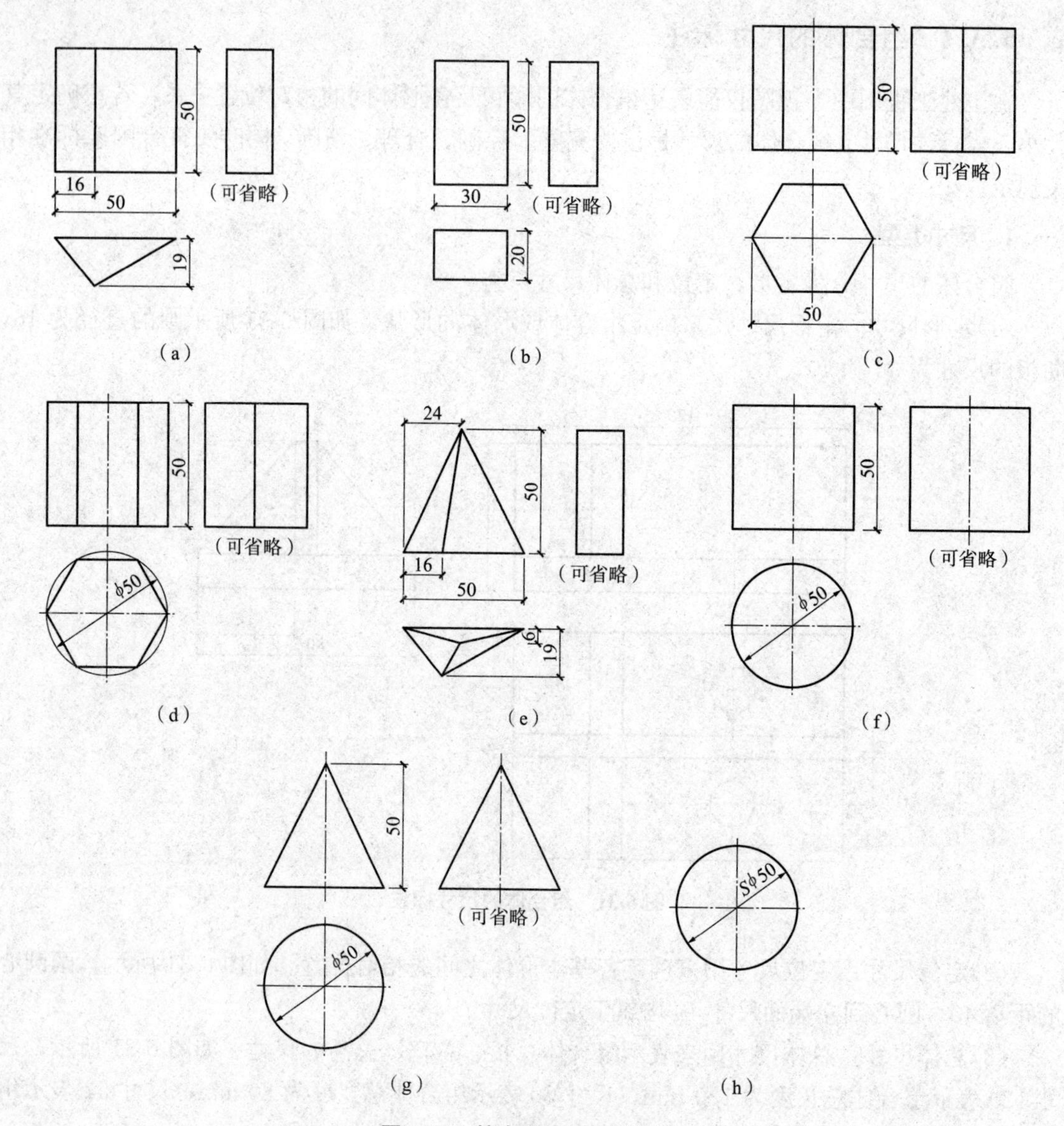

图 6-32　基本形体的尺寸标注

(a)三棱柱；(b)四棱柱；(c)五棱柱；(d)六棱柱；(e)三棱锥；(f)圆柱；(g)圆锥；(f)圆球

寸；俯视图中尺寸 220 表示底板槽长度方向尺寸、100 表示梯形厚度方向尺寸、20×5＝100 表示凹凸处宽度均为 20，共 5 个。

图中定位尺寸：左视图中尺寸 60 表示拱门半圆的圆心所在高度方向的尺寸；俯视图中尺寸 10 表示底板槽的定位尺寸。

图中总体尺寸：总长度 240、总宽 120 以及总高 130。

由上述例子可知，标注组合体的尺寸需要注意：

(1)组合体的尺寸标注要清晰、准确，符合国家标准相关规定。

(2)尺寸标注要完整，不能有丢失尺寸，各组成部分的尺寸能够从图中直接读出，避免或减少尺寸计算。

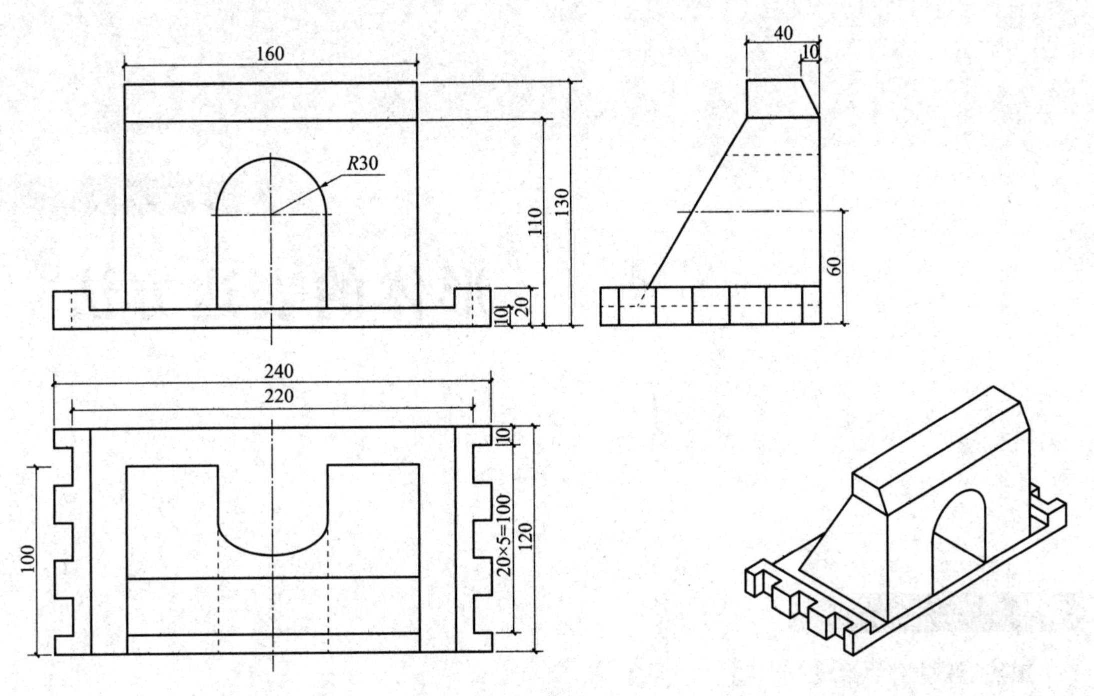

图 6-33　组合体的尺寸标注

(3)同方向有若干平行尺寸时，要保证小尺寸在内，大尺寸在外；各尺寸之间的距离相等；尽量不在虚线处标注尺寸。

(4)检查校对，保证视图上的所有尺寸不应从图上直接量取，应以数字为准。

第7章

形体的表达方法

★本章知识点

1. 了解视图的形成及类型。
2. 掌握各种类型视图的画法。

7.1 形体的视图

7.1.1 六面视图

如图 7-1 所示，房屋模型若用三视图表达，则存在较多虚线，读图较为困难。对虚线产生的原因进行分析，不难发现，是因为房屋的上下、前后、左右存在遮挡关系造成的。如果可以增加不同方向的视图，将虚线在其余视图上绘制出相应的实线，则可以提高读图效率。

在土建工程制图中，运用正投影理论，将正立投影面的图样称为正立面图(或主视图)、将水平投影面的图样称为平面图(或俯视图)、将侧立投影面的图样称为左侧立面图(或左视图)。当形体较复杂时，可以增加若干面的投影来表达。按照第一角画法，除正立面图、平面图和左侧立面图外，还有右侧立面图、底面图和背立面图。如图 7-2(a)所示。

在图 7-2(a)中，增加三个投影面，每个投影面与相邻的四个投影面都垂直，右侧立面图与左侧立面图相对、底面图与平面图相对、背立面图与正立面图相对。六面视图的展开方法：正立投影面保持不动，其他各投影面逐一展开到与正立投影面共面，六面视图间仍然保持“长对正、宽相等、高平齐”的三等投影规律，展开后如图 7-2(b)所示。当在同一张图纸上绘制若干视图，且各视图的配置关系如图 7-2(b)配置时，可不标注视图的名称；否则，每个图样均应标注视图的名称，且标注在视图的下方或一侧，并在视图的名称下用一条粗实线绘一条横线，长度参考视图名称所占位置即可。但使用详图符号作视图名称时，符号下不画线。

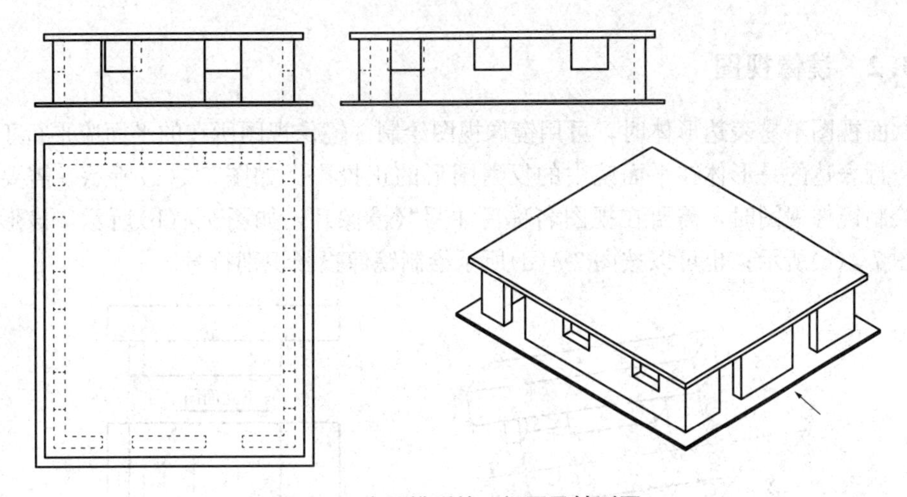

图 7-1　房屋模型的三视图及轴测图

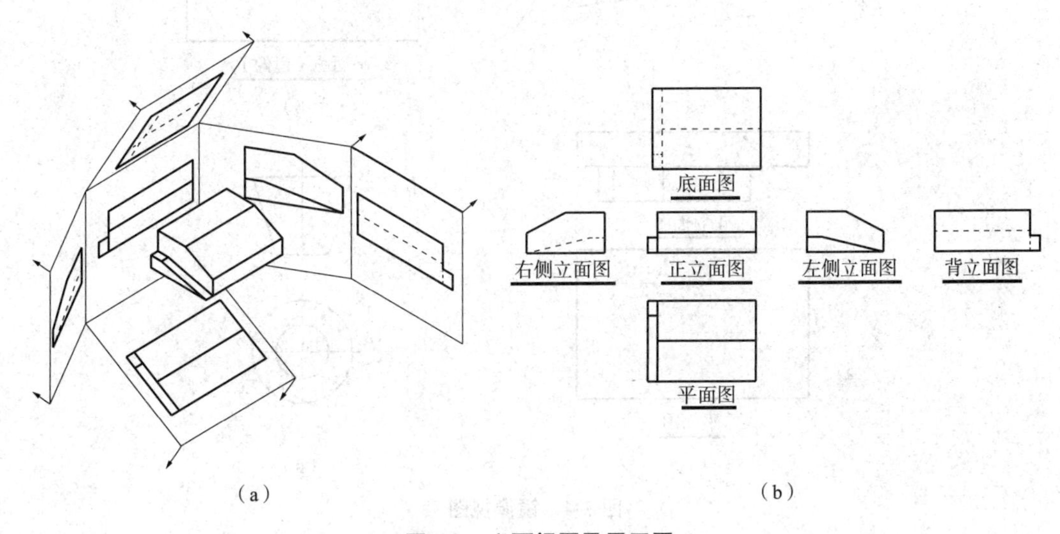

（a）　（b）

图 7-2　六面视图及展开图

(a)六面视图；(b)展开图

结合六面视图的定义及绘制方法，房屋模型的视图绘制如图 7-3 所示。从正立面图可知，该模型有两扇门；从背立面图可知，与门正对的墙开有两个窗户；从左侧立面图可知，该模型侧面有一扇门外加两个窗户；从右侧立面图可知，该墙上开有三个窗户。

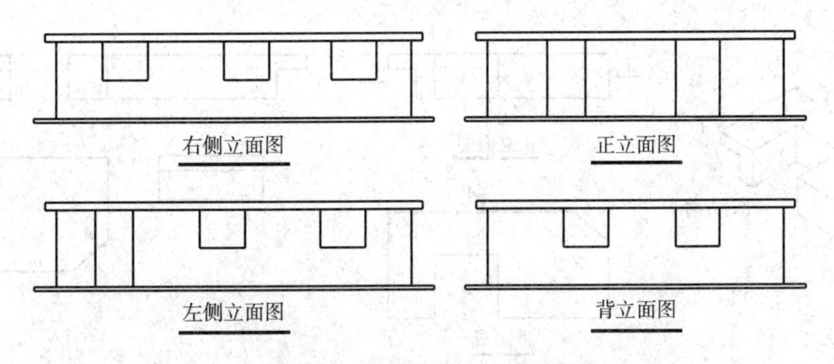

图 7-3　房屋模型的四面视图

7.1.2 镜像视图

当六面视图不易表达形体时，可用镜像视图绘制。镜像视图所在的平面应平行于相应的投影面，且表达的是形体在平面镜中的反射图形的正投影，如图 7-4(a)所示。需要注意的是，在绘制镜像视图时，需要在视图名称后注写“(镜像)”，如图 7-4(b)所示，该形体的平面图如图 7-4(c)所示；也可以按图 7-4(d)所示绘制镜像投影识别符号。

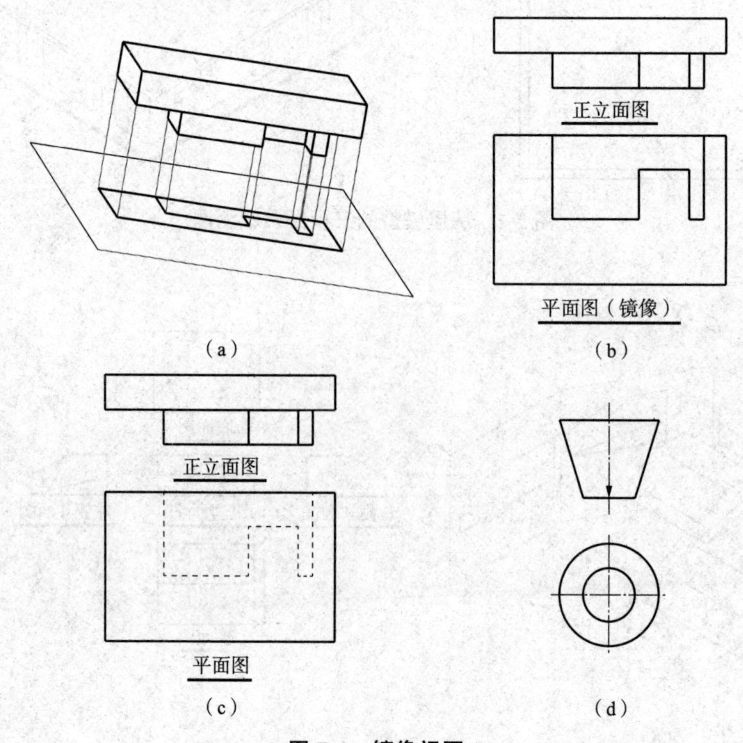

图 7-4 镜像视图

(a)反射图形的正投影；(b)镜像平面图；(c)平面图；(d)镜像投影识别符号

7.1.3 向视图

向视图是可以自由配置的视图。通常在向视图的上方标注“×”(“×”为大写拉丁字母)，在相应视图的附近用箭头指明投射方向并且标注相同的字母，如图 7-5 所示。

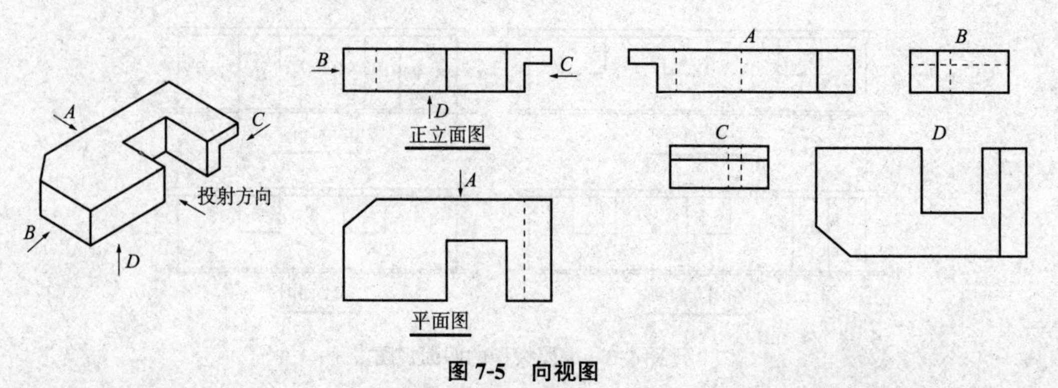

图 7-5 向视图

7.1.4　斜视图

斜视图是将形体向不平行于基本投影面的平面投射所得的视图。如图 7-6(a)所示，当形体上有倾斜部分时，若用三视图表达，则倾斜部分的圆弧切口不能反映真实形状；如果增加一个与倾斜部分平行的辅助投影面 Q，将形体倾斜部分向辅助投影面 Q 投影，则可以得到圆弧切口的真实形状，如图 7-6(b)所示。斜视图通常按向视图的形式配置并标注，如图 7-6(c)所示；如有必要，也可将斜视图旋转一定的角度，但应将表示旋转视图的大写字母放到旋转箭头侧，如图 7-6(d)所示。

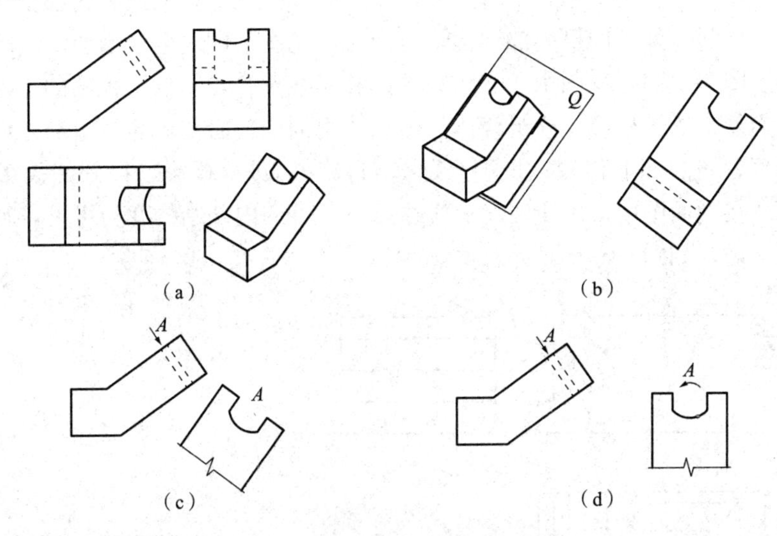

图 7-6　三视图及斜视图的形成

(a)斜视图；(b)倾斜部分向辅助投影面投影；(c)斜视图的配置和标注；(b)旋转视图

7.1.5　局部视图

局部视图是将形体的某一部分向投影面投影所得。如图 7-7(a)所示，局部视图可按基本视图形式配置(俯视图)，也可按向视图形式配置(A 向视图)；除此之外，向视图配置也可参考图 7-7(b)中的 A 向视图。

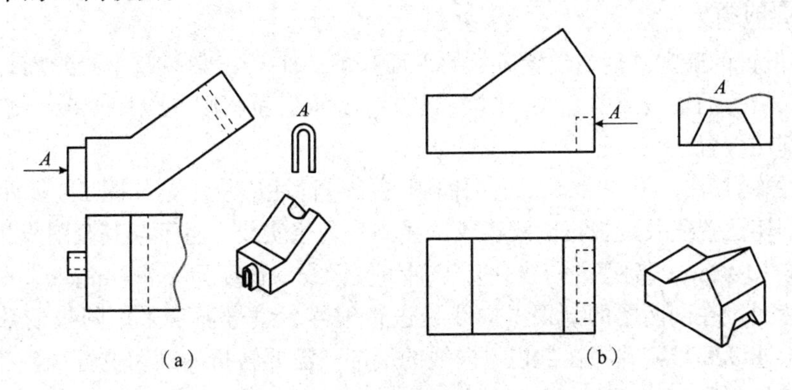

图 7-7　局部视图

(a)基本视图和向视图；(b)A 向视图

在图 7-7 中，局部视图的范围以波浪线(细实线)表示；但当局部视图部分以轮廓线为界时，可省略波浪线，如图 7-7(a)中的 *A* 向视图。此外，若采用向视图的形式配置，需要在基本视图上绘制箭头表示局部视图的读图方向，并用大写字母标记。通常情况下，局部视图多用于表达与投影面平行的局部形体。

7.1.6 剖面图

1. 剖面图的概念

如图 7-8(a)所示的三视图中，不可见的部分用虚线来表达，因此，内部挖切部分的尺寸标注较为困难；除此之外，如果内部结构较复杂时，视图中虚线也会增加，读图和绘图增加了难度。又如，图 7-8(a)左视图中，有一条虚线和实线重合，影响了视图的清晰程度。为了更好地表达较为复杂的工程形体或组合体，假想使用剖切平面在适当位置剖开形体，将处在剖切平面和观察者间的部分移除，将剩余部分向投影面进行投影，得到的投影图即为剖面图。由此可知，在剖面图中，虚线转化成实线，不可见的内部结构变为可见，且视图其余部分仍应按完整考虑，如图 7-8(b)所示。

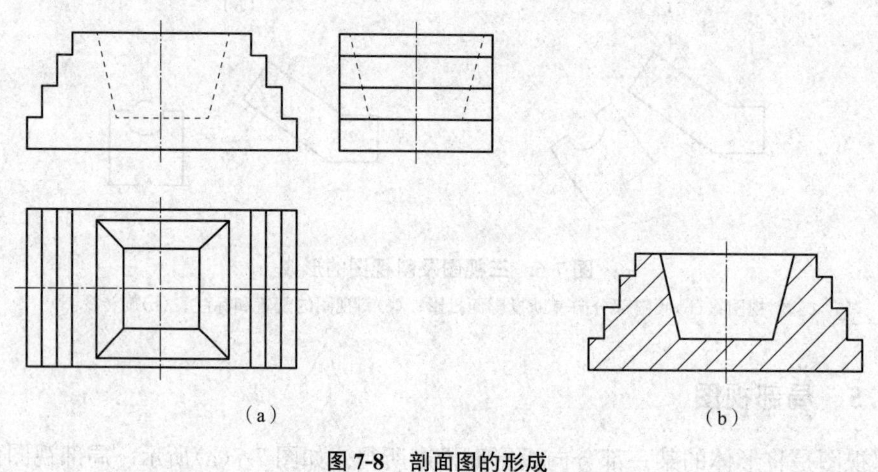

图 7-8 剖面图的形成

(a)三视图；(b)剖面图

2. 剖面图的画法

(1)剖切位置的确定。剖切位置所处的平面一般应平行于某一基本投影面，而且需要通过内部的孔、槽等的轴线或中心线，图 7-8(b)所示的剖面图则是以图 7-8(a)俯视图的横向中心线作为剖切位置。

(2)剖面图的标注。同一套图纸上剖面图的符号标注应统一，如图 7-9 所示。剖面图的剖切符号由剖切位置线及剖视方向线组成，线型均为粗实线，且不与其余图线相交；剖切位置线长度为 6～10 mm，剖视方向线垂直于剖切位置线，长度为 4～6 mm。

为方便读图，在剖面图的剖视方向线处进行编号。编号通常采用阿拉伯数字，从左到右、从下到上连续编号，并写在剖视方向线的端部；需要转折的剖切位置线，在转角处外侧标记相同的编号。

剖面图的名称，用相应的编号写在剖面图的正下方，且在编号下方绘制与其等长的粗实线。

不指明材料时，剖面线可采用图 7-9(a)的画法，图中斜线为 45°的细实线，且疏密均匀，剖面图中一般不画虚线；同一物体各剖面区域，剖面线画法应一致；相邻物体的剖面线应区分。

用两个或两个以上剖切平面进行剖切时，如图 7-9(c)所示的相交剖切平面以及图 7-9(d)所示的平行剖切平面，应在图名后注明“展开”字样。

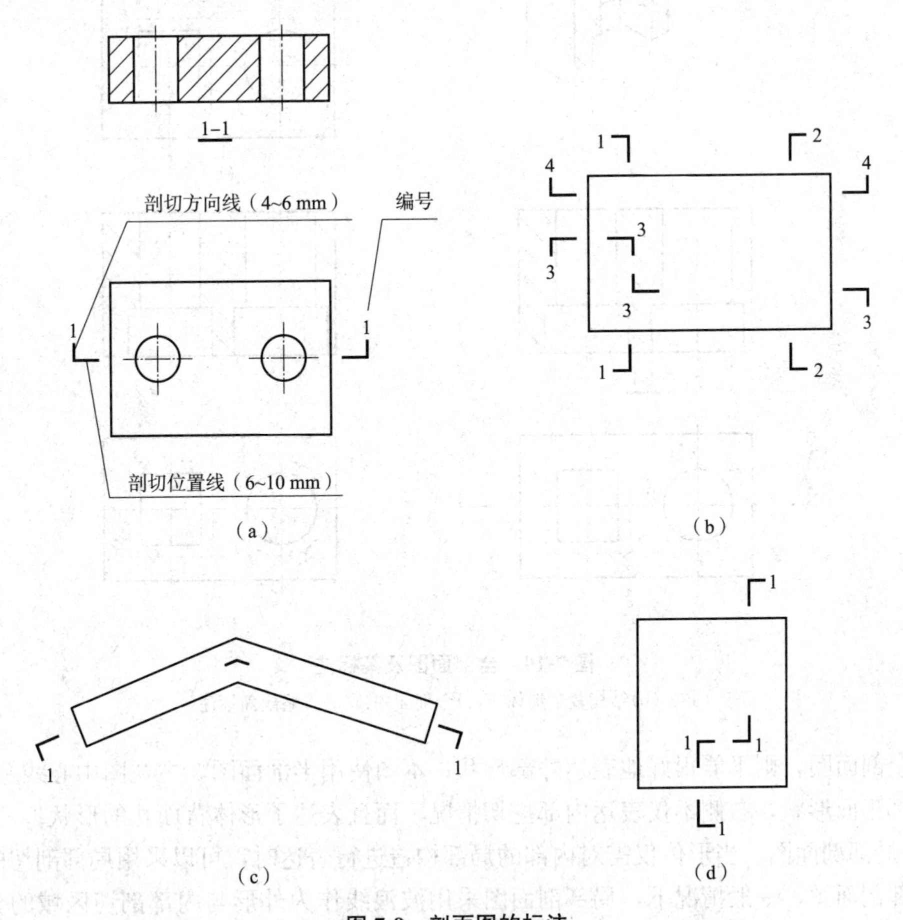

图 7-9　剖面图的标注

(a)剖面线；(b)剖切符号；(c)相交剖切平面；(d)平行剖切平面

3. 剖面图的种类

(1)全剖面图。当形体的外形比较简单或内部结构复杂时[图 7-10(a)(b)]，常用剖切平面将形体完全剖开，形成的剖面图称为全剖面图，如图 7-10(c)所示。从图中可以看出，俯视图中的虚线并未受到全剖面图的影响；此外，如果全剖面图按投影关系配置，剖面标注可以省略，如图 7-10(d)所示。

(2)半剖面图。当具有对称结构的形体的外形需要表达，且内部结构表达虚线较多时，常用过对称中心线的剖切平面将形体剖开，中心线一侧绘制形体的外形，另一侧绘制剖面图，这种绘制的视图称为半剖面图，如图 7-11 所示。

图中形体内部需要进行不通透挖切时，使用剖面图；但形体外部正面无孔，背面有孔，

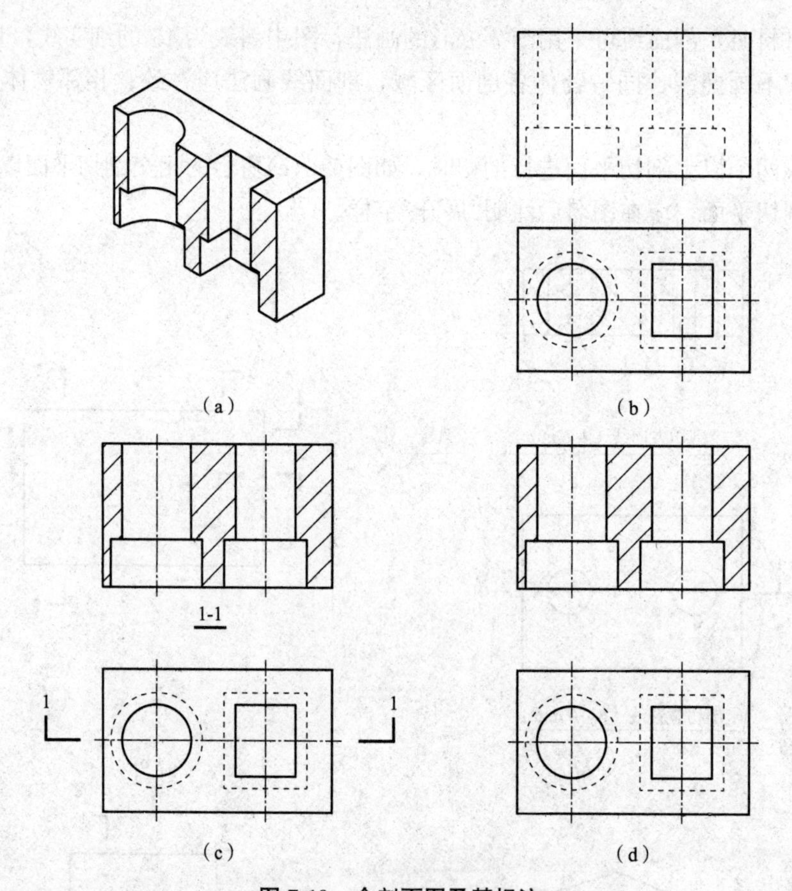

图 7-10　全剖面图及基标注

(a)、(b)结构复杂形体；(c)全剖面图；(d)省略剖面标注

若使用全剖面图，则不能很好地表达外部形状；本图使用半剖面图，主视图中心线左侧表达的是外部正面形状，右侧不仅表达内部挖切情况，而且表达了形体背面孔的形状。

(3)局部剖面图。当形体仅需对内部的局部构造进行表达时，可以采用局部剖切的平面，得到局部剖面图，一般情况下，局部剖面图采用波浪线作为外形与内部剖切区域的分界线，分界线不能超出视图的轮廓线，且局部剖面图不需要标注，如图 7-12 所示。

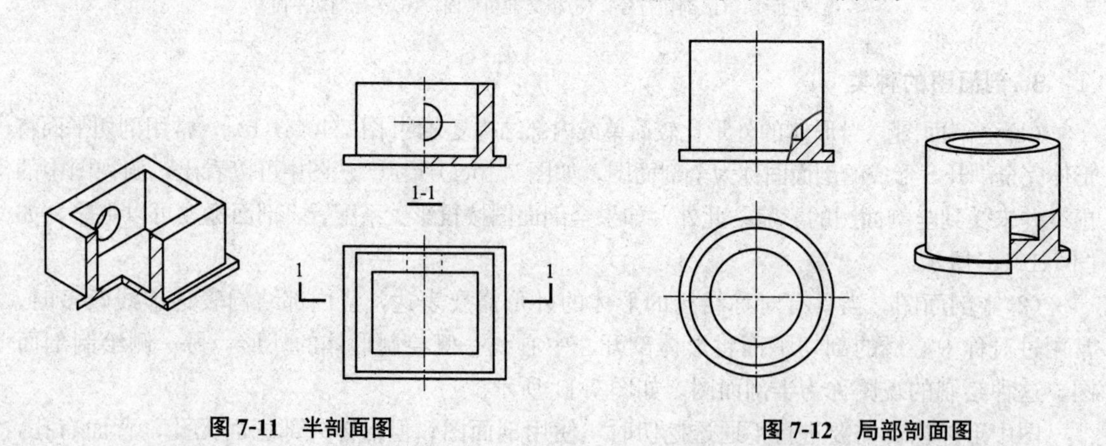

图 7-11　半剖面图　　　**图 7-12　局部剖面图**

画局部剖面图时，分界线不应与图样中的其余图线重合，如图7-13(b)所示，主视图中第二条竖线既是内四方孔的轮廓线，又作为分界线，表达不合理；应按图7-13(c)所示的方法进行绘制。

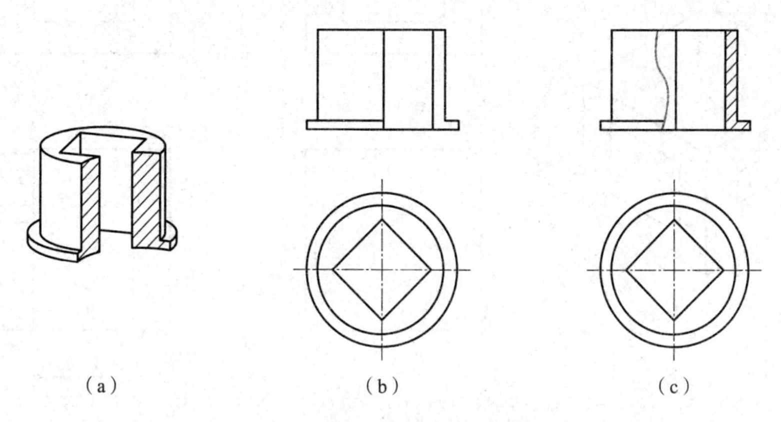

图7-13　分界线不与轮廓线重合

(a)立体图；(b)错误；(c)正确

此外，如遇孔、槽等，分界线不能穿孔而过，如图7-14(c)所示。

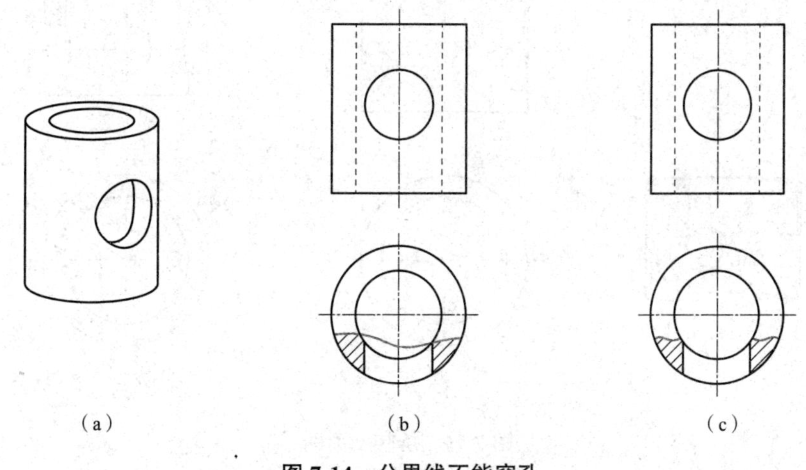

图7-14　分界线不能穿孔

(a)立体图；(b)错误；(c)正确

(4)阶梯剖面图。当形体内部若干特征位于与投影面平行的几个平面上，可以采用两个或两个以上相互平行的剖切平面，将形体剖开，这样的剖面图称为阶梯剖面图，如图7-15所示。

(5)旋转剖面图。当回转体有局部特征，在用基本视图表达不够清晰时，可以采用两个相交的平面进行剖切，得到的剖面图展开后能表达更直观，这样的剖面图称为旋转剖面图，如图7-16所示。

旋转剖面图需要进行标注剖切位置线、剖视方向线、编号，并在旋转剖面图的正下方标注相同的编号并注明“展开”字样。

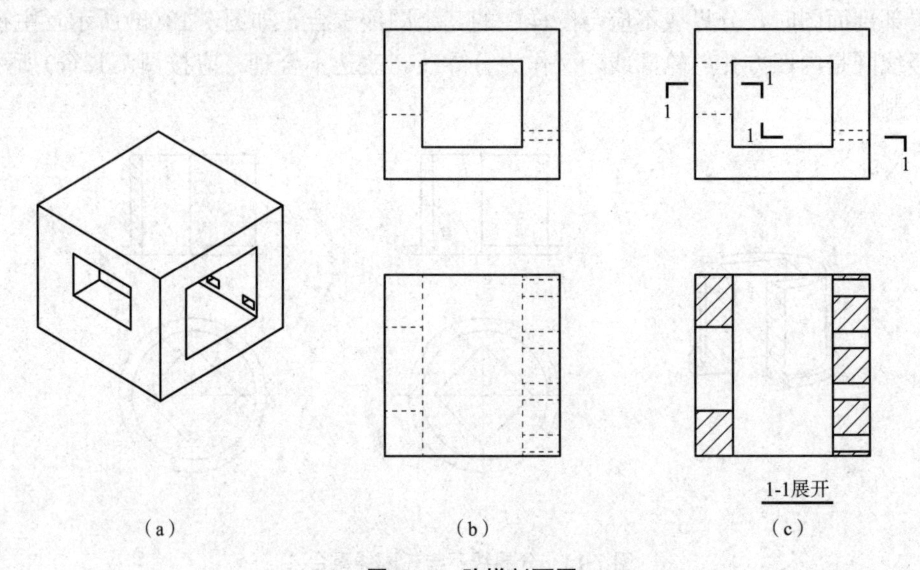

图 7-15　阶梯剖面图

(a)立体图；(b)基本视图；(c)阶梯剖面图

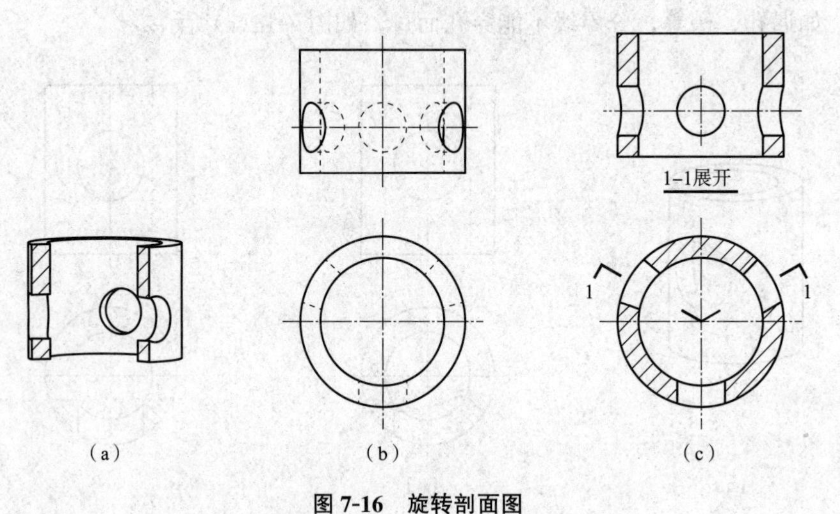

图 7-16　旋转剖面图

(a)立体图；(b)基本视图；(c)旋转剖面图

7.1.7　断面图

1. 断面图的概念

假想用剖切平面将形体剖开，仅画出剖切后的形体与剖切平面接触处的投影，称为断面图，简称断面。由此可知，断面图只体现剖切后某处断面的形状和材料。

2. 断面图的画法

断面图的轮廓线用粗实线绘制，剖面线规定同剖面图一致。断面图仅需标注剖切位置线，不标注剖视方向线，其余规定与剖面图相同。

3. 剖面图与断面图的区别

(1)断面图是形体剖开后与剖切平面接触处的投影，因此不体现剩余形体的投影；而剖面图不仅包含接触处的投影，剩余形体的投影也需要表达。总之，同一剖切位置处，剖面图包含断面图。

(2)剖面图标注包括剖切位置线和剖视方向线，而断面图只有剖切位置线，没有剖视方向线。

(3)剖面图可以用两个或两个以上剖切平面进行表达，断面图只能用一个剖切平面来剖切。

剖面图与断面图的区别如图 7-17 所示。

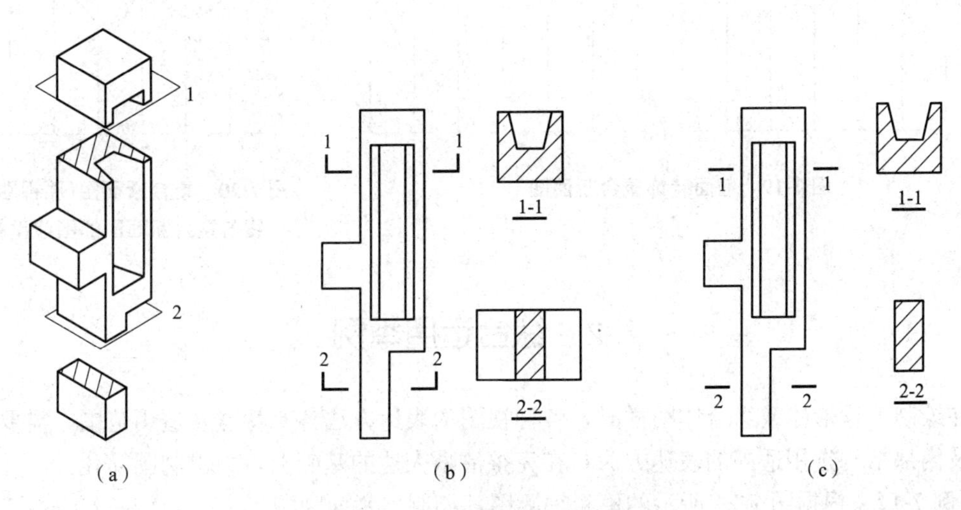

图 7-17　剖面图与断面图的区别

(a)立体图；(b)剖面图；(c)断面图

4. 断面图的种类

根据断面图的放置位置，断面图可以分成移出断面图和重合断面图。

(1)移出断面图。移出断面图，就是将断面图绘制在图样轮廓之外，可以放在剖切线的延长线上，如图 7-18(b)所示；也可以放在其他适当位置，如图 7-17(c)所示；为便于读图，若空间允许，移出断面图常放在对应剖切位置附近。

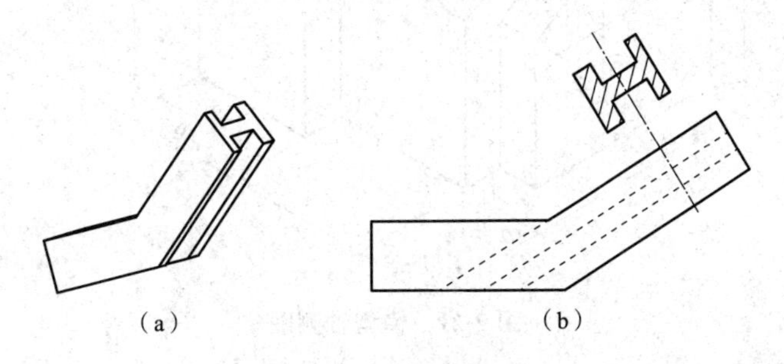

图 7-18　移出断面图

(a)立体图；(b)移出断面图

(2)重合断面图。与移出断面图不同，重合断面图的图形应放在视图之内，如图 7-19 所示为墙面装饰断面图，该图是假想用一个垂直于墙面的剖切平面将墙面剖开后，得到的断面图旋转 90°，使之与原视图重合；建筑类制图中，断面轮廓线用粗实线绘制。

在断面图中，当原视图中轮廓线与重合断面图的图线重叠时，视图中的轮廓线仍应连续画出，不可断开，如图 7-20 所示。

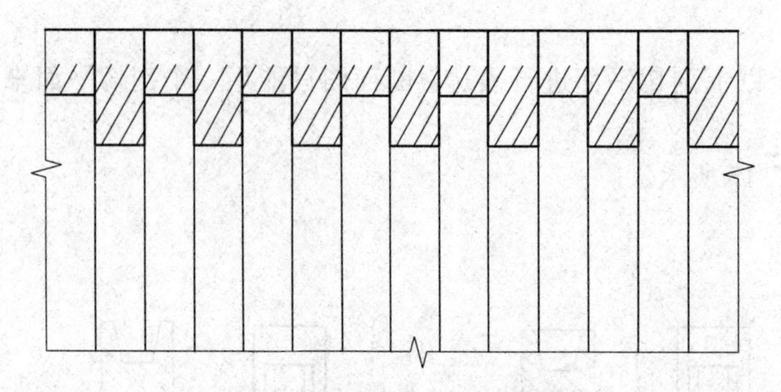

图 7-19　墙面装饰重合断面图

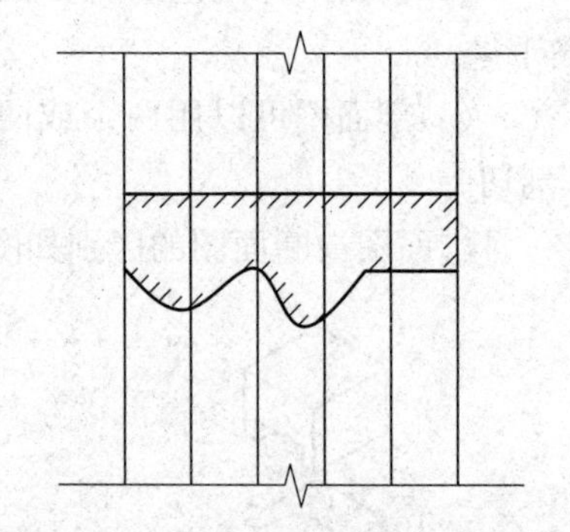

图 7-20　重合断面图(原视图轮廓线与重合断面图的图线重叠)

7.2　综合运用举例

在绘制工程形体或组合体图样时，各种视图的表达方法各有特点及适用范围，需要根据外形及内部结构选用适当的表达方法，在完整清晰表达的基础上，力求制图简化。

【例 7-1】　根据图 7-21 所示的模型轴测图，绘制出六面视图。

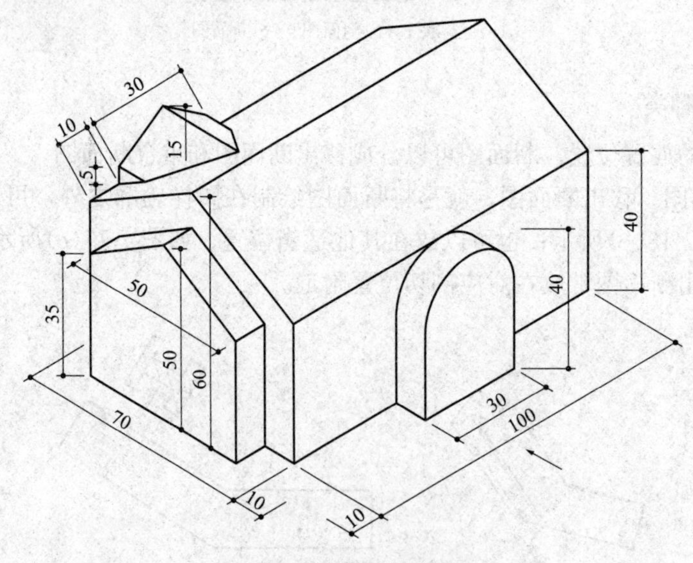

图 7-21　模型轴测图

图中箭头方向为读图方向，模型前面有一长圆凸台，居中放置；左面有一被切割的四棱柱组合体；后上方有一个棱台，与模型后面共面。六面视图包括正立面图、平面图、左侧立面图、右侧立面图、底面图和背立面图。其画法如下。

1. 视图选择

图中已给出模型正立面图放置方向，结合六面视图的规定位置，根据“长对正、宽相等、高平齐”的三等投影规律绘制即可。

2. 布置视图

通过7-21得知模型总长110 mm，总宽80 mm，总高60 mm；综合考虑六面视图占据图面大小及常用图幅尺寸，暂定图幅为A3，绘图比例为1∶1，选用不留装订边的横式，图框线与幅面线距离均为5 mm。布置后如图7-22所示。

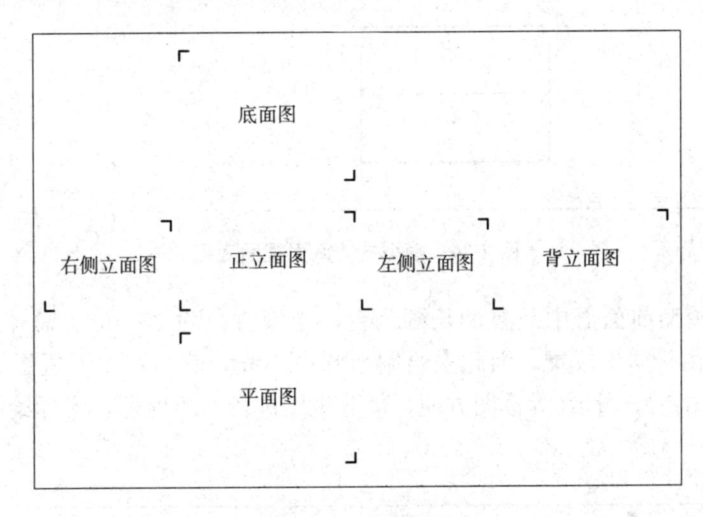

图7-22　布置视图

在图7-22中，符号“「 」”围成的区域表示各视图所占大小，可用细线轻轻描出，图中汉字可省略。

3. 画底稿

根据模型轴测图不难看出，模型主体为一对称形体，如图7-23所示；绘制其六面视图，如图7-24所示。绘制的六面视图应按三等关系同时画出。

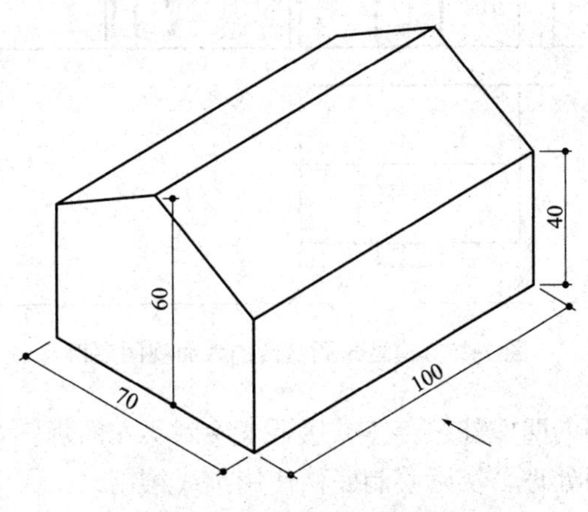

图7-23　模型主体轴测图

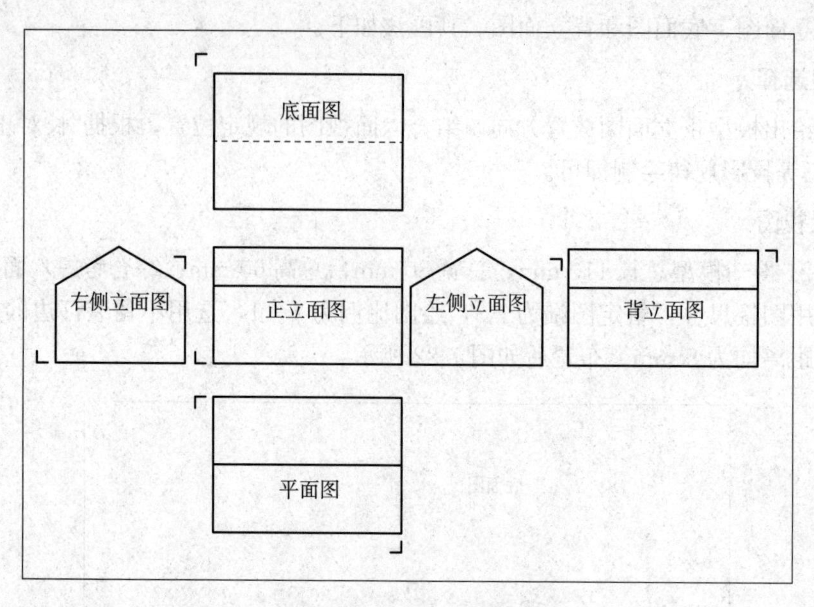

图 7-24　模型主体六面视图底稿

接下来绘制模型前面居中放置的长圆凸台，半圆直径为 30 mm，总体高度为 40 mm，厚度为 10 mm。由于居中放置，因此先绘制半圆中心线，然后在六面视图上同时绘制长圆凸台的视图，如图 7-25 所示(为读图方便，部分视图进行加粗处理，实际绘制底稿使用细线绘制)。

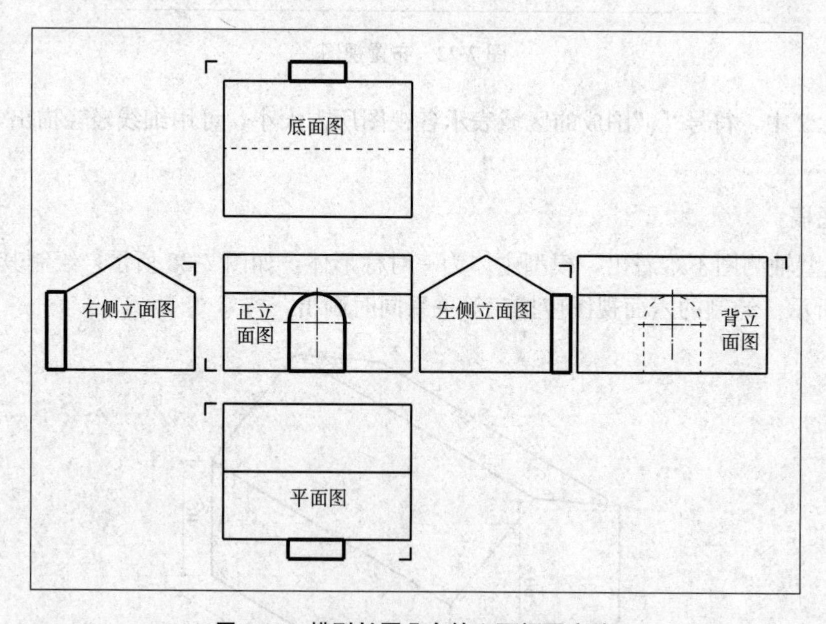

图 7-25　模型长圆凸台的六面视图底稿

模型左面有一被切割的四棱柱组合体，接下来绘制其六面视图，如图 7-26 所示(为读图方便，部分视图进行加粗处理，实际绘制底稿使用细线绘制)。

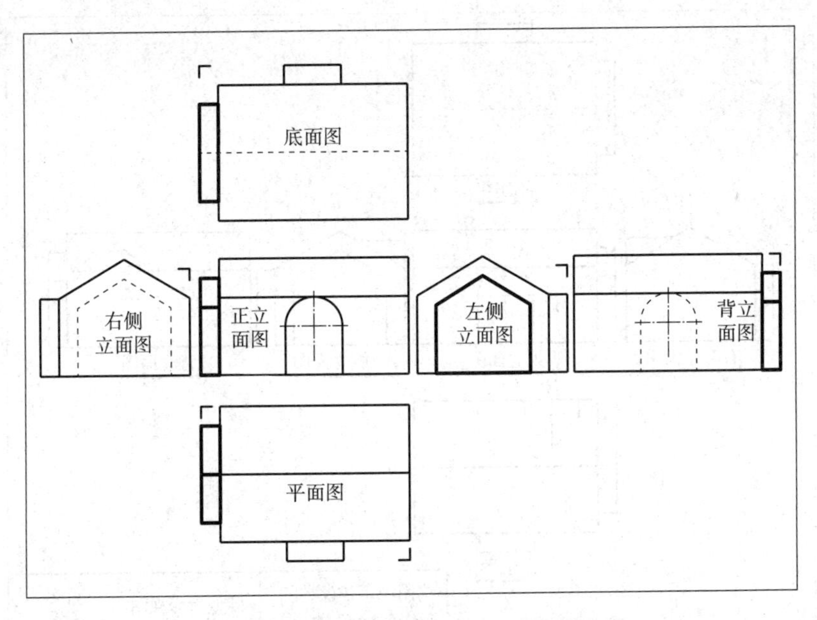

图 7-26　被切割的四棱柱的六面视图底稿

模型后上方有一个棱台，与模型后面共面，绘制六面视图时可暂时不用绘制共面的线，如图 7-27 所示(为读图方便，部分视图进行加粗处理，实际绘制底稿使用细线绘制)。

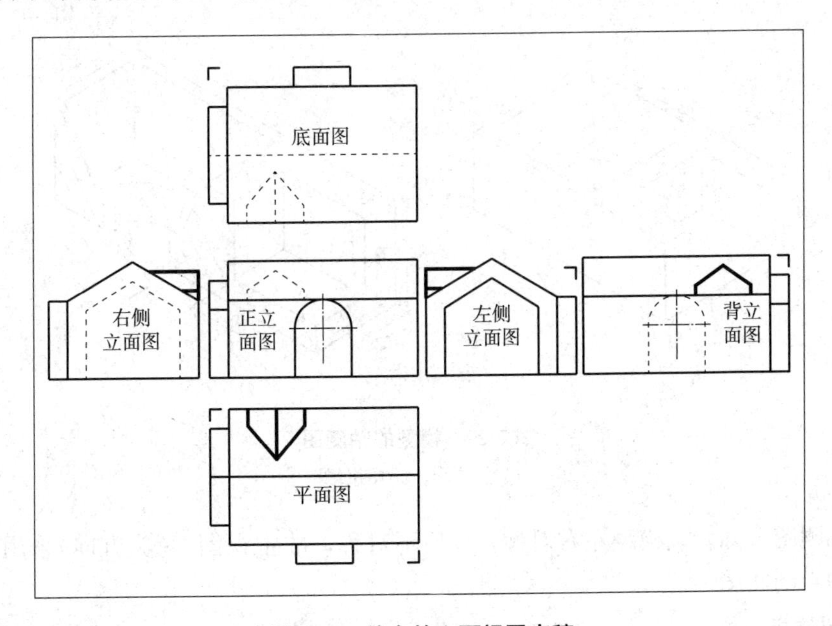

图 7-27　棱台的六面视图底稿

4. 校核、加深

底稿完成后，根据投影关系对六面视图进行校核，尤其是共面关系图线、不可见图线的画法；在各自视图的正下方写出六面视图的名称(名称下方绘制粗实线)；在图框线右下角绘制标题栏；无误后加深或上墨，完成全图，如图 7-28 所示。

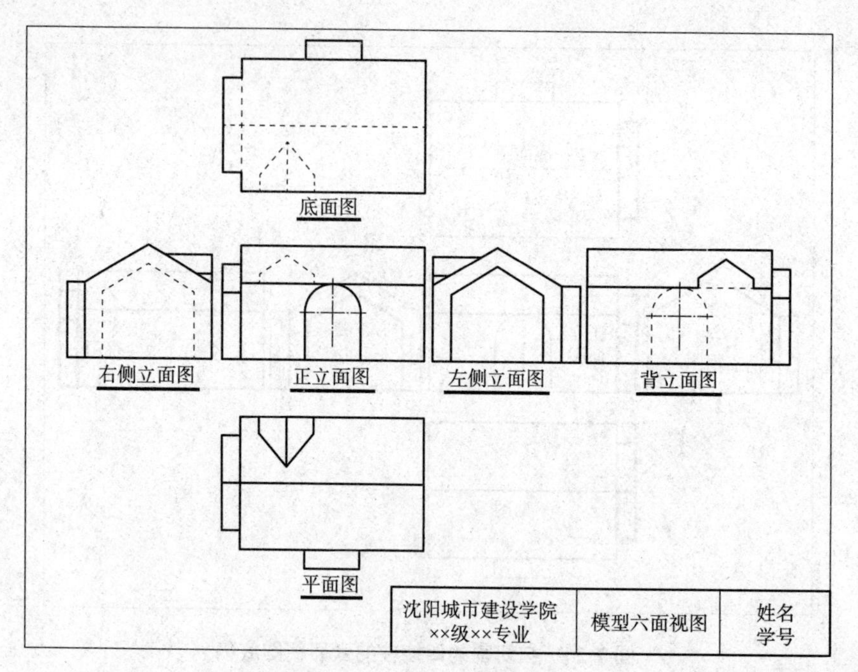

图 7-28 模型的六面视图

【例 7-2】 如图 7-29 所示的模型轴测图，选用适当的视图表达该模型。

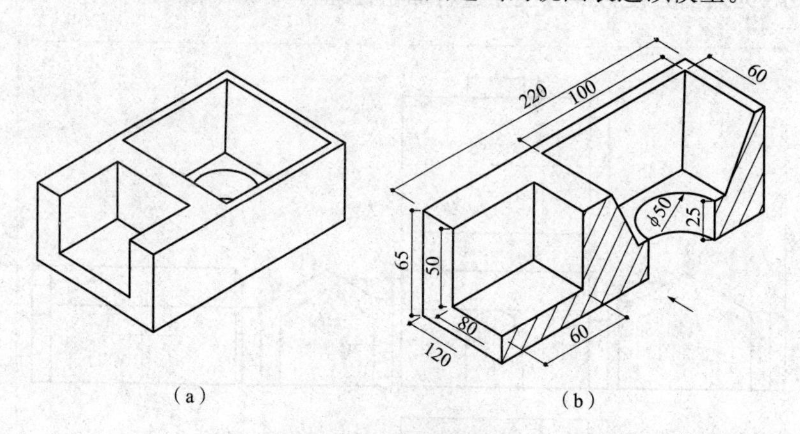

图 7-29 模型的轴测图

(a)立体图；(b)剖面图

根据轴测图可知，该模型左右对称，前后不对称，故主视图(箭头方向)采用全剖面图，左视图采用半剖面图。

1. 视图选择

图中已给出模型主视图放置方向，根据“长对正、宽相等、高平齐”的三等投影规律绘制即可。

2. 布置视图

通过图 7-29 得知模型总长 220 mm，总宽 120 mm，总高 65 mm；综合考虑视图占据图面大小、尺寸标注及常用图幅尺寸，暂定图幅为 A3，绘图比例为 1∶1，选用不留装订边的横式，图框线与幅面线距离均为 5 mm。此外，由于本例模型左右对称且有圆形孔，因此一并绘出各视图中心线，布置后如图 7-30 所示。

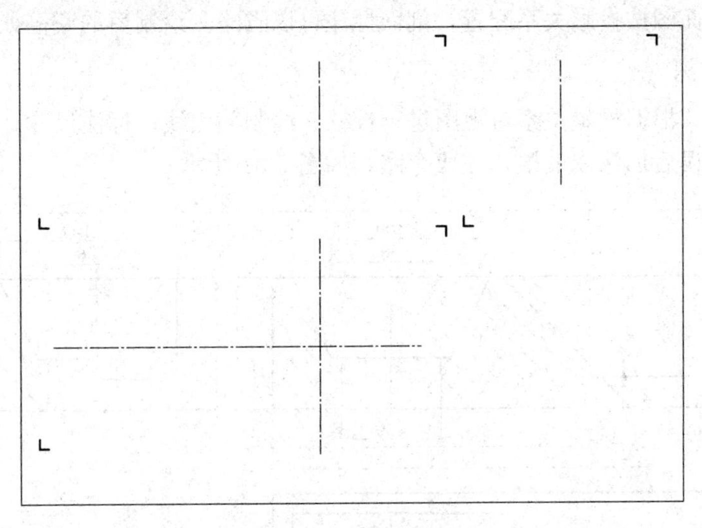

图 7-30　布置视图

按组合体形状、尺寸、图幅以及比例确定各视图在图纸上的位置，绘制各视图的中心线或基准线。

3. 画底稿

首先确定剖切位置。全剖面图的剖切平面平行于 V 面，半剖面图的剖切平面平行于 W 面，且两个剖切平面均通过对称轴线，俯视图的剖切位置线和方向线如图 7-31 所示。

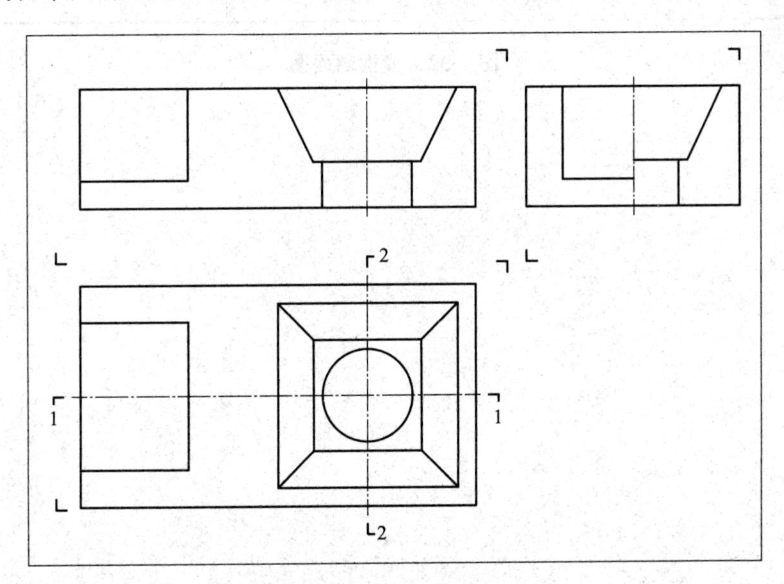

图 7-31　模型底稿

其次，确定剖切后图线。全剖面图中，剖切平面上能够剖到的图线可参考图 7-29(b)，其余没被剖到但仍存在的可见图线也要画出。

在半剖面图中，轴线右侧采用剖视画法，左侧保留外形轮廓。需要注意的是，剖面图中一般不绘制虚线。

由于本例剖面图按投影关系配置，剖面标注可以省略。绘制后的底稿如图 7-31 所示。

4. 校核、加深

底稿完成后，根据投影关系对视图进行校核；绘制剖面线；标注尺寸；在图框线右下角绘制标题栏；无误后加深或上墨，完成全图，如图 7-32 所示。

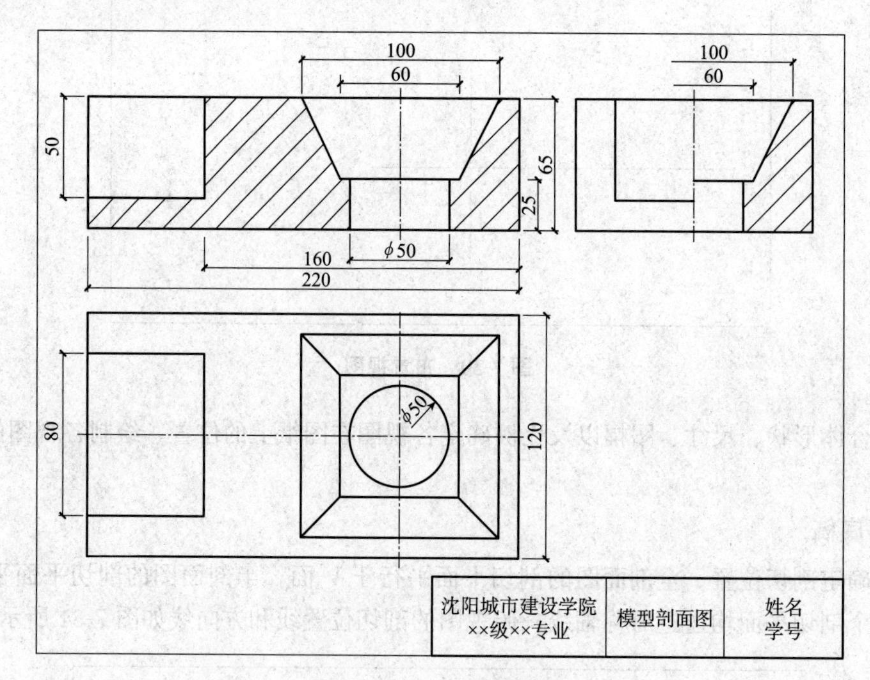

图 7-32　模型剖面图

第8章

阴影的基本知识

★本章知识点

1. 了解阴影的基本概念。
2. 理解阴影的基本规律。
3. 掌握点、直线、平面和立体的落影的画法。

8.1 阴影概述

8.1.1 阴影的概念

物体在光线的照射下，被直接照亮的受光表面称为阳面(简称阳)；光线照射不到的背光表面称为阴面(简称阴)。阳面与阴面的分界线称为阴线。由于光线直进的特性，当遇到不透光的物体时，在物体本身或其他物体表面上所形成的阴暗部分称为落影(简称影)；落影所在的表面称为承影面；落影的轮廓线称为影线，影线即是阴线的落影。阴面和落影的合称就是我们通常所讲的阴影，即阴影由阴面和落影组成。阴影的三要素(光线、物体和承影面)，缺一不可。阴影的形成如图 8-1 所示。

求作物体的阴影既要画出阴面，又要作出落影；求作物体的落影，主要是确定阴线并作出影线。

在建筑表现图中加绘阴影，会大大增强图形的立体感和真实感，这种效果对正投影图尤为明显。如图 8-2(a)所示，它们的正面投影图完全相同，如果不看水平投影图，就不能加以辨别。而在图 8-2(b)中加绘了阴影，就能将它们相区别。因此，在形体的投影图中加绘阴影，即使仅有一个投影，也能够表现出形体的空间形象，反映出形体的凹凸、深浅、明暗，丰富图形的表现力，清楚地表达出景物的形状特征和空间几何关系，烘托出形体的立体感和空间感，从而使画面生动逼真。

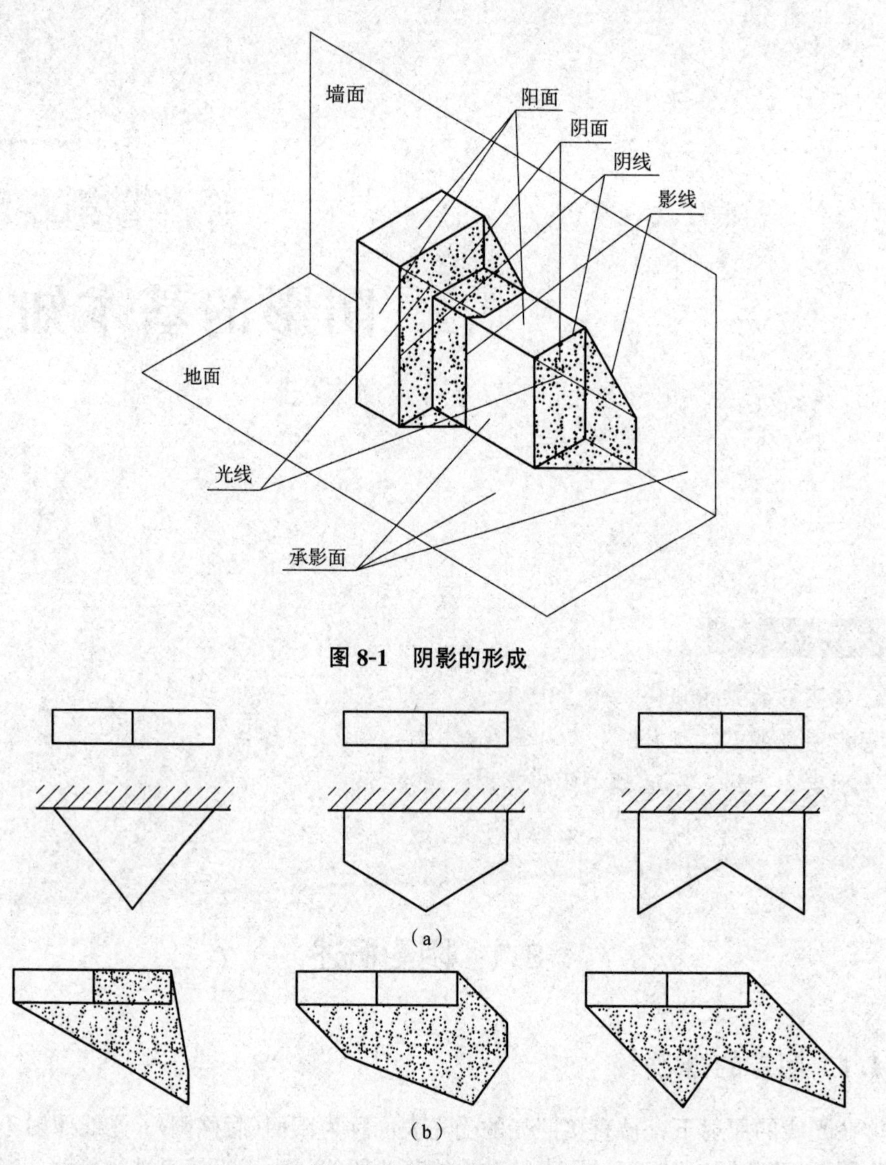

图 8-1　阴影的形成

图 8-2　正投影图中加绘阴影

(a)未绘制阴影的正投影图；(b)已绘制阴影的正投影图

在正投影图中加绘形体的阴影，实际上就是作出阴面和落影的正投影，简称作出形体的阴影。

8.1.2　常用光线

产生阴影的光线有放射光线(如灯光)和平行光线(如阳光)两种。在绘制建筑立面图的阴影时，为了便于作图，通常采用一种特定方向的平行光线，称为常用光线，也可称为习用光线。常用光线的空间方向为表面平行于基本投影面的正方体的体对角线的方向(从左前上方到右后下方)，如图 8-3(a)所示。

常用光线 K 向各投影面投射时，得到三个与投影轴均成 45°的光线投影 k、k'、k''，如图 8-3(b)所示。

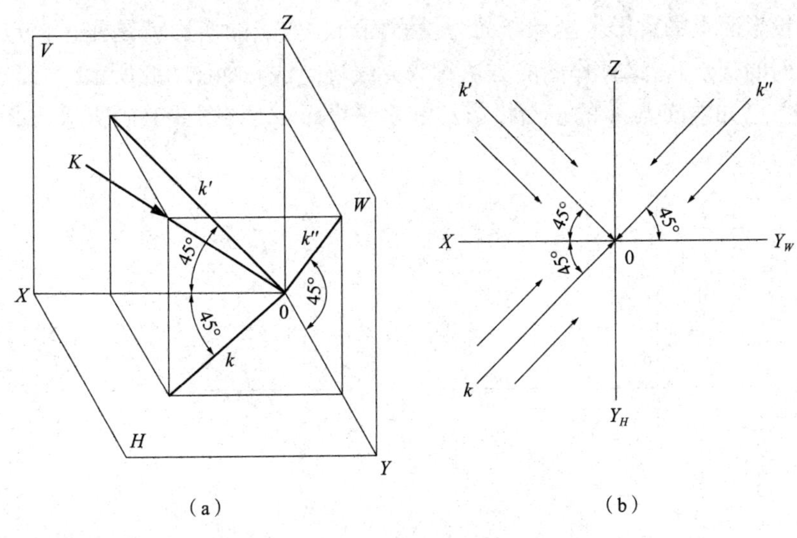

（a）　（b）

图 8-3　常用光线

(a)立体图；(b)投影图

8.2　点、直线和平面的落影

8.2.1　点的落影

(1)点的落影。空间点在某承影面上的落影，就是通过该点的常用光线与承影面的交点，如图 8-4 中的点 A 所示。若点位于承影面上，则它的落影与自身重合，如图 8-4 中的点 B 所示。求点的落影，实际上就是求过点的常用光线(直线)与承影面的交点。

点的落影用表示该点的字母加对应承影面的名称作为下标来表示，如：点 A 在 P 面上的落影表示为 A_P。若有两个或两个以上的承影面，则过该点的光线与承影面组所得的第一个交点才是真正的落影，称为真影(或实影)，如图 8-5 中的 A_V；其后的交点都是虚假的落影，称为假影(或虚影)，假影还应加括号表示，如图 8-5 中的(A_H)。

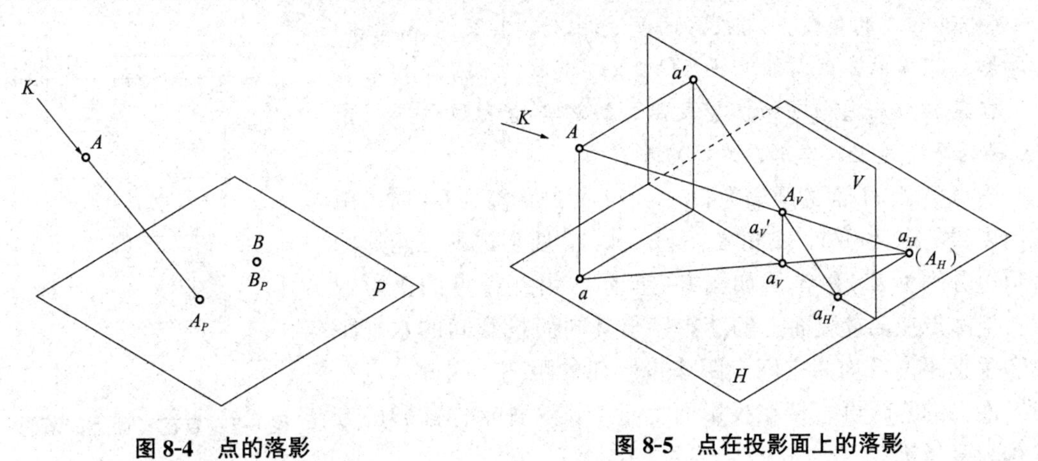

图 8-4　点的落影　　**图 8-5　点在投影面上的落影**

(2)点在投影面上的落影。当承影面为投影面时，作点的落影就是作过该点光线的迹点(光线与投影面的交点)，这种作图的方法称为光线迹点法，如图 8-5 所示。

【例 8-1】 已知空间点 A 的正面投影 a' 和水平投影 a，如图 8-6(a)所示，求作点 A 在投影面上的落影。

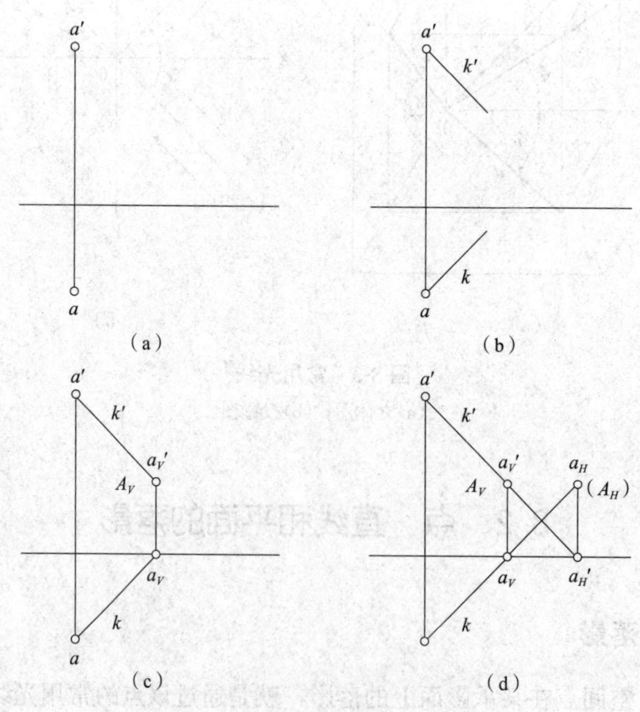

图 8-6 光线迹点法求作点的落影

(a)已知；(b)～(d)作图步骤

运用光线迹点法求作空间点 A 在投影面上的落影。

作图步骤[图 8-6(b)～(d)]：

(1)分别过 a'、a 作常用光线的 V 面、H 面投影。

(2)根据直线迹点的图解方法求得光线 K 的 V 面、H 面迹点 a_H 和 a_V'。

(3)过点 A 的光线 K 与投影面 V 先相交，其交点 $A_V(a_V')$ 为实影；过 A 的光线与投影面 H 相交，其交点 $A_H(a_H)$ 为虚影，在投影图上虚影应加括号表示。实影与虚影位于同一条 OX 轴的平行线上，真影在左，虚影在右。

当点 A 距 H 面的距离为 D_1，距 V 面的距离为 D_2 时，由常用光线的定义可知，a 和 A_H 与 a' 和 A_V 所形成的三角形的直角边分别为 d_1 和 d_2，如图 8-7 所示。由此得点的落影规律：空间点在某投影面上的落影，与其同面投影间的水平距离和垂直距离，均为空间点距该投影面的距离。因此，点在投影面上的落影可直接在投影面上量取，这种求作落影的方法称为度量法。

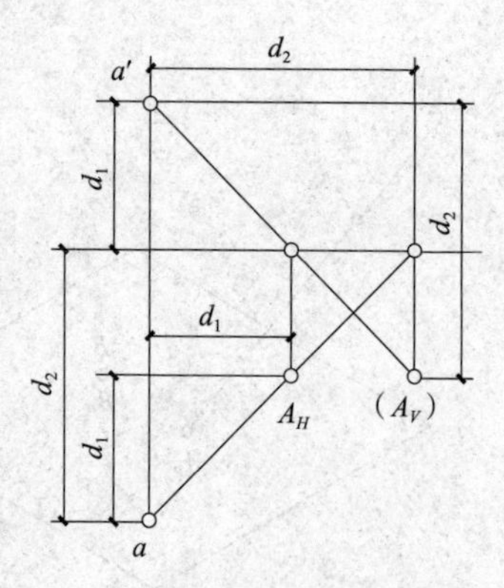

图 8-7 点在 V 面上的落影

由图 8-6(d)和图 8-7 可知，点的真影将落在距点近的投影面上。

(3)点在特殊位置平面上的落影。当承影面为非投影面时，作点的落影就是作过该点的光线与承影面的交点，这种作图的方法称为线面交点法。

【例 8-2】 已知空间点 A 的正面投影 a'、水平投影 a 和铅垂面 P，如图 8-8(a)所示，求作点 A 在 P 面上的落影。

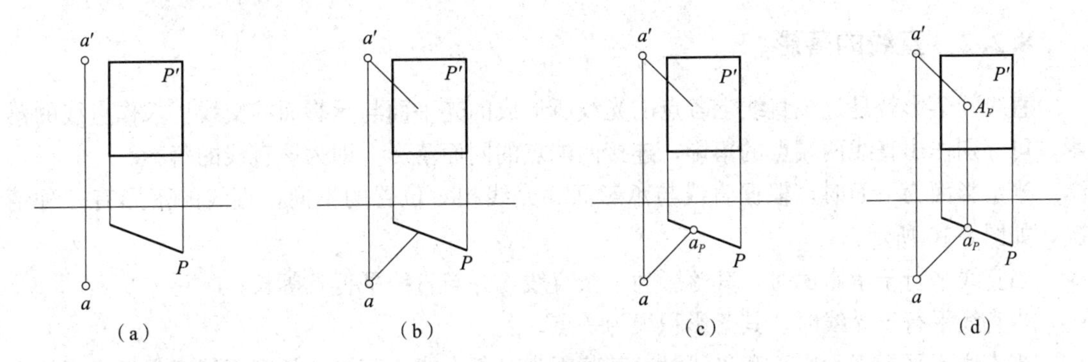

图 8-8　点在铅垂面上的落影

(a)已知；(b)～(d)作图步骤

分析：当承影面 P 为特殊位置平面时：运用线面交点法求作空间点 A 在 P 面上落影。

作图步骤[图 8-8(b)～(d)]：

1)分别过 a'、a 作常用光线的 V 面、H 面投影；

2)根据特殊位置平面的积聚性，求得光线与 P 面积聚成直线的投影的交点，即为点 A 在 P 面上落影的单面投影 a_P(或 a_P')；

3)根据 a_P(或 a_P')和光线在另一投影面上的投影求得点 A 在 P 面上落影 A_P。

(4)点在一般位置平面上的落影。

【例 8-3】 已知空间点 A 的正面投影 a'、水平投影 a 和一般位置平面 P，如图 8-9(a)所示，求作点 A 在 P 面上的落影。

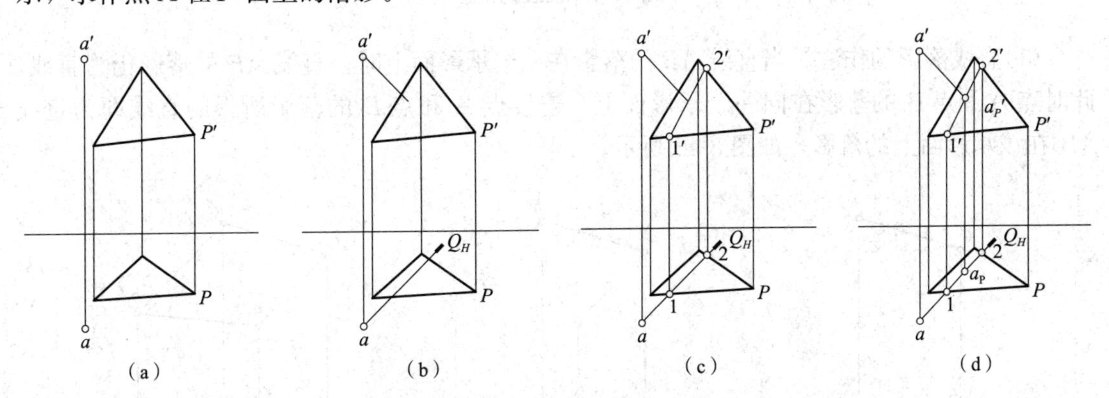

图 8-9　点在一般位置平面上的落影

(a)已知；(b)～(d)作图步骤

分析：当承影面 P 为一般位置平面时：运用线面交点法求作空间点 A 在 P 面上落影。

作图步骤[图 8-9(b)～(d)]：

(1)根据一般位置直线与一般位置平面相交求交点的作图原理，先过点 A 包含空间光线作辅助的铅垂面 Q_H(也可作正垂的辅助平面 Q_V)；

(2)求 Q 面与 P 面的交线的两面投影；

(3)交线的 V 面投影与光线的 V 面投影的交点即为点 A 在 P 面上落影的正面投影 a'_P，根据点的投影定理求得点 A 在 P 面上落影的水平投影 a_P。

8.2.2　直线的落影

直线的落影就是过该直线上各点的光线所形成的光平面与承影面的交线。求作直线的落影，可分别作出直线两端点的落影，连接两端点的同面落影，即为该直线的落影。

当承影面为平面时，根据直线与承影面和光线相对位置的不同，直线的落影有三种情况，如图 8-10 所示：

当直线平行于承影面时，其落影为一条直线，并与直线平行且等长；

当直线平行于光线时，其落影积聚为一点；

当直线不平行于承影面和光线时，其落影为一条直线，落影的长度不等于实长，可能大于实长，也可能小于实长。落影的长度取决于直线与承影面的相对位置。

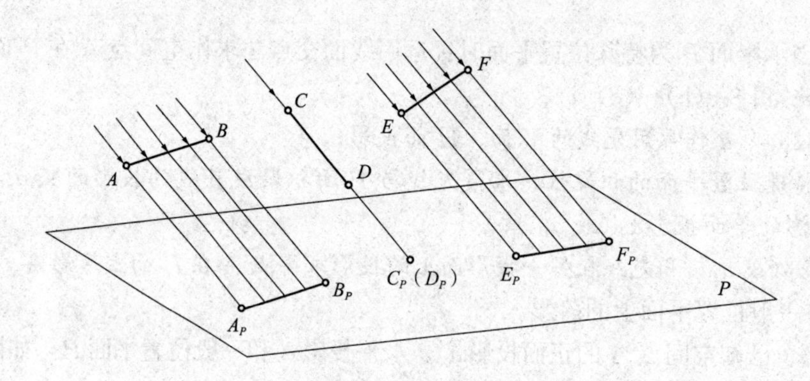

图 8-10　直线的落影

(1)直线落影的作法。当直线 AB 的落影在一个承影面上时，直线 AB 的落影仍为直线，此时点 A 和点 B 的落影在同一个承影面上，连接点 A 和点 B 的落影所得的直线即为直线 AB 在该承影面上的落影，如图 8-11 所示。

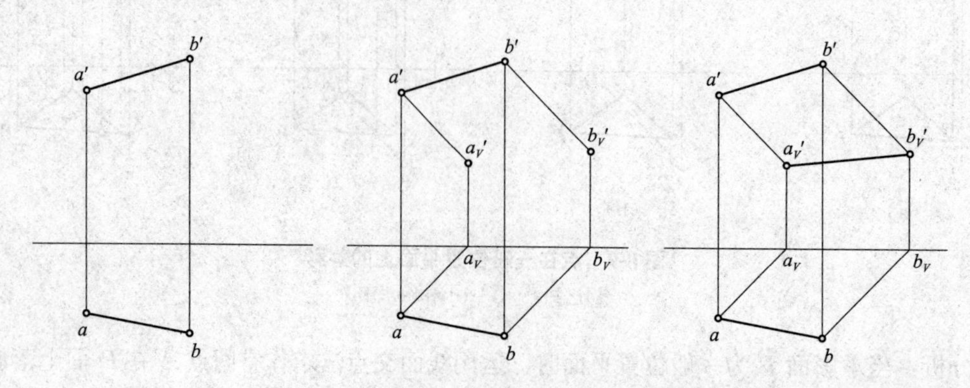

图 8-11　直线在一个承影面(V 面)上的落影

当直线 AB 的落影在两个(或两个以上)承影面上时，直线 AB 的落影通常为一条折线，此时点 A 和点 B 的落影分别在两个承影面上，不能直接连接。

虚影法：作出点 B 的虚影(也可以作点 A 的虚影)，点 A 的真影和点 B 的虚影的连线与两承影面的相交线交于一点，该点称为折影点 K，折影点为直线 AB 上某一点在相交线上的落影，且同时属于两个相交的承影面，再连接 K 与点 B 的真影，所得的折线即为直线 AB 在不同承影面上的落影。借助虚影求直线落影的方法称为虚影法，如图 8-12 所示。

辅助点法：在直线 AB 上任意找一个辅助点 C，求得点 C 的落影，连接在同一承影面上的两个落影并延长至承影面相交线，该交点为折影点 K，再连接 K 与另一个直线端点的落影，所得的折线即为直线 AB 在不同承影面上的落影。借助辅助点求直线落影的方法称为辅助点法，如图 8-13 所示。

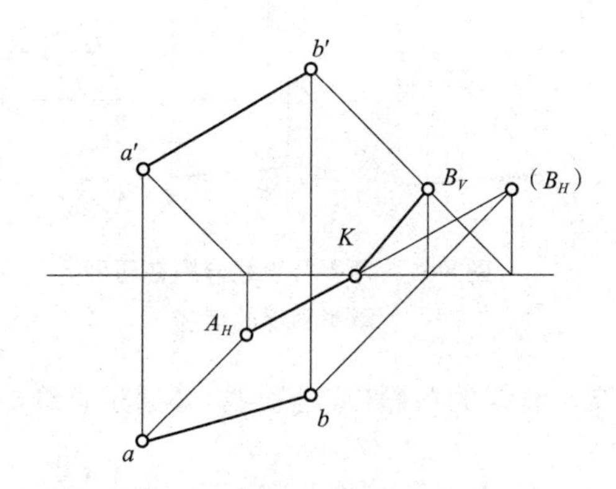

图 8-12　虚影法求作直线的落影

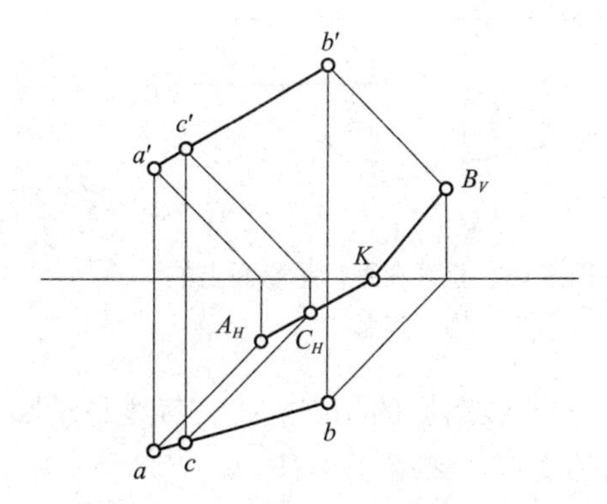

图 8-13　辅助点法求作直线的落影

特别注意：只有同一承影面上的落影才能连线。

(2)直线落影的平行规律。

1)当直线平行于承影面时，直线的落影与该直线平行且等长，如图 8-14 所示。

2)空间两平行直线在同一承影面上的落影仍互相平行，如图 8-15 所示。

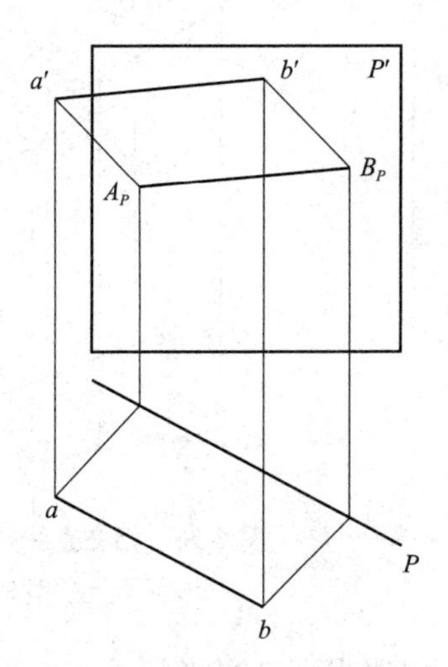

图 8-14　直线在平行承影面上的落影

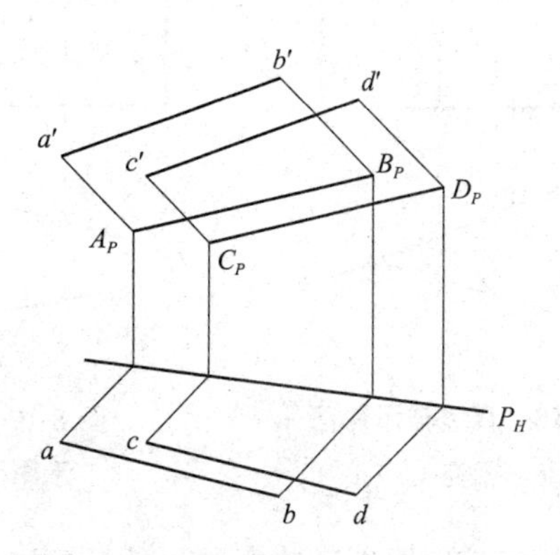

图 8-15　平行直线在同一承影面上的落影

3)直线在互相平行的承影面上的落影仍互相平行，如图 8-16 所示。

4)多条平行直线在多个平行承影面上的落影仍互相平行，如图 8-17 所示。

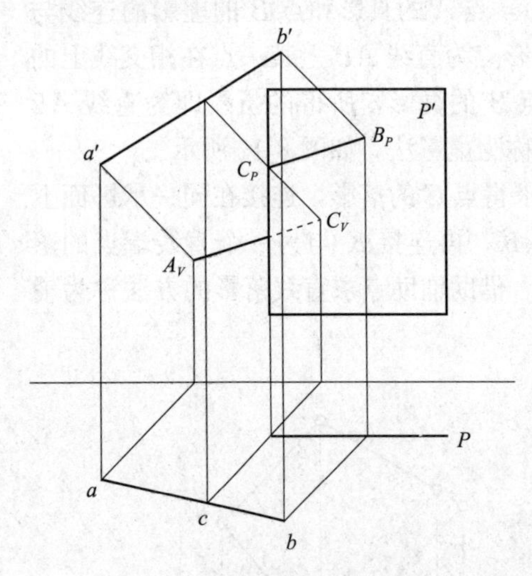

图 8-16　直线在平行承影面上的落影

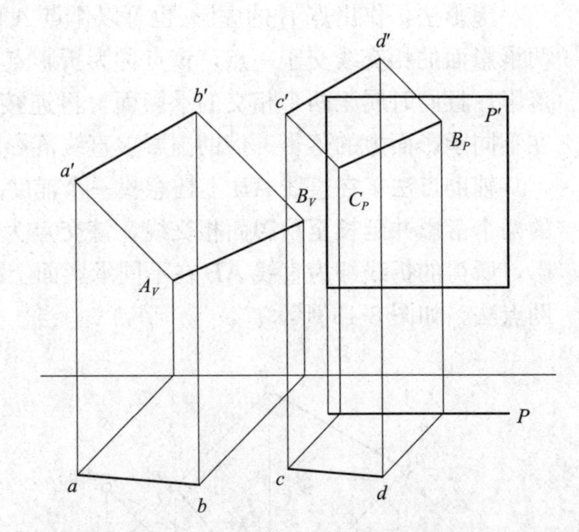

图 8-17　两平行直线分别在两平行承影面上的落影

(3)直线落影的相交规律。直线与承影面相交，直线的落影(或延长线)必通过直线与承影面的交点，如图 8-18 所示。

直线在两相交承影面上的两段落影必相交，落影的交点(折影点)必位于两承影面的交线上，如图 8-19 所示。

两相交直线在同一承影面上的落影必相交，落影的交点就是两直线交点的落影，如图 8-20 所示。

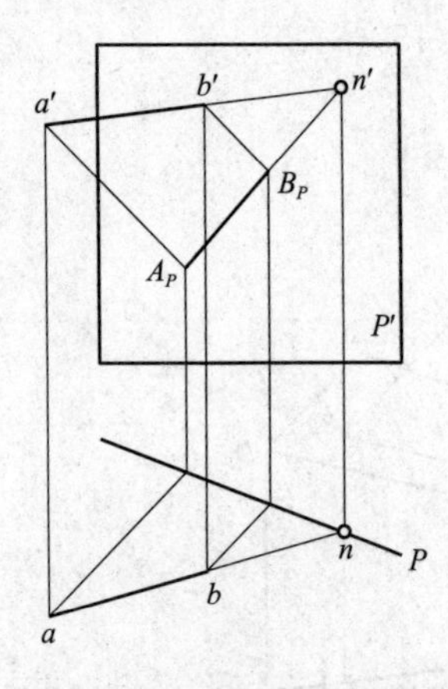

图 8-18　直线与承影面相交

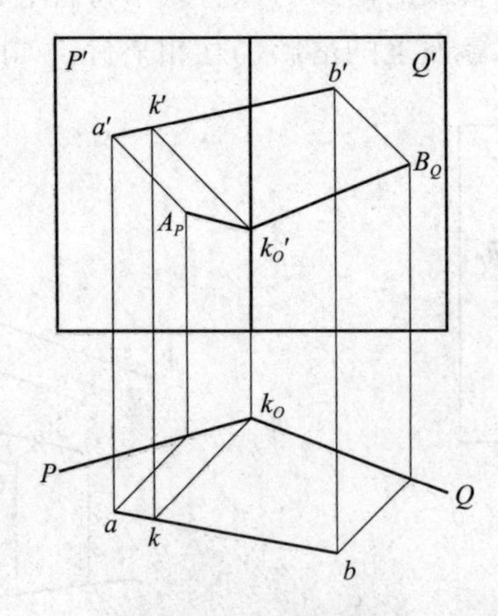

图 8-19　直线在相交承影面上的落影

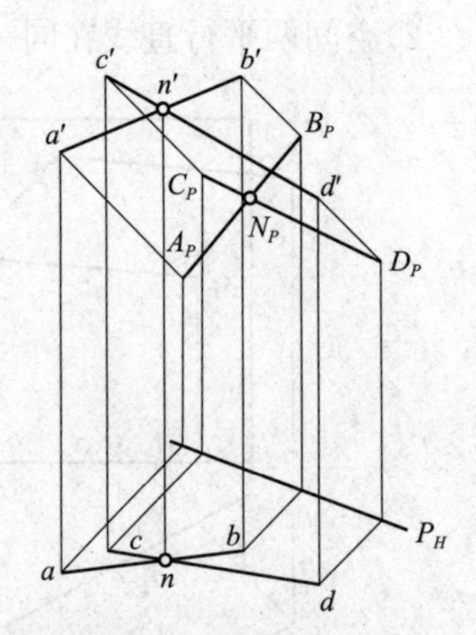

图 8-20　相交直线在同一承影面上的落影

(4)特殊位置直线在投影面上的落影。投影面平行线在投影面上的落影见表 8-1。

表 8-1　投影面平行线的落影

分类	H 面落影	V 面落影	W 面落影
水平线	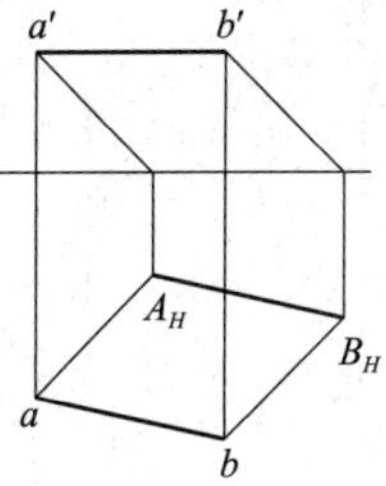	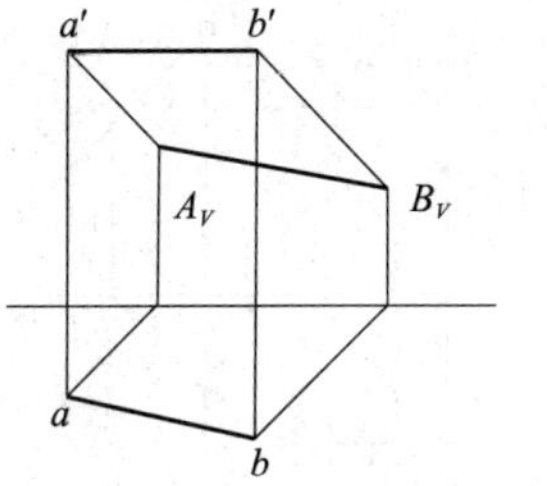	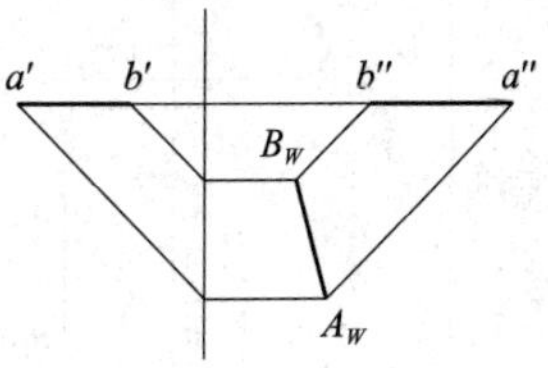
正平线	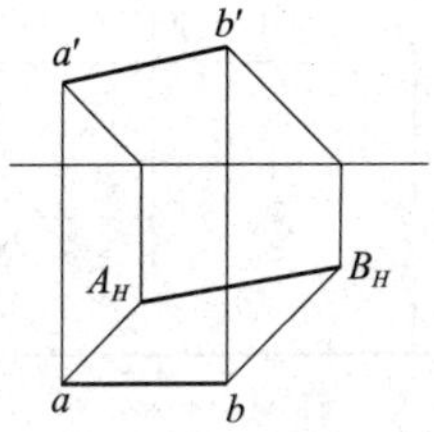	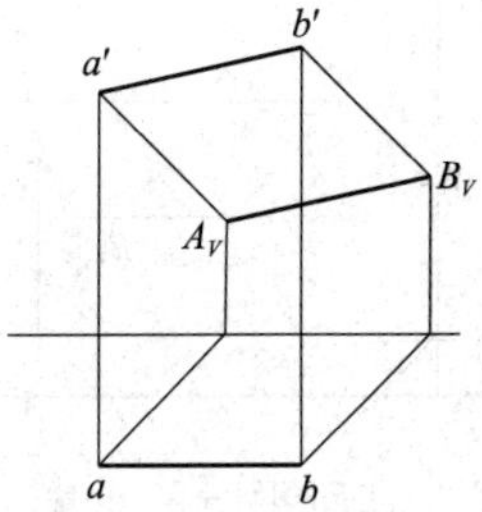	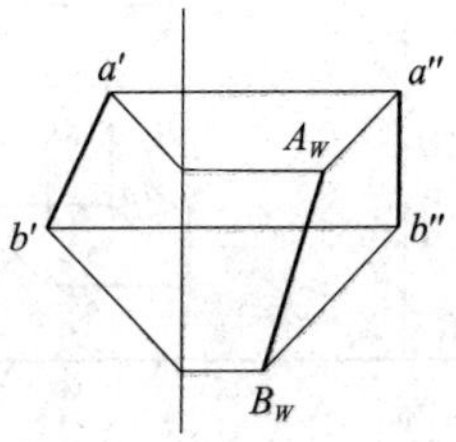
侧平线	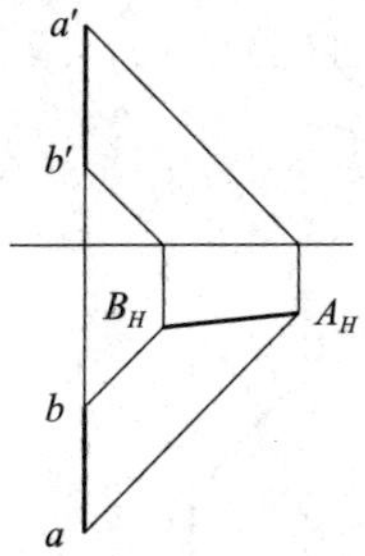	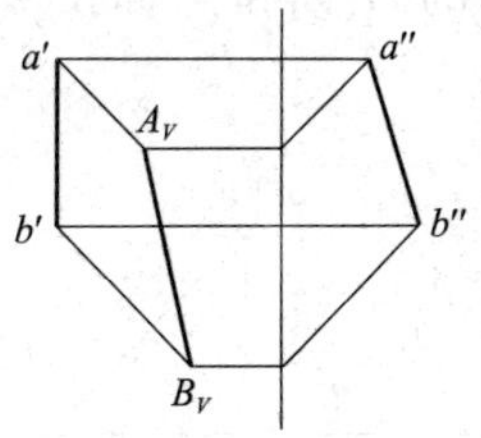	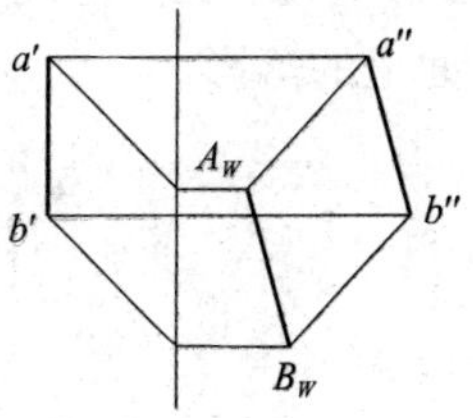

投影面垂直线在投影面上的落影见表 8-2。

表 8-2　投影面垂直线的落影

分类	H 面落影	V 面落影	W 面落影
铅垂线	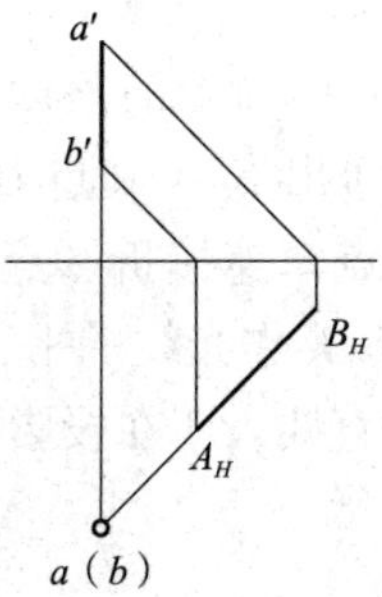	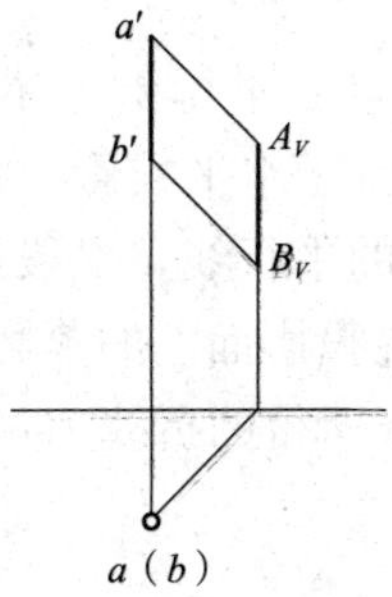	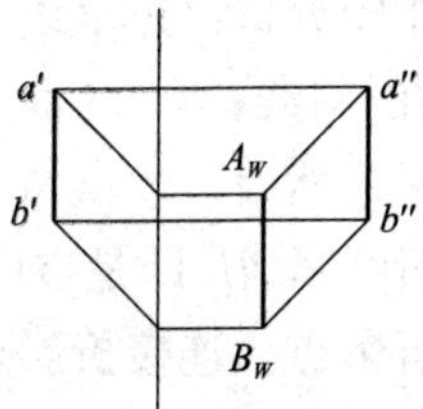

续表

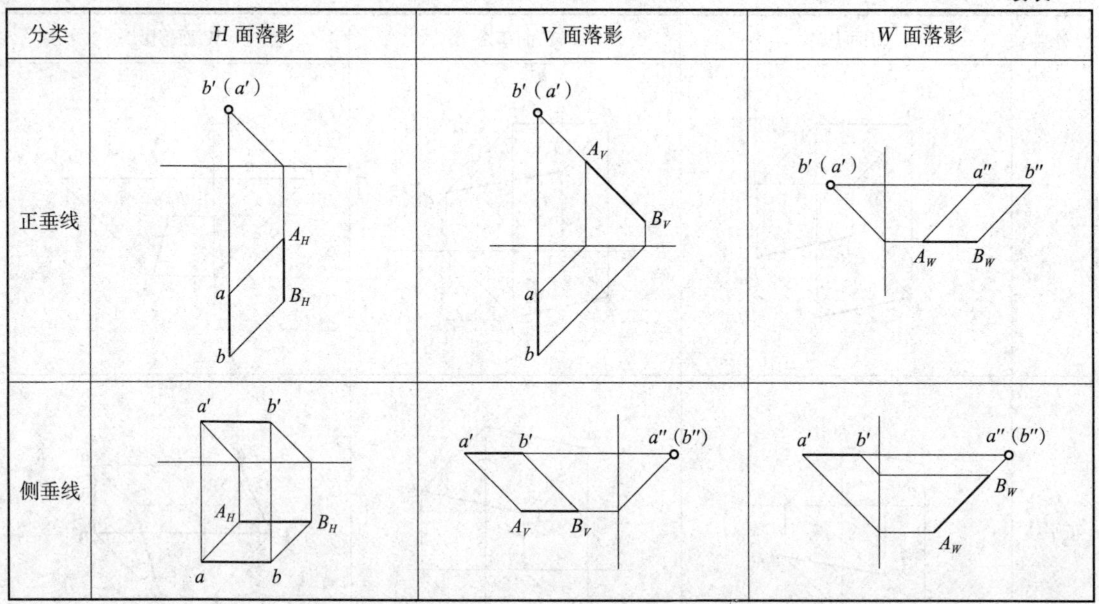

分类	H 面落影	V 面落影	W 面落影
正垂线	b′ (a′) A_H a B_H b	b′ (a′) A_V B_V a b	b′ (a′) a″ b″ A_W B_W
侧垂线	a′ b′ A_H B_H a b	a′ b′ a″ (b″) A_V B_V	a′ b′ a″ (b″) B_W A_W

由表 8-1 和表 8-2 可知：直线在其所平行的承影面上的落影为一条直线，并与该直线平行且等长；在其所垂直的承影面上的落影为一条与光线平行的直线。

【例 8-4】 已知空间直线 AB 的 H 面和 V 面投影，如图 8-21(a)所示，求作直线 AB 在投影面上的落影。

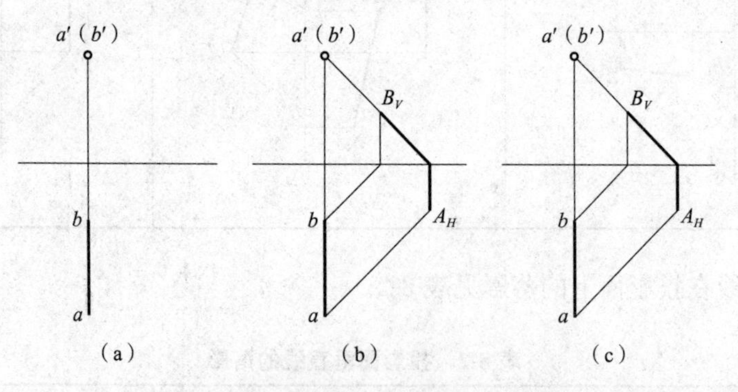

图 8-21 正垂线在两个投影面上的落影

(a)已知；(b)(c)作图

作图分析：正垂线垂直于 V 面，且平行于 H 面。因此，在 V 面上的落影平行于光线，成 45°的斜线；在 H 面上的落影平行于水平投影。首先，分别作出点 A 和点 B 在投影面上的落影；然后，过点 A_H 作直线 ab 的平行线，交投影轴于折影点，连接折影点与点 B_V，所得的折线 A_HB_V 即是空间直线 AB 在投影面上的落影。也可过点 B_V 作光线的平行线，交投影轴于折影点，连接折影点与点 A_H，所得的折线 B_VA_H 即是空间直线 AB 在投影面上的落影。

8.2.3 平面的落影

(1)平面落影的作法。求作一个平面图形在承影面上的落影，实际上就是求作它的轮廓线在承影面上的落影。

当平面与光线平行时，平面在承影面上的落影积聚成一条直线，如图 8-22 所示。

当平面上各个顶点的落影在同一承影面上时，只要求出各个顶点的落影，并依次以直线连接，所得的图形即是平面在一个承影面上的落影，如图 8-23 所示。

当平面上各个顶点的落影不在同一承影面上时，则必须求出落在多个承影面上的边线的折影点，然后按“只有同一承影面上的落影才能连线”的原则，依次连接各个落影点所得的图形即是平面在多个承影面上的落影，如图 8-24 所示。

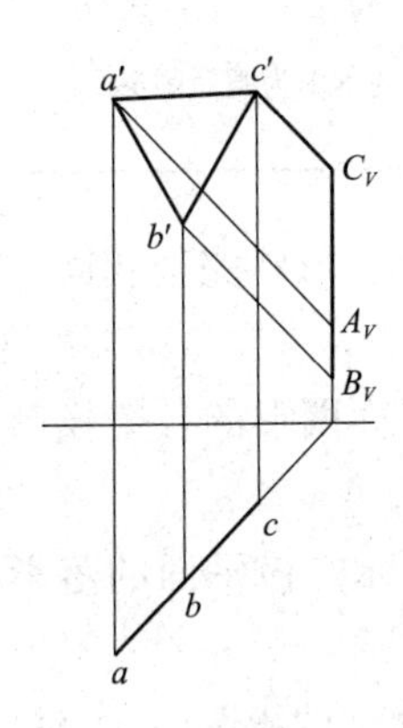

图 8-22　光线平行平面的落影

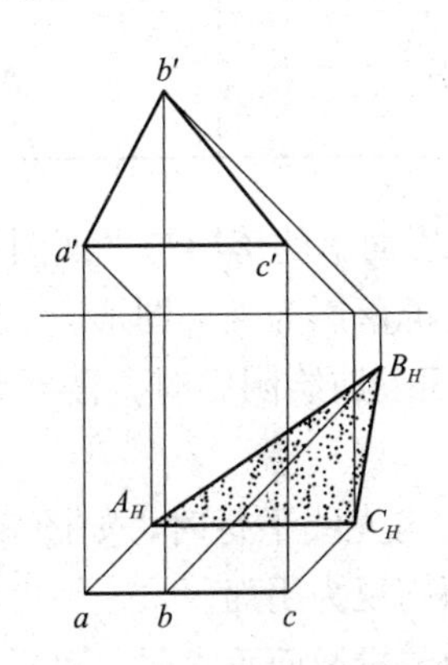

图 8-23　正平面 *ABC* 在 *H* 面上的落影

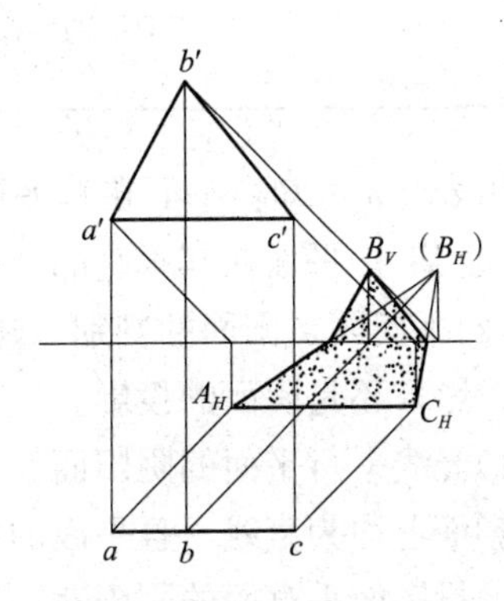

图 8-24　正平面 *ABC* 在 *H* 面和 *V* 面上的落影

建筑立面上各细部的形体主要由水平面、正平面和侧平面所围成，因此，下面主要讲解投影面平行面的落影，见表 8-3。

表 8-3　投影面平行面的落影

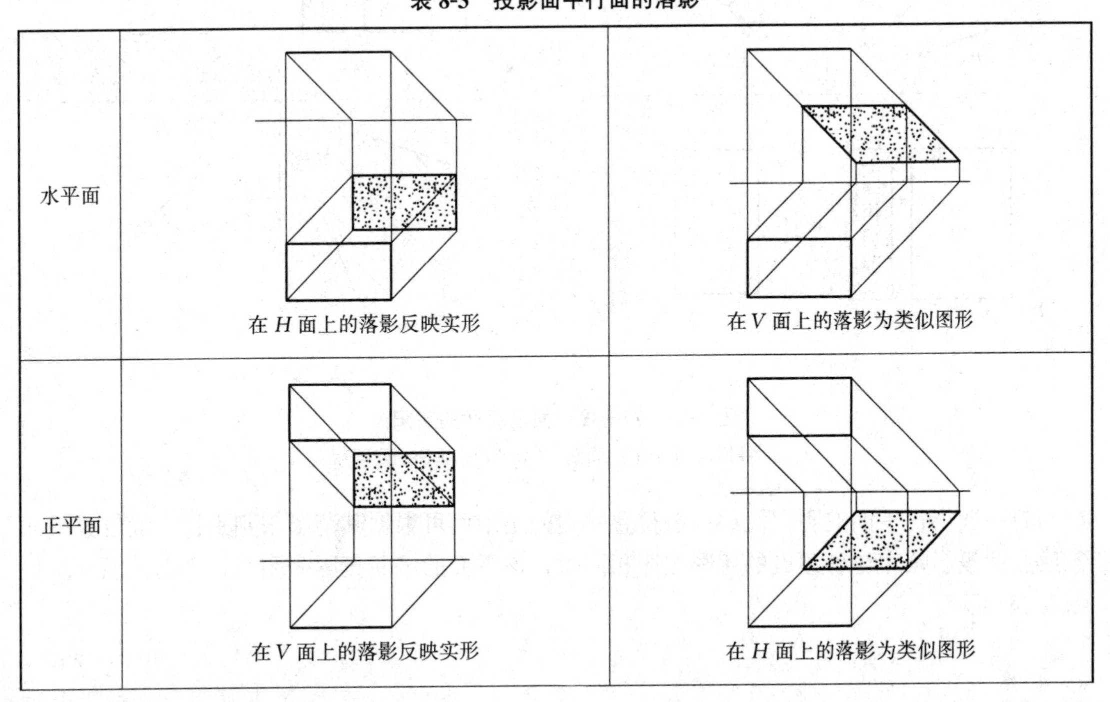

水平面	在 *H* 面上的落影反映实形	在 *V* 面上的落影为类似图形
正平面	在 *V* 面上的落影反映实形	在 *H* 面上的落影为类似图形

续表

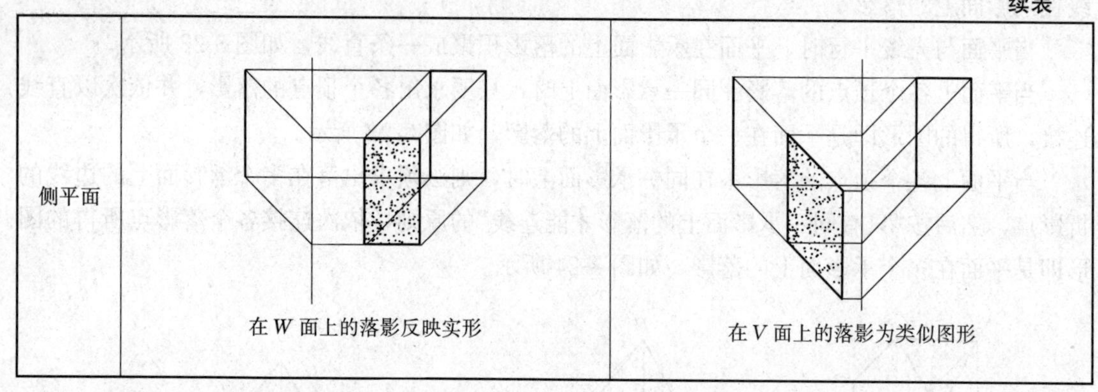

由表 8-3 可知：平面在其平行的承影面上的落影与平面图形大小、形状完全相同，即落影反映实形；平面在其垂直的承影面上的落影为类似图形。

(2)平面阴、阳面的判别。建筑立面上加绘阴影时，需要判别平面图形的各个投影是阳面的投影，还是阴面的投影。

1)光线平行平面的阴阳面。当平面与光线平行时，如图 8-22 所示，该平面的落影在任意承影面上均为直线，且平面的两个面均视为阴面。

2)投影面垂直面的阴阳性。当平面与投影面垂直时，可在有积聚性的投影中，直接利用光线的同面投影来作图，判别平面的阴阳性，如图 8-25 所示。

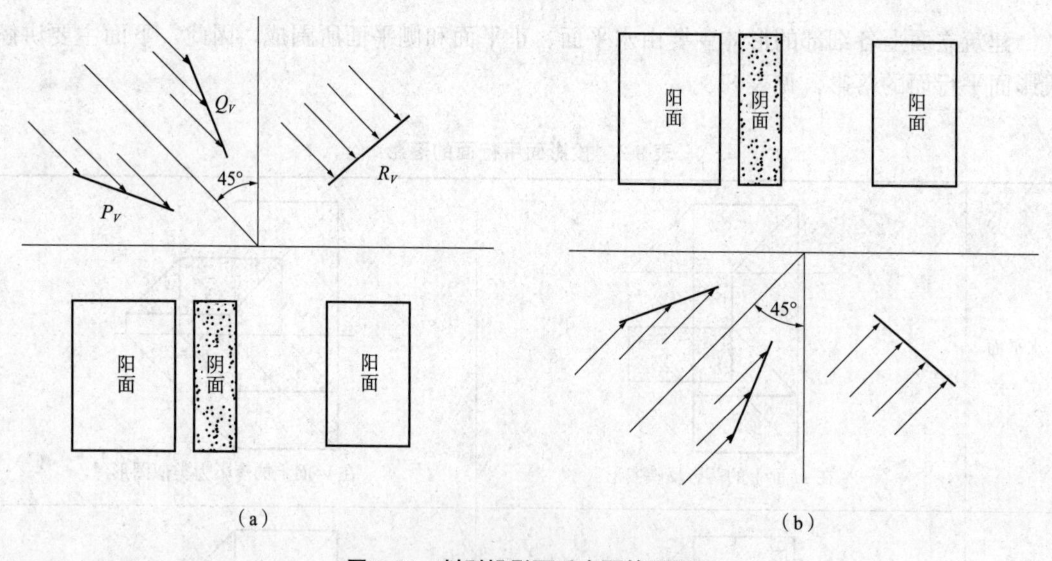

图 8-25　判别投影面垂直面的阴阳面

(a)判别正垂面的阴阳面；(b)判别铅垂面的阴阳面

3)一般位置平面的阴阳性。一般位置平面的阴阳面可根据其落影来判别：一般位置平面各顶点的投影顺序与各顶点的落影顺序相同时，该平面的该面投影为阳面；否则为阴面，如图 8-26 所示。

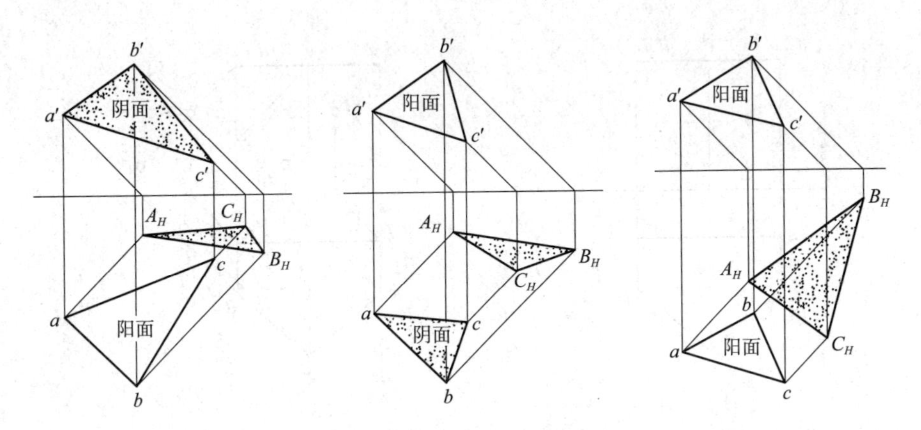

图 8-26　一般位置平面投影图的阴阳面

【例 8-5】 已知空间平面 ABC 的两面投影，如图 8-27(a)所示，求作平面 ABC 的阴影。作图结果如图 8-27(b)～(d)所示。

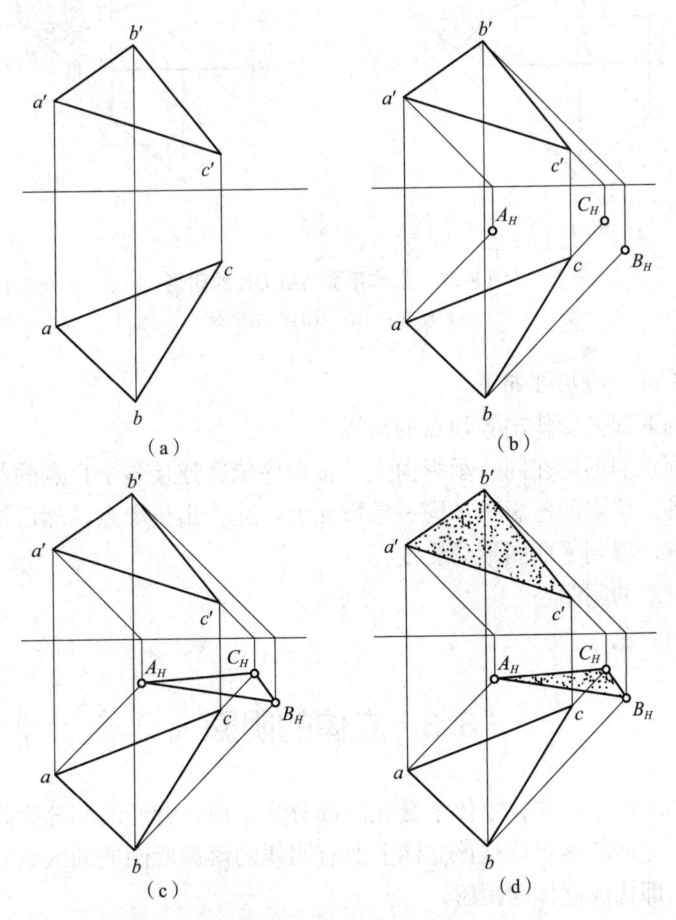

图 8-27　求作平面 ABC 的阴影

(a)已知；(b)～(d)作图步骤

【例 8-6】 已知水平面 $ABCDE$ 的两面投影，如图 8-28(a)所示，求作平面 $ABCDE$ 的阴影。

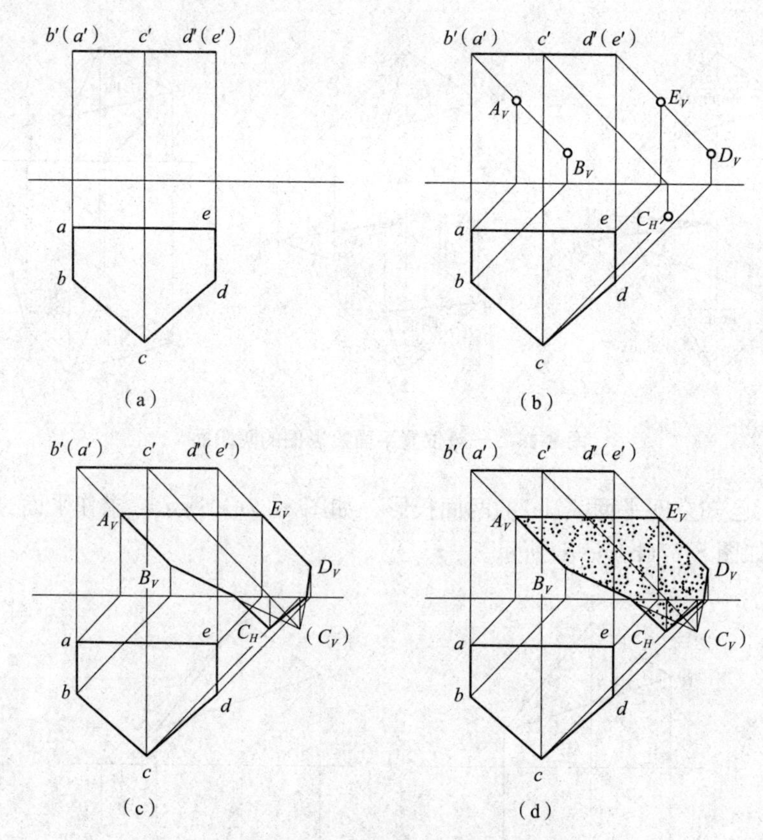

图 8-28　求作平面 *ABCDE* 的阴影

(a)已知；(b)～(d)作图步骤

求作平面阴影的一般步骤如下：

1)根据平面的两面投影作出各顶点的落影。

2)如果各个顶点的落影在同一承影面上，按顺序依次连接各个顶点的落影，得到平面图形的影线；如果各个顶点的落影不在同一承影面上，先作出折影点，然后按顺序连接各个顶点的落影和折影点，得到平面图形的影线。

3)判别平面投影的阴阳性。

4)落影和阴面着色。

8.3　立体的阴影

根据阴影的基本概念可知，立体上受光的部分为阳面，背光的部分为阴面。阴面和阳面的分界线为阴线。立体的落影就是该立体上所有阴线的落影所围成的区域。立体的落影连同该立体上所有阴面即构成立体的阴影。

求作立体阴影的基本步骤如下：

(1)读投影：根据立体的投影图，将形体及其各个组成部分的形状、大小、相对位置分析清楚；

(2)定阴线：分析立体各表面的阴阳性，找出立体的阴线；

(3)作影线：分别作出各阴线的落影，得到立体的落影；

(4)涂颜色：将立体的阴面和落影均匀地涂上颜色，以表示这部分是阴暗的。

8.3.1　棱柱的阴影

当棱柱位于三面投影体系中时，各个表面都是投影面的平行面或垂直面。首先，根据投影的积聚性直接判别各表面的阴阳性，进而确定阴线；然后，作出阴线的落影，即可得到棱柱的影线；最后，将阴面和影线区域涂上颜色。关键步骤是求作阴线的落影。

如图 8-29 所示，在常用光线下，四棱柱的左、前、上面为阳面；右、后、下面为阴面，空间封闭的折线 $BC-CD-DH-HE-EF-FB$ 为阴线。根据直线的落影特征可作出阴线的落影，影线所围成的部分即是四棱柱的落影。

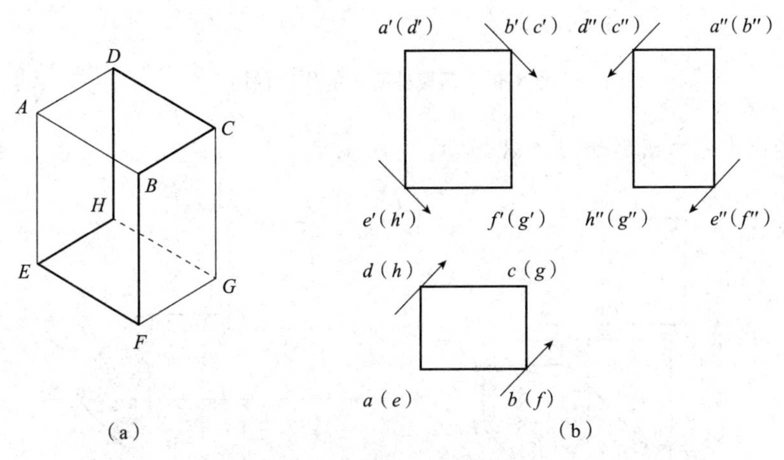

图 8-29　四棱柱阴线的确定

(a)轴测图；(b)投影图

【例 8-7】　已知四棱柱的两面投影，如图 8-30(a)所示，求作四棱柱的阴影。

四棱柱的阴影作图如图 8-30(b)～(d)所示。

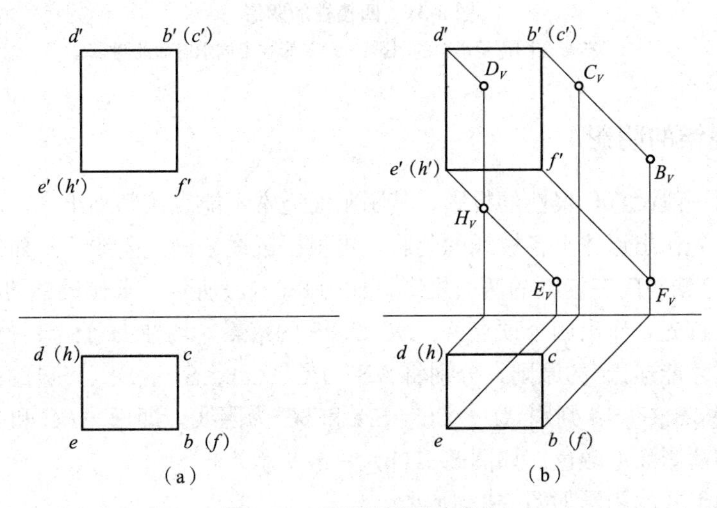

图 8-30　四棱柱阴影的作法

(a)已知；(b)～(d)作图步骤

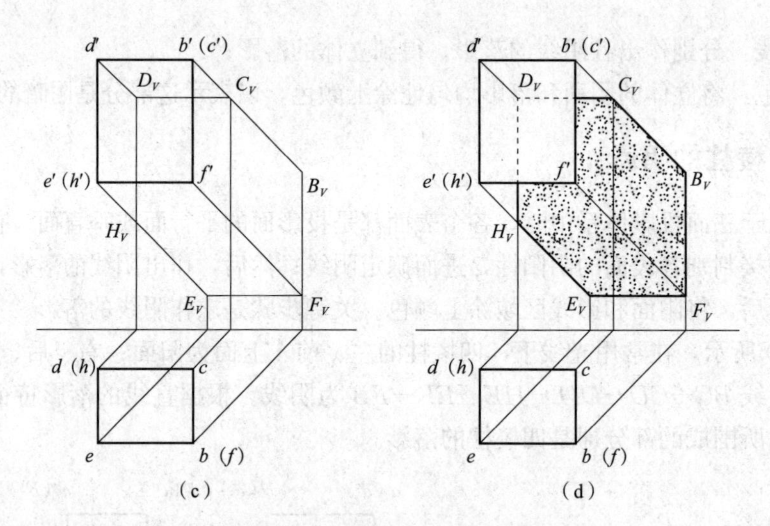

图 8-30　四棱柱阴影的作法(续)

四棱柱其他形式的阴影如图 8-31 所示。

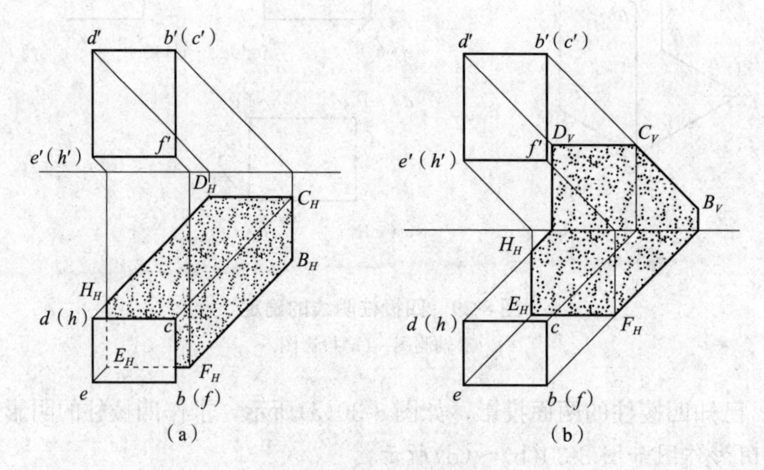

图 8-31　四棱柱的阴影

(a)落影在同一承影面的阴影；(b)落影在不同承影面的阴影

8.3.2　棱锥的阴影

棱锥的棱面一般没有积聚性的投影，其阴阳面通常不能直接判别出来，因此，无法确定棱锥的阴线。应先作出形体上各棱线的落影，再根据影线来确定阴线，从而确定阴阳面。

【例 8-8】　已知空间三棱锥的两面投影，如图 8-32(a)所示，求作棱锥的阴影。

作图分析：首先，作出四个顶点 A、B、C、S 的落影，均在 H 面上；然后，遵循“同一承影面上的落影才能连接”的原则，分别将 AB、BC、CA、SA、SB、SC 的落影相连，根据闭合的影线 $S_HA_HB_HC_HS_H$ 判别 AB、BC、SA 和 SC 为阴线，即面 ABC 和面 SAC 为阴面；最后，将阴面和落影涂上颜色。如图 8-32(b)、(c)所示。

三棱锥其他形式的阴影如图 8-33 所示。

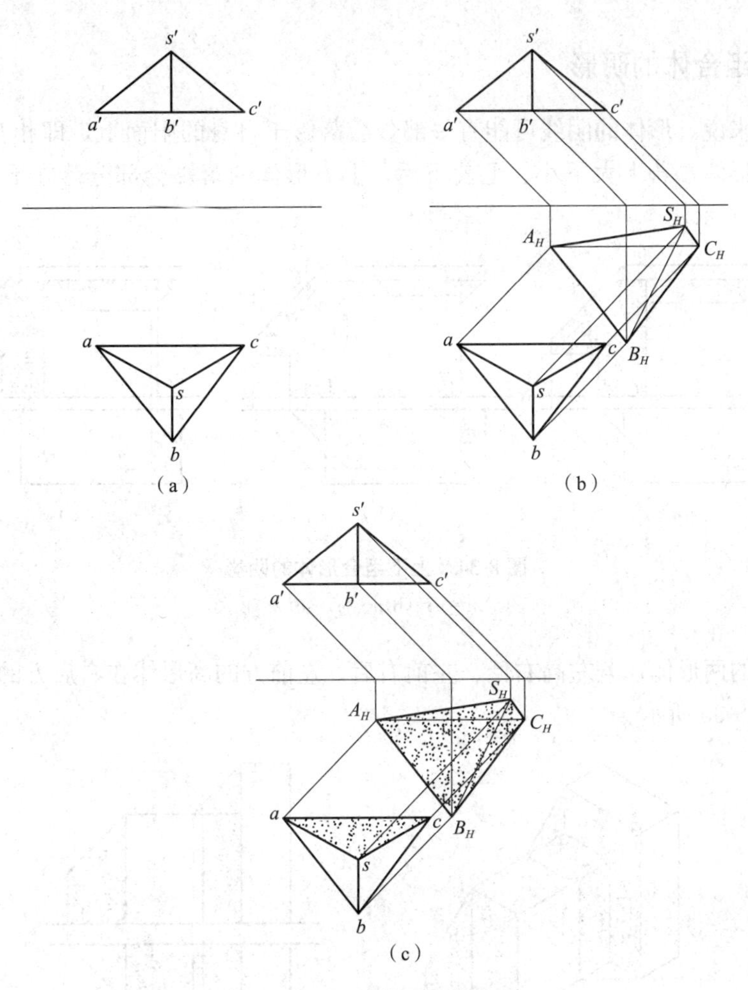

图 8-32　三棱锥阴影的作法

(a)已知；(b)、(c)阴影作法

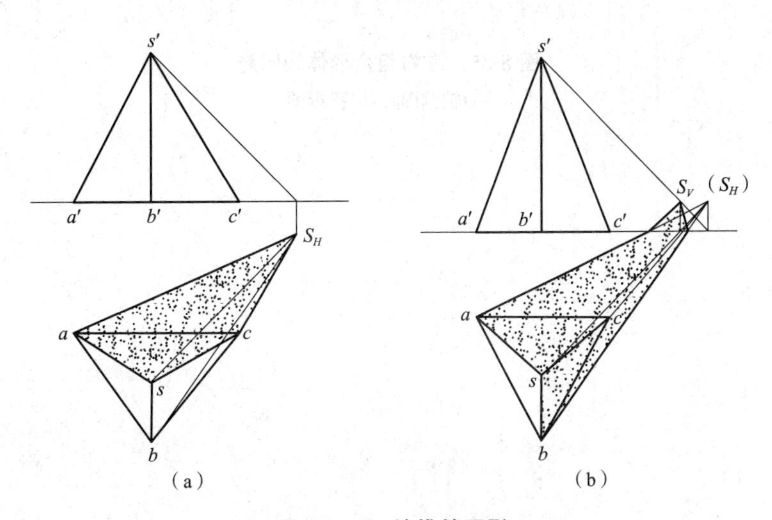

图 8-33　三棱锥的阴影

(a)落影在同一承影面的阴影；(b)落影在不同承影面的阴影

8.3.3 组合体的阴影

对组合体来说，形体的阴线可能有一部分会落影于自身的阳面上，即相互落影的问题。上下组合的两形体，若上大下小、上前下后，上方形体的落影会部分落在下方物体的表面上，如图 8-34 所示。

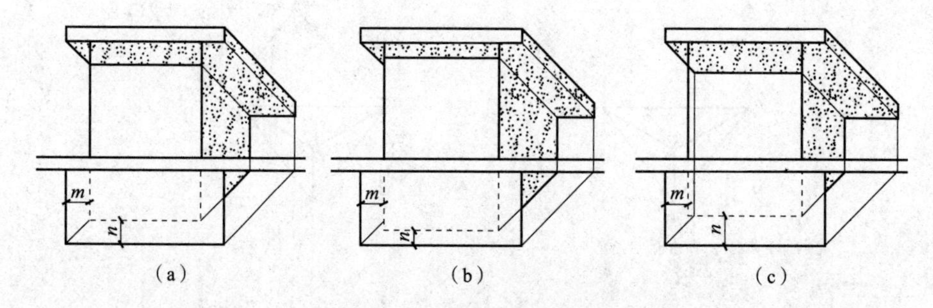

图 8-34 上下组合形体的阴影

(a)$m=n$；(b)$m>n$；(c)$m<n$

左右组合的两形体，若左高右低、左前右后，左前方的高形体在右后方的低形体表面会有落影，如图 8-35 所示。

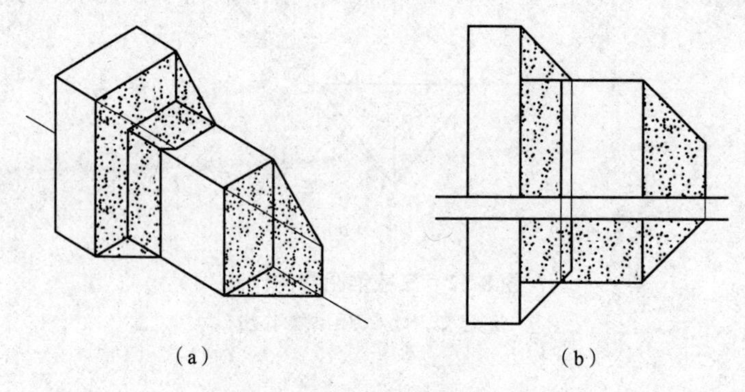

图 8-35 左右组合形体的阴影

(a)轴测图；(b)投影图

第 9 章

透视的基本知识

★本章知识点

1. 了解透视的基本概念。
2. 理解透视的基本规律。
3. 掌握点、直线、平面和立体透视的画法。

9.1 透视投影概述

图 9-1 所示为一张建筑物的图，它能逼真地反映出建筑物的外貌。通过观察可以发现：建筑物上等宽的墙面，在图片中变得近宽远窄；相同的窗户，在图片中变得近大远小；互相平行的线条，在图片中变得越远越靠拢，延长后会交于一点。图片与建筑实物相比发生了变形，但是我们并不觉得别扭，这是因为照片的成像原理，与人眼观看物体时在视网膜上的成像原理相似，所以此类照片呈现出来的景物就如同目睹实物一样自然、真实。

过去，画家为了能够准确地画出这种具有明显空间立体感和真实感的图像，往往透过透明的画面来观察物体，然后将所见的物体轮廓直接描绘在透明的画面上。因此，将这种具有消失感、距离感，能逼真地反映出形体的空间形象的图像称为透视图或透视投影，简称透视。

透视投影是用中心投影法将形体投射到投影面上，从而获得的一种较为接近视觉效果的单面投影图。在建筑设计过程中，透视图常用来表达设计对象的建筑外貌和室内空间布置，帮助设计构思，研究和比较建筑物的空间造型和立面处理，是建筑设计中重要的辅助图样。

图 9-1　某建筑物图

9.1.1　透视图的形成

透视图的形成过程如图 9-2 所示，以人的眼睛为投射中心，向立体引投射线(相当于视线)，投射线(视线)与投影面(画面、玻璃窗)的交点所组成的图形，即为立体的透视图。

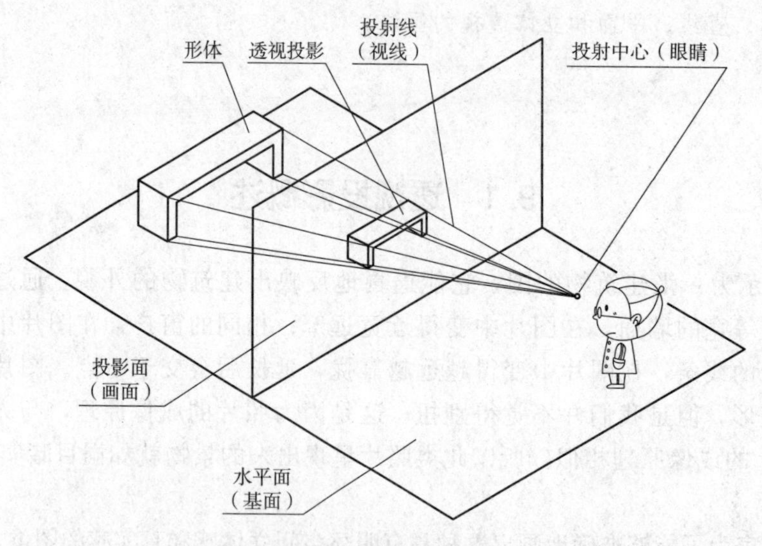

图 9-2　透视图的形成

9.1.2　透视图的特点

通过图 9-1 和图 9-2，可将透视图的特点概括为以下几点：

(1)近大远小：形体距离越近，所得的透视投影越大；距离越远，所得的透视投影越小；

(2)近高远低：形体上等高的铅垂线，距离越近显得越高，距离越远显得越低；

(3)近宽远窄：形体上等宽的特征(如窗洞)，距离越近越宽，距离越远越窄；

(4)建筑形体上与画面相交的平行直线，在透视图中不再平行，而是越远越靠拢，直至消失于一点，这个点称为灭点或消失点；与画面平行的直线仍互相平行，没有灭点。

9.1.3　透视投影的基本术语

在绘制透视图时，常用到一些专门的术语，理解掌握它们的确切含义，有助于理解透视的形成过程和掌握透视的绘图方法。常用的基本术语和符号如图 9-3 所示。

(1)基面——建筑形体所处的地平面，也可理解为两面投影体系中的 H 面，用字母 G 表示。

(2)画面——用于绘制透视投影图的平面，用字母 P 表示。当画面与基面垂直时，画面可以理解为两面投影体系中的 V 面。

(3)基线——基面与画面的交线，也可理解为两面投影体系中的 OX 轴，用字母 GL 表示。基线在画面上用字母 $g\text{-}g$ 表示；基线在基面上用字母 $p\text{-}p$ 表示。

(4)视点——人眼所在的位置，即投影中心，用字母 S 表示。

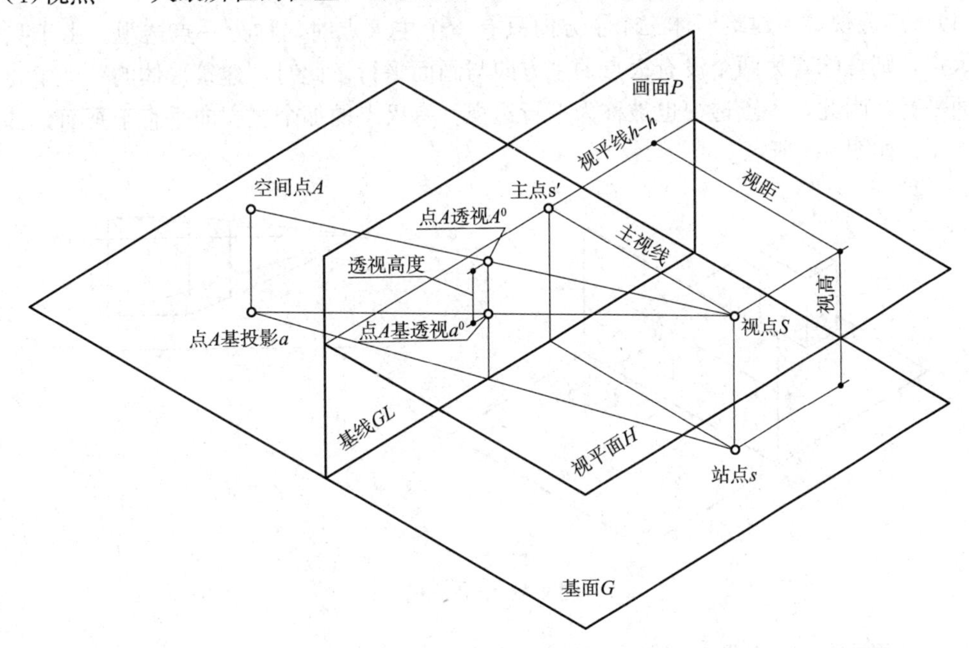

图 9-3　透视作图中的基本术语

(5)站点——视点 S 在基面上的正投影，也可理解为人站的位置，用字母 s 表示。

(6)视高——视点到基面的垂直距离，即 Ss。

(7)视平面——通过视点 S 与基面平行的平面称为视平面，用字母 H 表示。

(8)视平线——视平面与画面的交线，用字母 $h\text{-}h$ 表示。视平线与基线之间的距离等于视高。

(9)主点——视点 S 在画面 P 上的正投影，也称为心点，用字母 s'表示。

(10)视距——视点 S 到画面的距离，即 Ss'。

(11)主视线——通过视点 S 并且垂直于画面的视线，也称为中心视线，即视点 S 与主

视点 s' 的连线。

(12)视线——投射线。

(13)点的透视——通过该点的视线与画面的交点，点 A 的透视用字母 A^0 表示。

(14)基投影——空间点在基面上的投影，也称为基点，点 A 的基投影用字母 a 表示。

(15)点的基透视——通过该点基投影的视线与画面的交点，也称为次透视，点 A 的基透视用 a^0 表示。

(16)透视高度——透视到基透视的距离，点 A 的透视高度为 A^0a^0。

9.1.4 透视图的分类

由于建筑物与画面间相对位置和角度的变化，它的长、宽、高三个主要方向的轮廓线，可能与画面平行，也可能不平行。与画面不平行的轮廓线，在透视图中会形成灭点，主方向的灭点称为主灭点；与画面平行的轮廓线，在透视图中没有灭点。透视图一般按照灭点的个数，分为一点透视、两点透视和三点透视三种。

(1)一点透视。当建筑形体三个主方向只有一个主灭点时，称为一点透视。由于只有一个主灭点，则意味着另两个没有灭点的主方向与画面平行。此时，建筑形体的一个主要立面与画面平行，因此，一点透视也被称为平行透视。有灭点的那个主方向垂直于画面，其灭点是主点 s'，如图 9-4 所示。

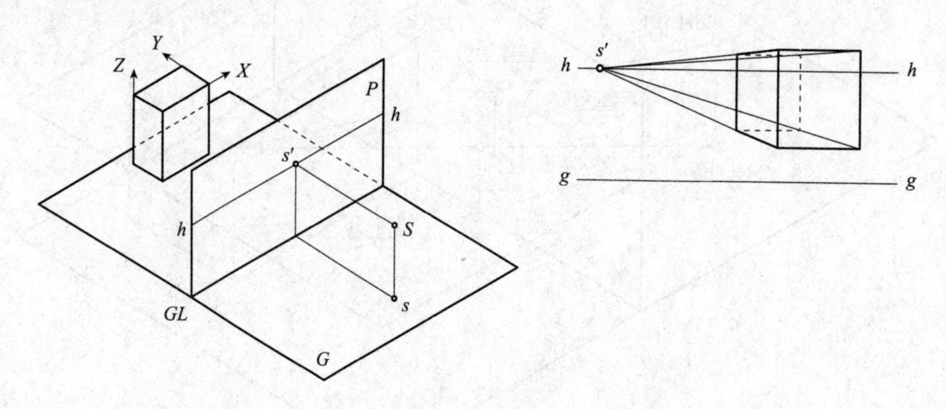

图 9-4　一点透视

在一点透视中，一般将建筑形体主立面设计成与画面平行，建筑形体的深度方向(厚度方向)必然与画面垂直，用来表现建筑形体的透视深度。一点透视的特点是作图相对简便，给人以平衡、稳定的感觉，能够表现出较强的空间纵深感。因此，一点透视绘制的建筑形体效果图适合表现一些气氛庄严、横向场面宽广、能显示纵向深度的建筑群，如政府大楼、图书馆、广场、街道等。此外，一些小空间的室内透视，多灭点易造成透视变形过大。为了显示室内家具或庭院的正确比例关系，一般也适合用一点透视。

(2)两点透视。当建筑形体一个主方向平行于画面，另两个主方向均与画面相交时，透视投影图中存在两个主灭点，这样的透视被称为两点透视。此时，建筑形体的两个主要立面均与画面成一定角度，故两点透视也被称为成角透视，如图 9-5 所示。

与一点透视相比，采用两点透视绘制的建筑形体效果图，由于建筑形体上有两个主方向

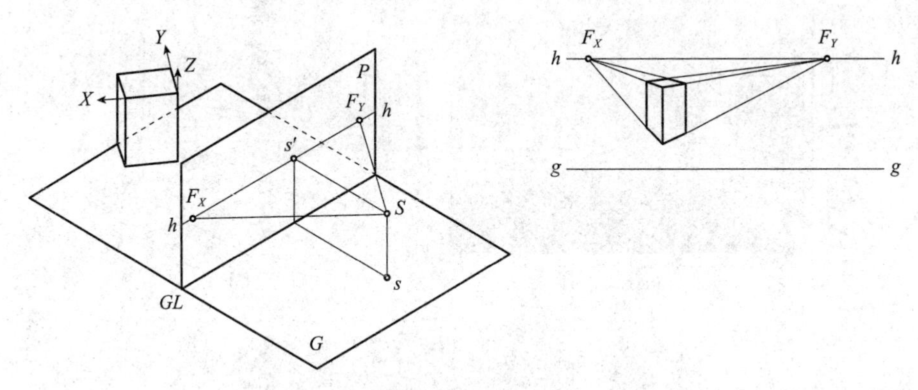

图 9-5　两点透视

与画面相交，拥有两个主灭点，进而能够使建筑形体两个主立面都得到展现，形成强烈的明暗对比，是一种具有较强表现力的透视形式。两点透视的表现效果更生动、立体感更强，画面效果更自由活泼，富于变化，适合表达各种环境和气氛的建筑物，是运用最普遍的一种透视图形式。

(3)三点透视。当建筑形体长、宽、高三个主方向均与画面不平行时，所形成的透视图有三个主灭点，被称为三点透视。一般情况下，基面都是与建筑形体上的水平面平行的，即基面与建筑形体的 XY 两个主方向平行，故而为了得到三点透视，都采用倾斜画面作透视投影。根据画面的倾斜情况，三点透视又可以分为仰望三点透视(画面向前倾斜、下行)和鸟瞰三点透视(画面向后倾斜、上行)两种。

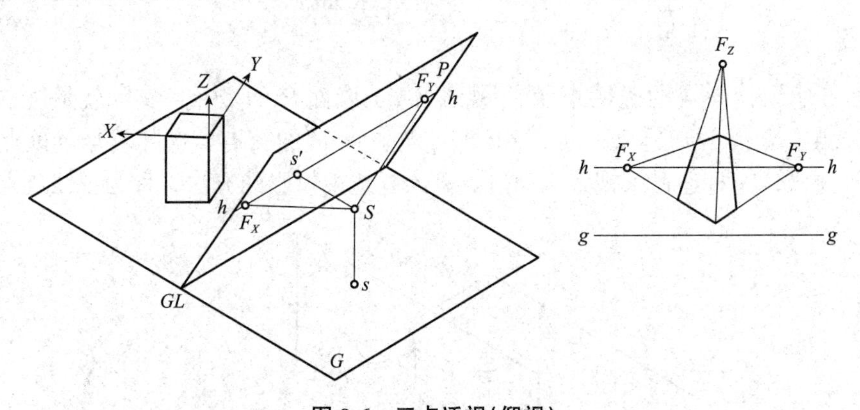

图 9-6　三点透视(仰视)

相对于一点透视和两点透视，三点透视由于画面与基面倾斜，建筑形体的表面也与画面倾斜，三个主方向都有灭点，因而绘制最复杂，失真较大，一般在建筑设计过程中很少使用。但是，三点透视具有强烈的透视感，特别适合表现体量较大的建筑形体，所以，当需要表现较高建筑形体或建筑群，并且建筑形体的高度远远大于其长度和宽度时，比较适合采用三点透视，如高层建筑、纪念碑、高塔等。另外，三点透视用来绘制鸟瞰图时，由于空间范围较大，物体在垂直方向上就会产生强烈的透视效果，并能表现出整体景观环境的宏伟和气势。

透视图的应用如图 9-7 所示。

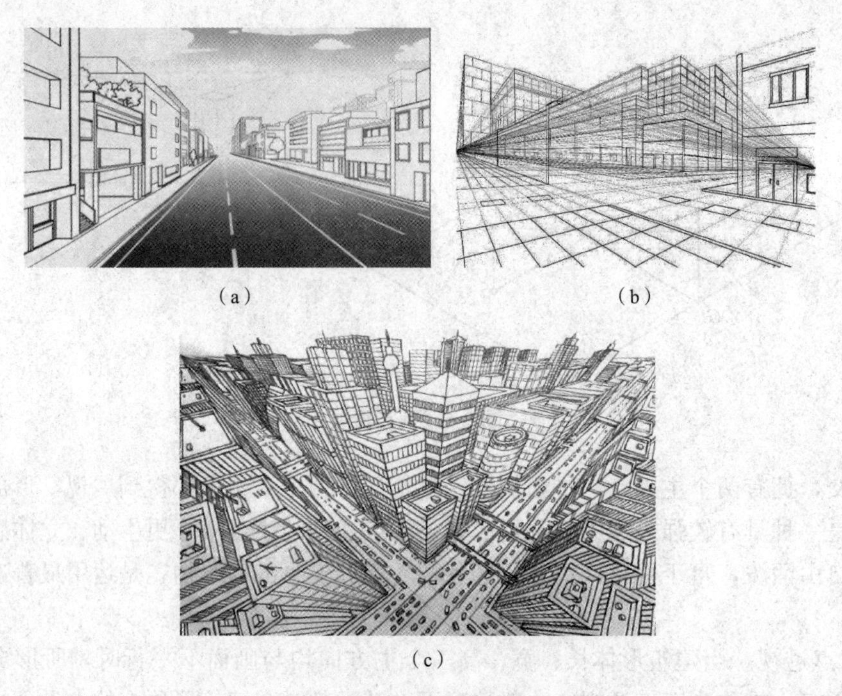

(a) (b) (c)

图 9-7 透视图的应用

(a)一点透视；(b)两点透视；(c)三点透视(鸟瞰)

9.2 点的透视

如图 9-8 所示，点 A 的透视 A^0 就是视线 SA 与画面 P 的交点，实际就是过空间点的视线的画面迹点；点 A 的基透视 a^0 则是视线 Sa 与画面 P 的交点，实际就是过该点基投影的视线的画面迹点。这种通过求视线画面迹点来绘制透视投影的方法，称为视线迹点法。

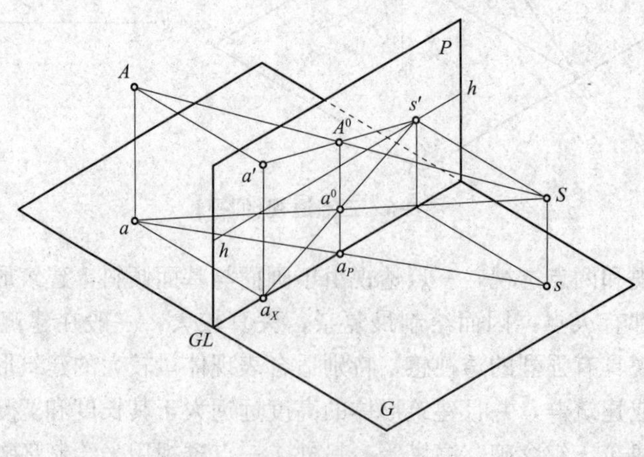

图 9-8 点的透视

由图 9-8 可知：点 a_P 是站点 s 与基投影 a 的连线(视线 SA 的基投影 sa)与基线(p-p)的交点，同时也是透视 A^0 和基透视 a^0 连线与基线(g-g)的交点，即透视 A^0、基透视 a^0 和点 a_P 位于同一条铅垂线上，并且这条铅垂线垂直于基线 g-g，这也是透视投影作图的一个重要依据。

透视投影图的展开与正投影图的展开方式类似，保持画面 P 不动，基面 G 绕着基线 GL 向下旋转 90°，与画面 P 重合。为了避免图面重叠，通常将画面 P 和基面 G 分开绘制，如图 9-9(a)所示；也可以根据画面内容的需求交换画面 P 与基面 G 的位置，如图 9-9(b)所示。特别指出：画面 P 中的 g-g 线和基面 G 中的 p-p 线是同一条线，分别是基线 GL 在两个面上的投影。

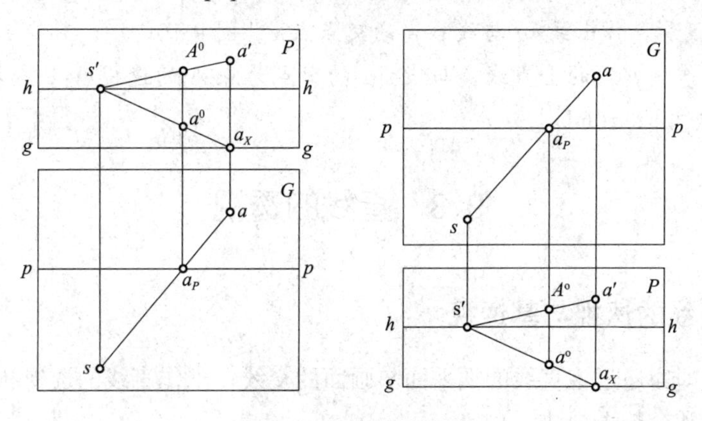

图 9-9　点的透视投影

(a)基面在下方；(b)基面在上方

【例 9-1】 已知站点 s 和空间点 A 的 H 面投影 a 和 V 面投影 a'，如图 9-10(a)所示，求作点 A 的透视和基透视。

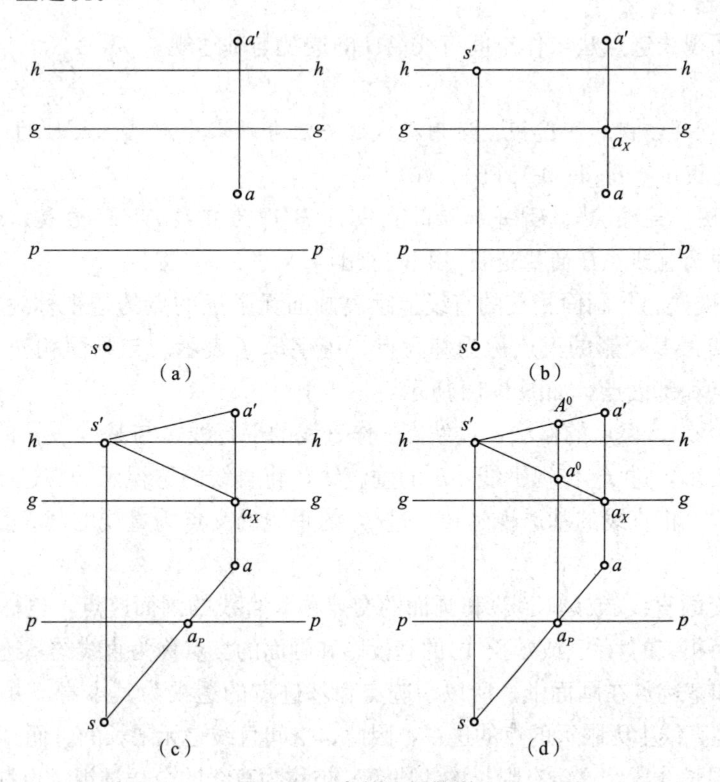

图 9-10　点的透视投影

(a)已知；(b)确定点；(c)作视线和点；(d)作点的透视和基透视

分析：运用视线迹点法求作空间点 A 的透视与基透视。

作图步骤：

(1)确定点：连线 aa'' 与线 g-g 的交点为 a_X；过站点 s 作视平线 h-h 的垂线，垂足为主点 s'(若主点 s' 已知，则该步省略)[图 9-10(b)]；

(2)作视线和点：连接 $s'a'$ 和 $s'a_X$，即视线 SA 和 Sa 在 P 面上的投影；连接 sa，即视线 SA 在 G 面上的投影，作出线 sa 与线 p-p 的交点点 a_P[图 9-10(c)]；

(3)过点 a_P 作线 p-p 的垂直线，与线 $s'a'$ 的交点为点 A 的透视 A^0；与线 $s'a_X$ 的交点为点 A 的基透视 a^0[图 9-10(d)]。

9.3　直线的透视

9.3.1　直线的透视与基透视

直线的透视即为通过该直线的视平面与画面的交线，求作直线的透视和基透视的方法主要有视线迹点法和全长透视法。

(1)视线迹点法。求作直线的透视，实质就是求直线两端点的透视，而求点的透视的基本方法是视线迹点法，因此，求作直线透视最基本的方法也是视线迹点法。

【例 9-2】 已知直线 AB 的两面投影、站点 s 和主点 s'，如图 9-11(a)所示，求作直线 AB 的透视和基透视。

分析：运用视线迹点法求作空间直线 AB 的透视与基透视。

作图步骤：

(1)求作端点的透视和基透视。运用视线迹点法分别求出点 A、点 B 的透视 A^0、B^0 和点 A、点 B 的基透视 a^0、b^0[图 9-11(b)、(c)]；

(2)整理作图。连接 A^0、B^0 并加粗，直线 A^0B^0 即为直线 AB 的透视；连接 a^0、b^0 并加粗，直线 a^0b^0 即为直线 AB 的基透视[图 9-11(d)]。

(2)全长透视法。与画面相交的直线上距离画面无限远的点的透视称为直线的灭点，用字母 F 表示；直线基投影的灭点称为基灭点，用字母 f 表示。与画面相交的一组平行直线拥有同一个灭点和基灭点，如图 9-12 所示。

由图 9-12 可知，灭点的作法：过站点 s 作直线的平行线，与基线 p-p 的交点 f_p 为灭点和基灭点的基投影，过 f_p 作视平线 h-h 的垂直线，将直线的透视延长与过 f_p 的垂线的交点为直线的灭点 F；将直线的基透视延长与过 f_p 的垂线的交点为直线的基灭点 f，且基灭点 f 在视平线 h-h 上。

与画面相交的直线(或延长线)和画面的交点称为直线的画面迹点，也称为迹点，用字母 N 表示；与画面相交的直线(或延长线)的基投影和画面的交点称为直线的基迹点，用字母 n 表示。由于迹点和基迹点在画面上，所以，迹点和基迹点的透视为其本身，并且基迹点在基线上。由于灭点是直线上无限远的点的透视，因此，空间直线是无限长的。而其透视是从迹点 N 到灭点 F 的有限长线段，这条有限长的线段 FN 被称为直线的全长透视，也称为全线透视。又因线段 FN 确定了直线的透视方向，也被称为透视方向。迹点为直线上距离画面最近点的透视，灭点为直线上距离画面最远点的透视，因此，直线的透视一定在线段 FN 上，如图 9-13 所示。

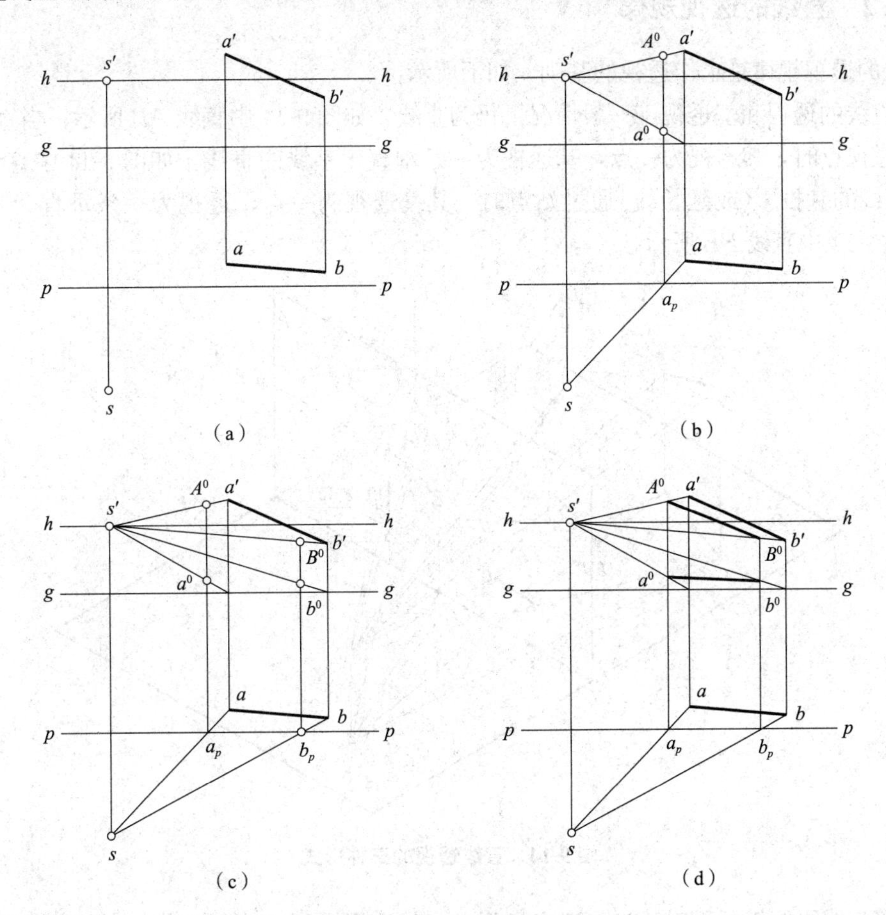

图 9-11　直线的透视投影

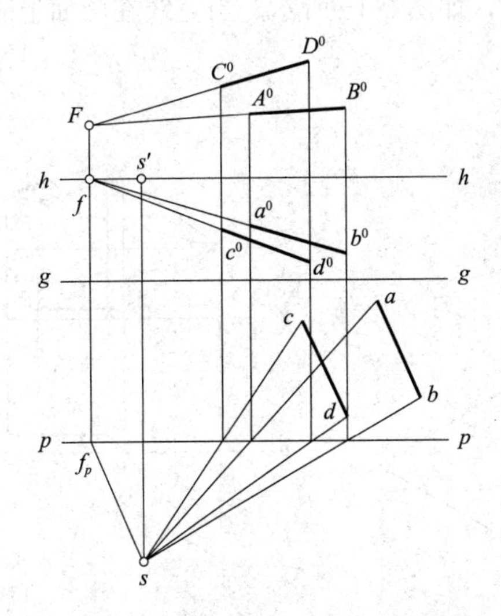

图 9-12　与画面相交的一组平行直线拥有同一个灭点和基灭点

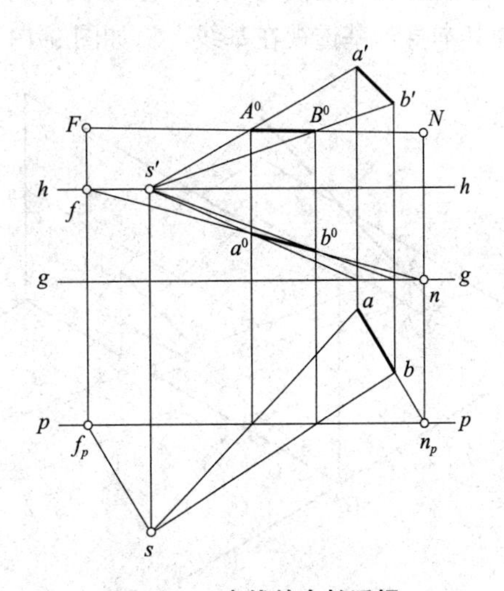

图 9-13　直线的全长透视

9.3.2 直线的透视规律

直线的透视规律是求作透视的基础，如下所示：

(1)直线的透视和基透视，一般情况下仍为直线，如图9-14中直线AB所示；当直线(或延长线)通过视点时，其透视为一点，基透视为一条垂直于基线的直线，如图9-14中直线CD所示；当直线的基投影(或延长线)通过站点时，其基透视为一点，透视为一条垂直于基线的直线，如图9-14中直线EF所示。

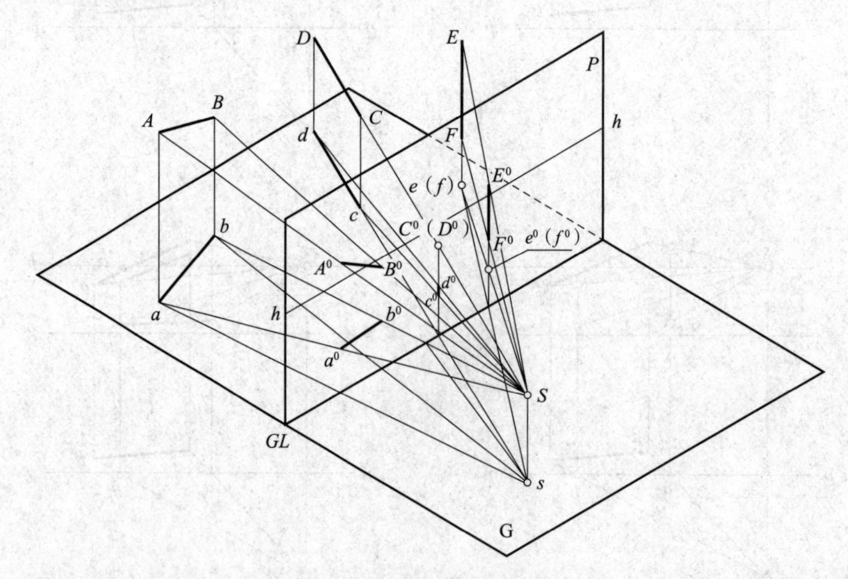

图9-14 直线透视的三种形式

(2)当直线平行于画面时，没有迹点和灭点，其透视平行于直线本身，其透视与基线的夹角等于空间直线与基面的夹角，基透视平行于基线，如图9-15所示。当直线在画面上时，其透视为其本身，基透视在基线上，如图9-16所示。

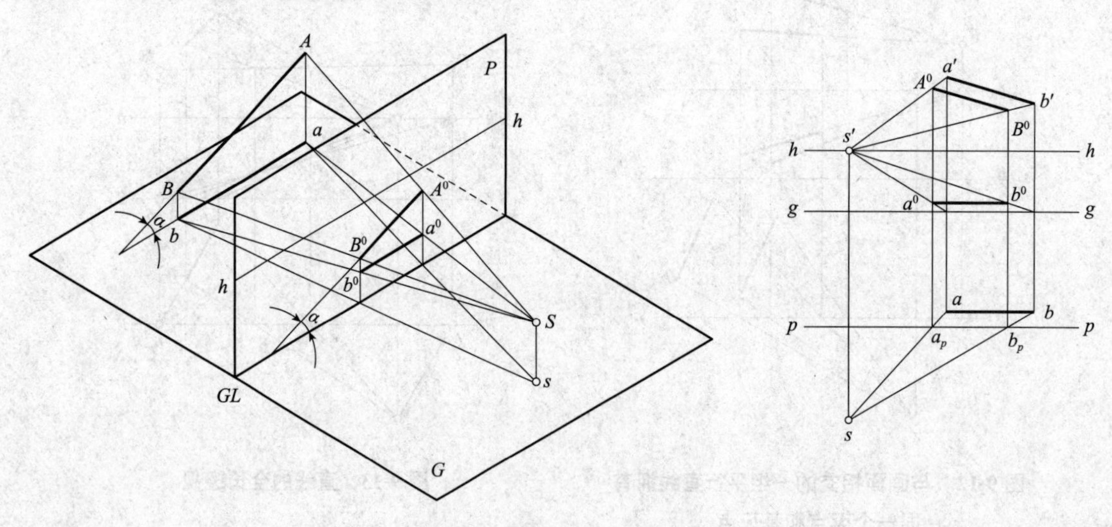

图9-15 画面平行线的透视

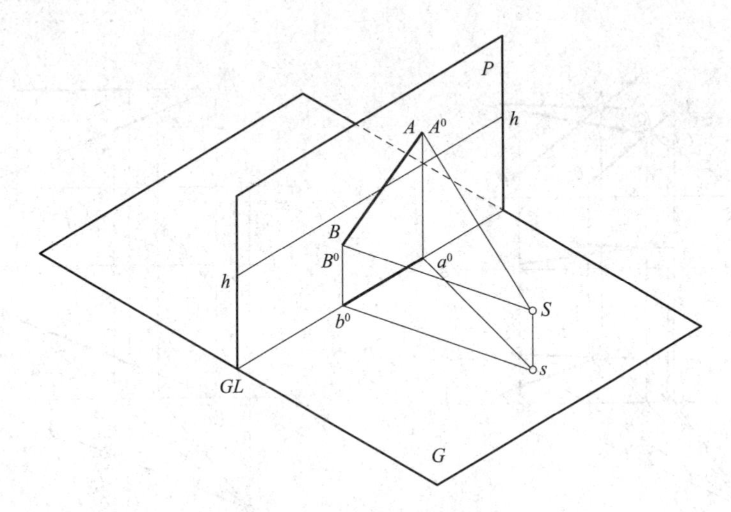

图 9-16　画面上直线的透视

(3)直线上的点在透视中保持从属性，即直线上的点的透视必在直线的透视上；直线上的点的基透视必在直线的基透视上，如图 9-17 所示。

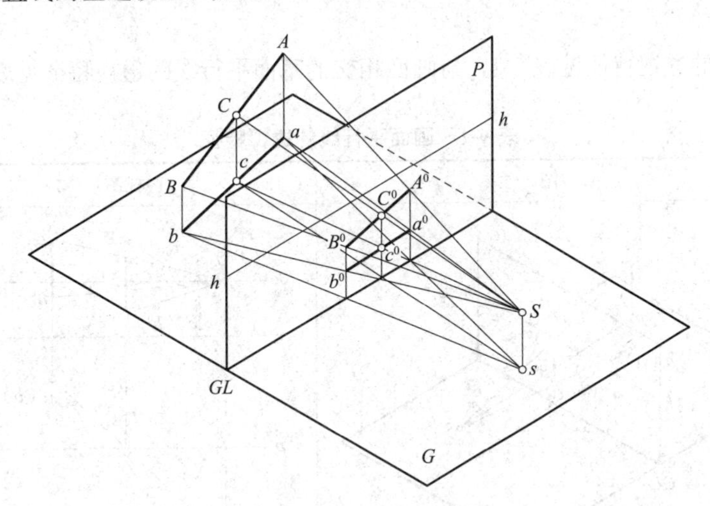

图 9-17　直线上点的透视

在透视体系中，虽然直线上的点满足从属性，但由于采用了中心投影法，当直线与画面相交时，不满足定比性，即当 AB 不平行于 A^0B^0 时，$AC:CB \neq A^0C^0:C^0B^0$；只有当直线平行于画面时，才满足定比性，即当 $AB /\!/ A^0B^0$ 时，$AC:CB = A^0C^0:C^0B^0$。

(4)空间两直线相交，则两直线交点的透视即是两直线透视的交点，如图 9-18 所示。

采用全长透视法求作直线透视的基础是求作直线的迹点和灭点，直线灭点的特征如下：

(1)平行于画面的直线没有迹点和灭点；

(2)垂直于画面的直线的灭点为主点 s'，因为垂直于画面的直线平行于主视线；

(3)基面上与画面相交直线的灭点在视平线 h-h 上，即基灭点在视平线 h-h 上；

(4)与画面相交的基面平行线的灭点在视平线 h-h 上，并且灭点 F 和基灭点 f 重合，如图 9-19 所示，这也是绘制建筑形体透视的核心之一；

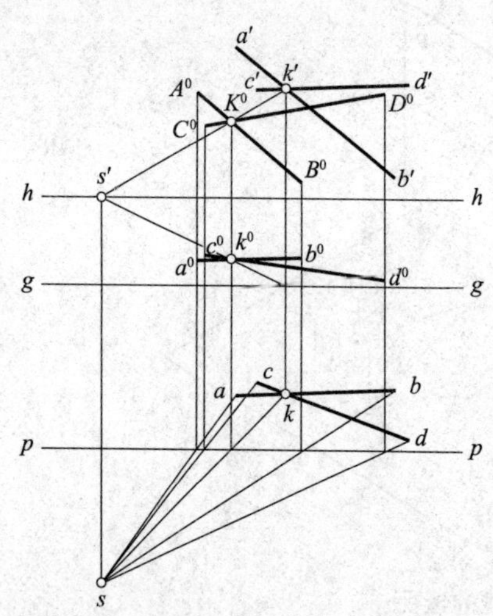

图 9-18　两直线交点的透视

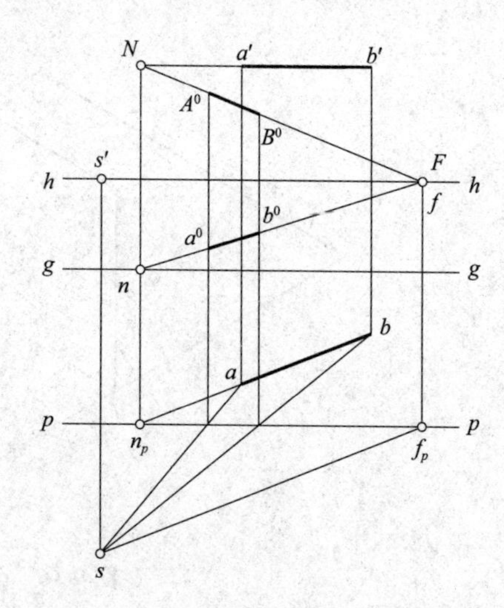

图 9-19　基面平行线的灭点和基灭点

(5)与画面相交的一般位置直线的灭点 F 和基灭点 f 的连线垂直于视平线 h-h，如图 9-13 所示。

画面平行线的透视特征见表 9-1，与画面相交的基面平行线的透视特征见表 9-2。

表 9-1　画面平行线的透视特征

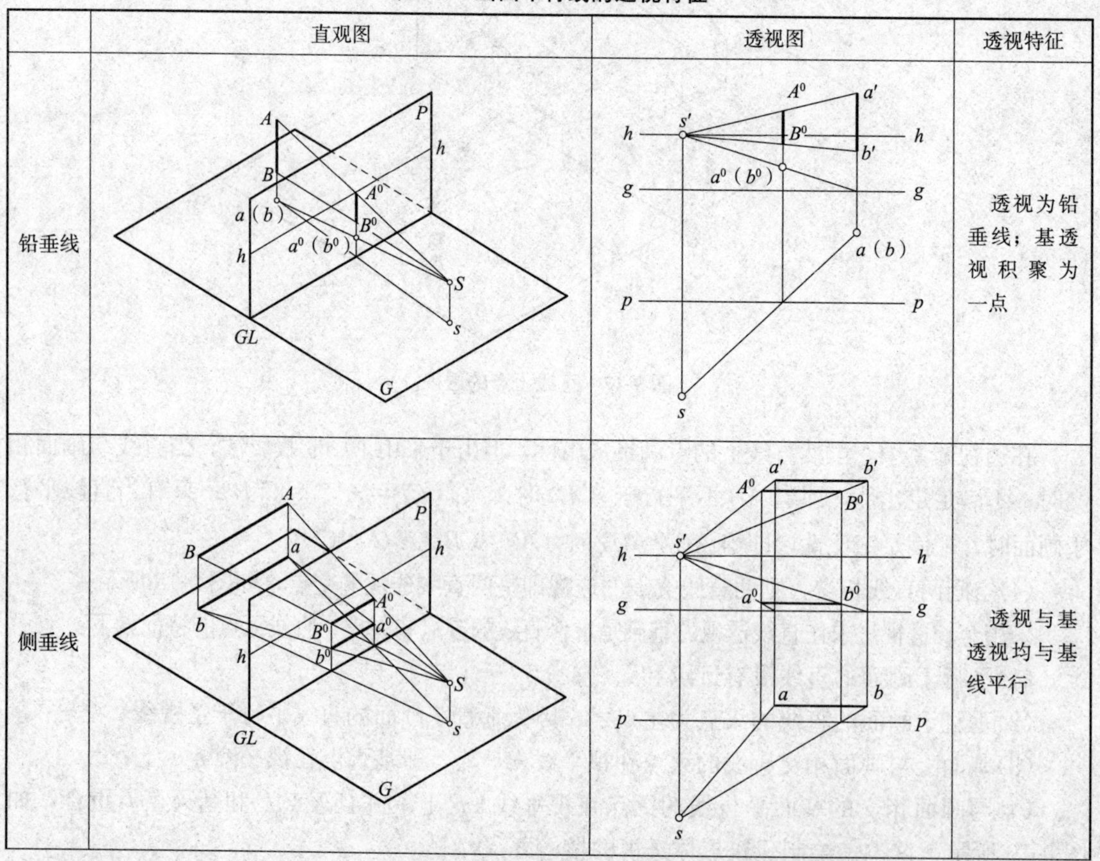

	直观图	透视图	透视特征
铅垂线	A、P、h、B、A⁰、a（b）、B⁰、h、a⁰（b⁰）、S、s、GL、G	A⁰、a′、s′、h、B⁰、h、b′、a⁰（b⁰）、g、g、a（b）、p、p、s	透视为铅垂线；基透视积聚为一点
侧垂线	A、P、a、h、B、b、A⁰、B⁰、a⁰、h、b⁰、S、s、GL、G	a′、b′、A⁰、B⁰、s′、h、h、a⁰、b⁰、g、g、a、b、p、p、s	透视与基透视均与基线平行

续表

	直观图	透视图	透视特征
正平线	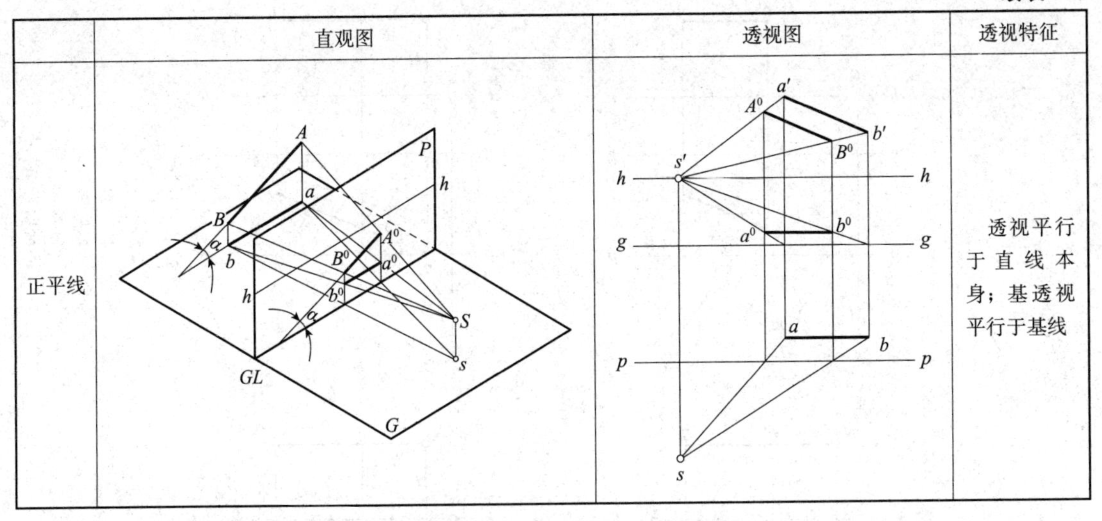		透视平行于直线本身；基透视平行于基线

表 9-2　与画面相交的基面平行线的透视特征

	直观图	透视图	灭点位置
水平线	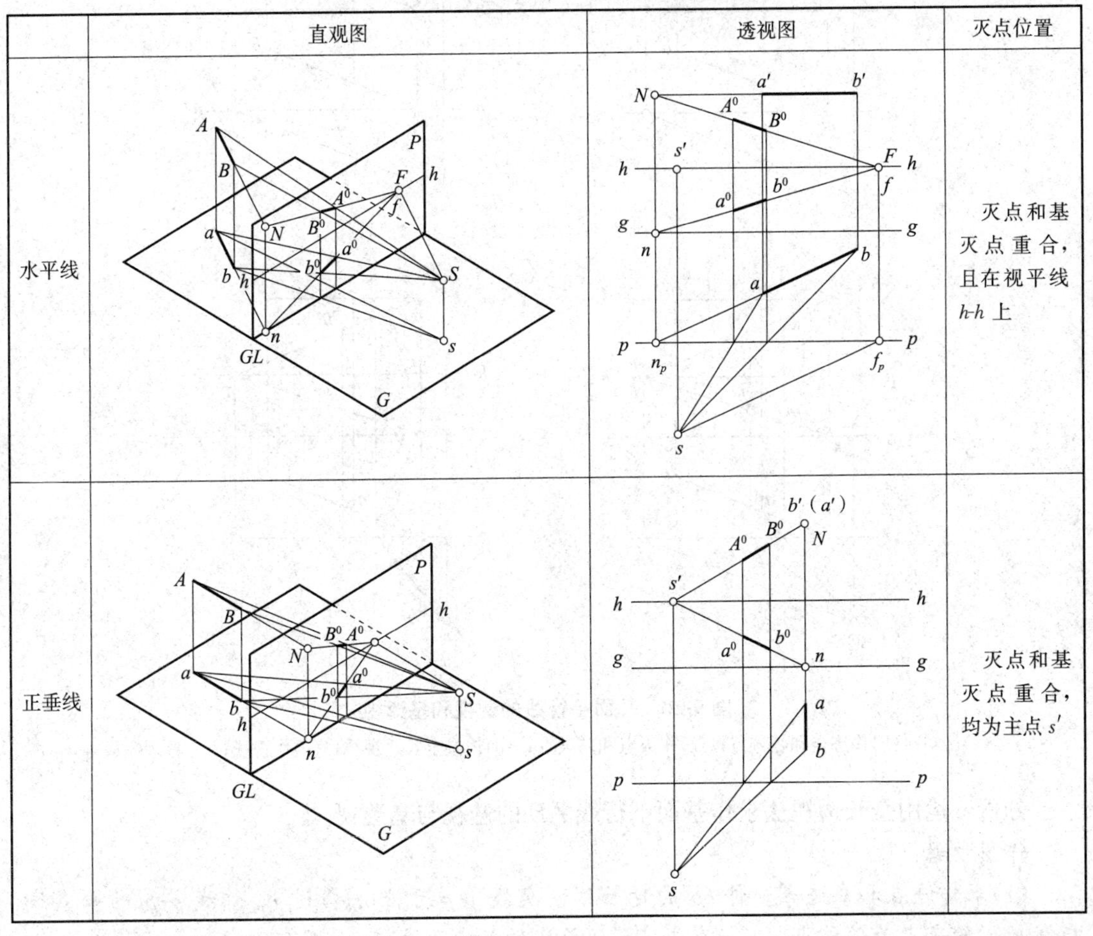		灭点和基灭点重合，且在视平线 h-h 上
正垂线			灭点和基灭点重合，均为主点 s'

【例 9-3】 已知直线 AB 的两面投影、站点 s 和主点 s'，如图 9-20(a)所示，求作直线 AB 的透视和基透视。

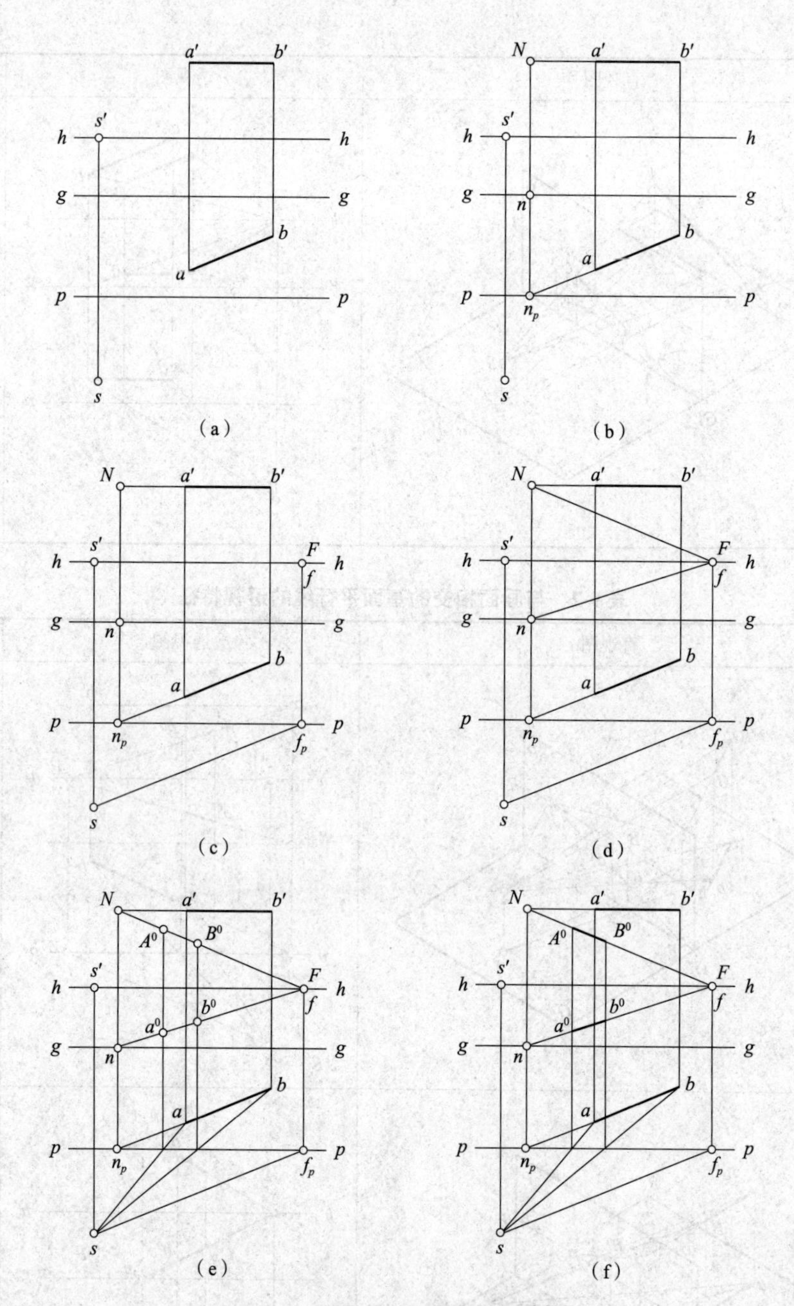

图 9-20　基面平行线的透视和基透视

(a)已知；(b)作迹点和基迹点；(c)作灭点和基灭点；(d)连接全长透视线；(e)作视线；(f)整理完成

分析：运用全长透视法求作基面平行线 AB 的透视与基透视。

作图步骤：

(1)求作迹点和基迹点。作 ba 的延长线，交线 p-p 于点 n_p，过 n_p 作线 p-p 的垂直线，与线 g-g 的交点为基迹点 n，与直线 $a'b'$延长线的交点为迹点 N[图 9-20(b)]。

(2)求作灭点和基灭点。过站点 s 作直线 ab 的平行线，与线 p-p 的交点为灭点和基灭点的基投影 f_p，过 f_p 作线 p-p 的垂直线，迹点和基灭点均在这条垂直线上；基面平行线的灭

点 F 和基灭点 f 重合，为垂直线与视平线 h-h 的交点[图 9-20(c)]。

(3)连接全长透视线。分别连接迹点 N、灭点 F 和基迹点 n、基灭点 f_p，得到全长透视线 NF 和 nf[图 9-20(d)]。

(4)作视线。利用站点 s 作视线(或利用主点 s' 作视线)，与全长透视线的交点分别为点 A、点 B 的透视 A^0、B^0 和基透视 a^0、b^0[图 9-20(e)]。

(5)整理完成。连接 A^0、B^0 并加粗，直线 A^0B^0 即为直线 AB 的透视；连接 a^0、b^0 并加粗，直线 a^0b^0 即为直线 AB 的基透视[图 9-20(f)]。

9.3.3　真高线

画面上的点或直线的透视为其本身，画面上的铅垂线能反映该直线的实长，即该直线的真实高度，因此，把画面上的铅垂线称为透视图中的真高线。在建筑形体透视图的绘制过程中，通常利用真高线和建筑形体的基透视来绘制建筑形体的透视图。

根据真高线和基透视求作点的透视，如图 9-21 所示。将空间点 A 平移到画面上为点 A_1，且 $Aa=A_1a_1$。此时，A_1a_1 为真高线，A_1 为辅助线 AA_1 的迹点。作出线 AA_1 的灭点 F，因为线 AA_1 平行于基面，所以 F 和 f 重合。连接 FA_1 即得到线 AA_1 的全长透视线，过点 A 的基透视 a^0 作垂直线，与直线 FA_1 的交点即为点 A 的透视 A^0。由此可知：利用真高线 A_1a_1、灭点 F 和基透视 a^0 便可作出点的透视，进而作出直线和形体的透视。

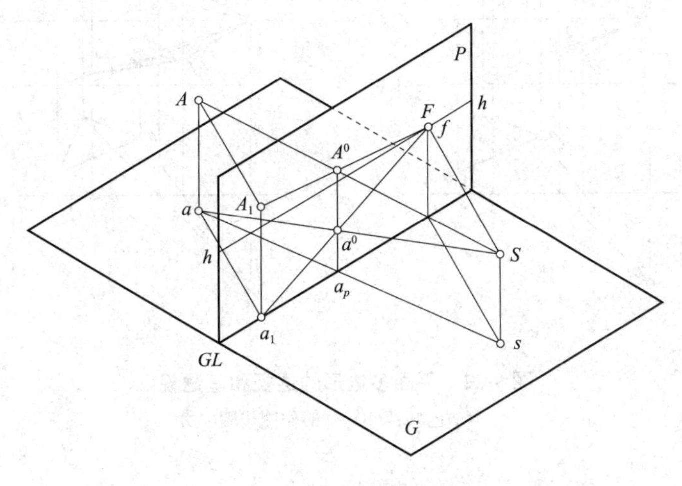

图 9-21　真高线

9.4　平面的透视

一般情况下，平面的透视与基透视为平面的类似图形；当平面过视点且不与画面平行时，平面的透视为一条直线；当平面与基面垂直时，平面的基透视为一条直线。求作平面的透视和基透视，只需作出平面各顶点的透视和基透视，然后按顺序进行连接即可。

【例 9-4】 已知平面多边形的两面投影，如图 9-22(a)所示，求作平面多边形的透视和基透视。

求作平面多边形的透视与基透视的一般步骤如下[图 9-22(b)～(d)]：

(1)求点。求作平面多边形各顶点的透视和基透视。

(2)连线。分别按顺序连接各顶点的透视和基透视，得到平面多边形的透视和基透视。

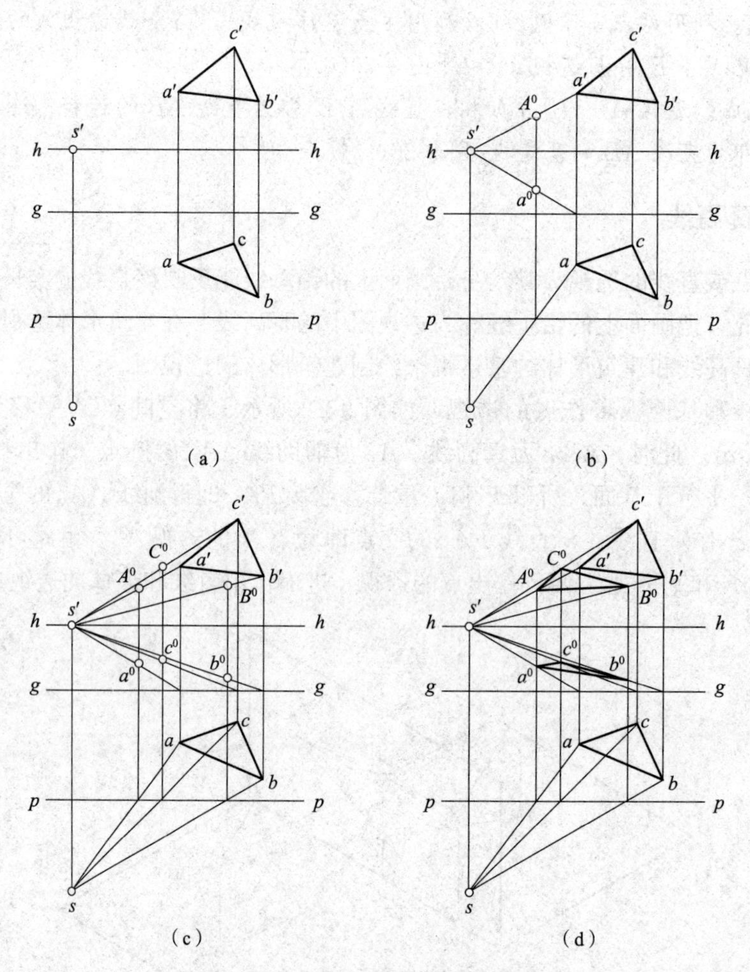

图 9-22　平面多边形的透视和基透视

(a)已知；(b)～(d)作图步骤

9.5　建筑形体透视图的画法

绘制建筑透视，通常先画出建筑形体水平投影的透视，该透视称为透视平面图，或建筑的基透视。然后利用真高线，确定建筑形体上各点的透视高度，从而得到建筑透视图。

9.5.1　视线迹点法

视线迹点法又称为建筑师法，它是在基面上以过站点的直线作为辅助线，利用建筑物上可见点的视线迹点、平面图中直线的灭点，先作出平面图中各点(线)的透视，以确定可见面的透视宽度，再以真高线确定各点的透视高度，从而作出形体透视的一种方法。

【例 9-5】 已知形体的水平投影，如图 9-23(a)所示，求作形体的基透视。

求作水平投影的基透视的一般步骤如下：

(1)找迹点。线 p-p 和线 g-g 为基线 GL 分别在 G 面和 P 面上的投影，实质为一条直线，线 p-p 上的点即为线 g-g 上的点，基透视为其本身，且为通过该点直线的迹点。

(2)找灭点。画面垂直线的灭点为主点 s'；基面上与画面相交的直线的灭点在视平线 h-h 上。

(3)连视线。连接迹点和灭点得到全长透视，再利用视线法作出其余点的基透视。

(4)整理作图。按顺序连接各点的基透视，得到平面图形的基透视[图 9-23(b)]。

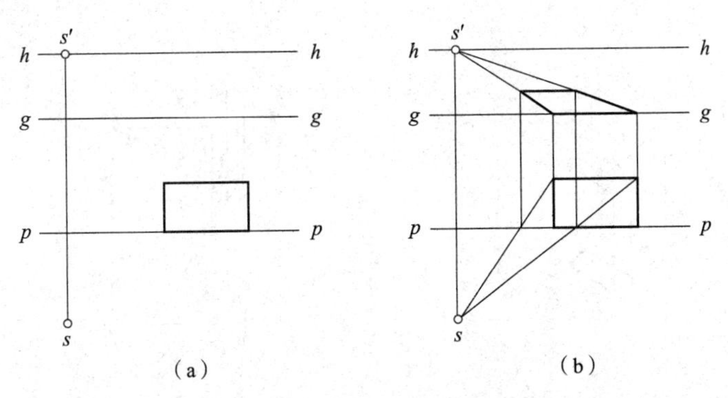

图 9-23　基面上平面多边形的基透视

(a)已知；(b)基透视

【例 9-6】 已知形体的两面投影，如图 9-24(a)所示，运用视线迹点法求作形体的透视。

运用视线迹点法求作形体透视的一般步骤如下：

(1)作主方向的迹点和灭点。线 p-p 上的点即为主方向的迹点；分别过站点 s 作主方向的平行线与线 p-p 的交点即为灭点的基投影，过灭点的基投影作基线的垂直线，与视平线 h-h 的交点即为该主方向的灭点[图 9-24(b)]。

(2)连视线。连接迹点和灭点得到全长透视，再利用视线法作出其余点的基透视[图 9-24(c)]。

(3)量真高。量取画面上直线的高度，作出真高线[图 9-24(d)]。

(4)作透视。根据真高线和基透视，作出各可见点的透视[图 9-24(e)]。

(5)整理完成。连接可见线的透视，得到形体的透视[图 9-24(f)]。

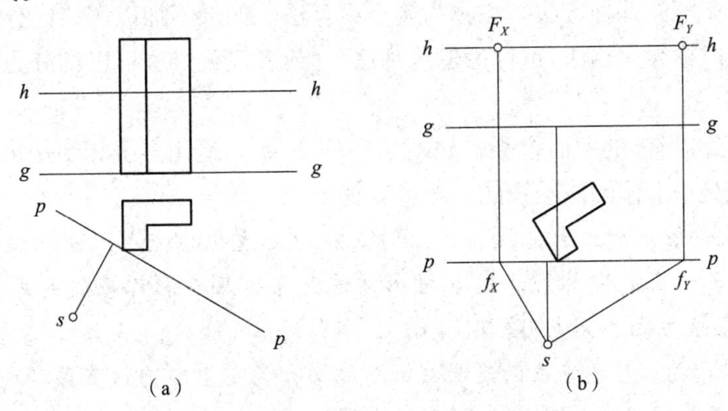

图 9-24　视线迹点法作形体的透视

(a)已知；(b)作主方向的迹点和灭点

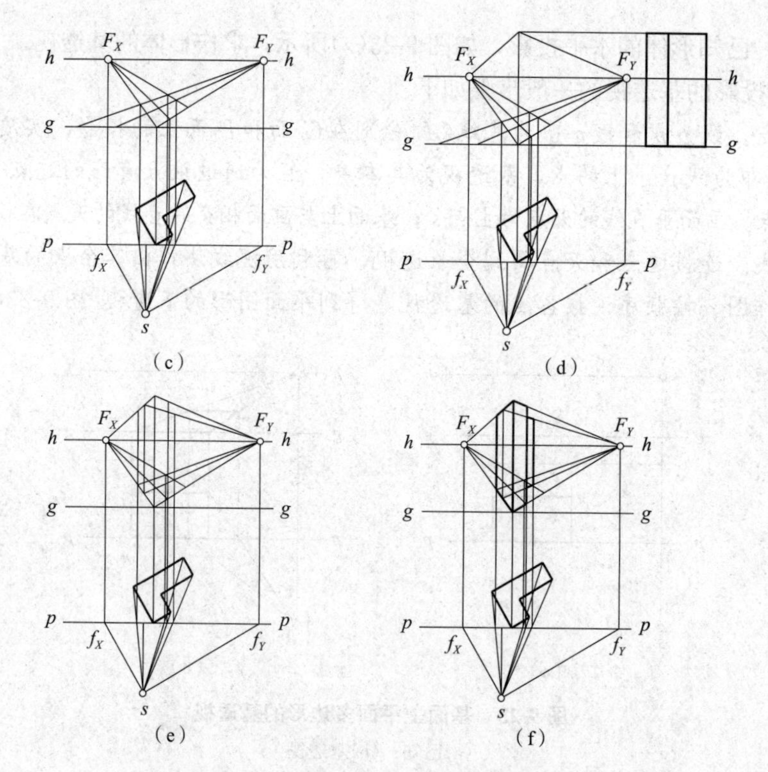

图 9-24　视线迹点法作形体的透视(续)

(c)连视线；(d)量真高；(e)作透视；(f)整理完成

作图要点：

(1)视线法求点的透视和基透视；

(2)铅垂线的透视仍为铅垂线；

(3)真高线的量取。

9.5.2　全线相交法

全线相交法是借助两组主方向直线的全长透视直接相交，从而确定出平面上各点的透视位置来实现透视作图的一种方法，也称为迹点灭点法。如果不加以严格区分，视线迹点法和全线相交法都可以称为灭点法(也称为建筑师法)，或者说灭点法可以细分为视线迹点法和全线相交法。

【例 9-7】 已知形体的两面投影，如图 9-25(a)所示，运用全线相交法求作形体的透视。

运用全线相交法求作形体透视的一般步骤如下：

(1)作主方向的迹点和灭点。线 p-p 上的点即为主方向的迹点；分别过站点 s 作主方向的平行线与线 p-p 的交点即为灭点的基投影，过灭点的基投影作基线的垂直线，与视平线 h-h 的交点即为该主方向的灭点[图 9-25(b)]。

(2)连接全长透视。作各直线的延长线，与线 p-p 的交点即为该直线的迹点，并在线 g-g 上作出该迹点；连接所有直线的迹点和灭点，得到全部直线的全长透视，从而得到形体水平投影的基透视[图 9-25(c)]。

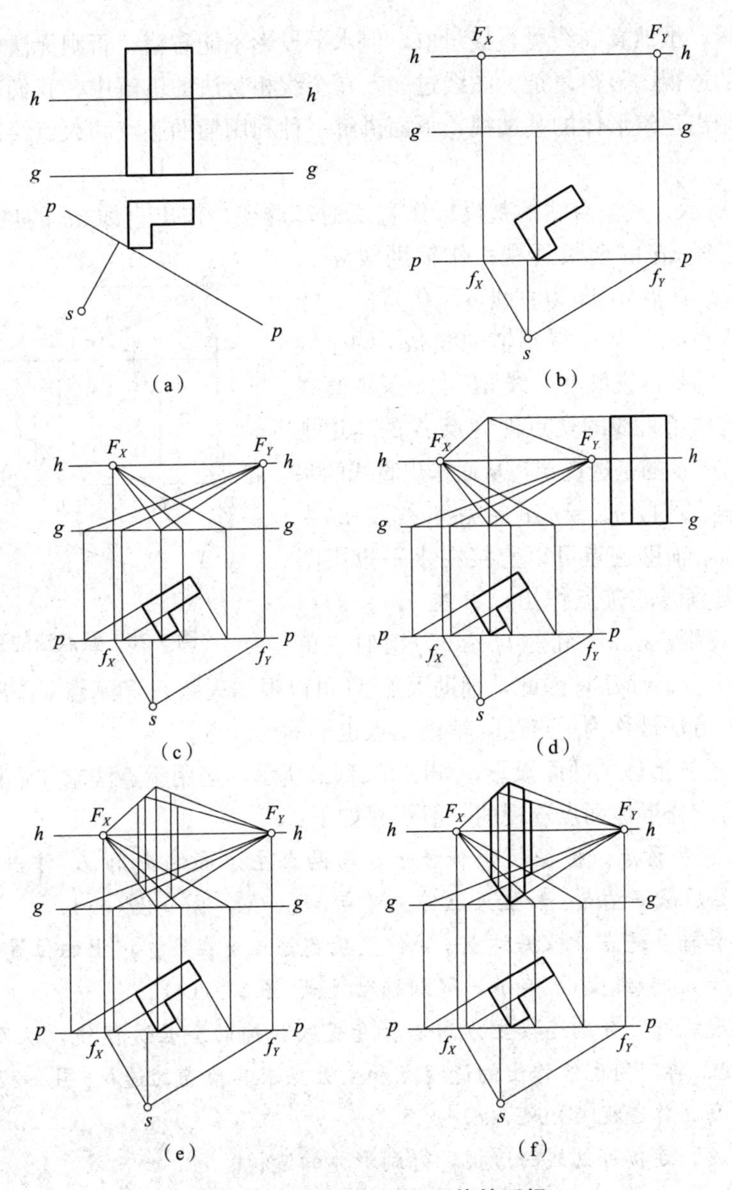

图 9-25　全线相交法作形体的透视

(a)已知；(b)作主方向的迹点和灭点；(c)连接全长透视；(d)量真高；(e)作透视；(f)整理完成

(3)量真高。量取画面上直线的高度，作出真高线[图 9-25(d)]。

(4)作透视。根据真高线和基透视，作出各可见点的透视[图 9-25(e)]。

(5)整理完成。连接可见线的透视，得到形体的透视[图 9-25(f)]。

作图要点：

(1)利用迹点和灭点作直线的全长透视；

(2)真高线的量取。

9.5.3　量点法

从前面的讲解中可知，采用视线迹点法和全线相交法绘制建筑形体的透视图，需要建筑形体的两面投影，虽然真高线可直接量取，但水平投影不能省略，否则无法作出灭点，这将导致最终绘制的透视图显得复杂、图线过多。在全线相交法的讲解中，我们利用全部直线的迹点和灭点绘制出建筑形体的基透视，下面讲解一种利用辅助迹点和灭点绘制建筑形体的基透视的方法。

如图 9-26 所示，根据直线的基投影作直线的基透视。作出直线 ab 的迹点 n 和灭点 F，连接 nF 得到直线 ab 的全长透视；作辅助线 aa_1，且线段 $n_pa=n_pa_1$，点 a_1 即为直线 aa_1 的迹点，作出直线 aa_1 的灭点 M，从而得到辅助线 aa_1 的全线透视 Ma_2；点 a 的基透视既在直线 nF 上，又在直线 Ma_2 上，因此这两条直线的交点即为点 A 的基透视 a^0；同理，作出点 B 的基透视 b^0，从而作出直线的基透视 a^0b^0。这里有线段 $n_pa=n_pa_1=na_2$，线段 $n_pb=n_pb_1=nb_2$，因此，辅助迹点可以直接在水平投影图上量取，并根据直线的迹点作出；直线 $n_pa \parallel sf_p$，直线 $aa_1 \parallel sm_p$，则 $\triangle n_paa_1$ 和 $\triangle f_psm_p$ 为相似三角形，线段 $sf_p=m_pf_p=MF$，因此，辅助灭点 M 可以根据灭点 F 和站点 s 作出。这种借助辅助灭点求透视的方法被称为量点法，辅助灭点也被称为量点。

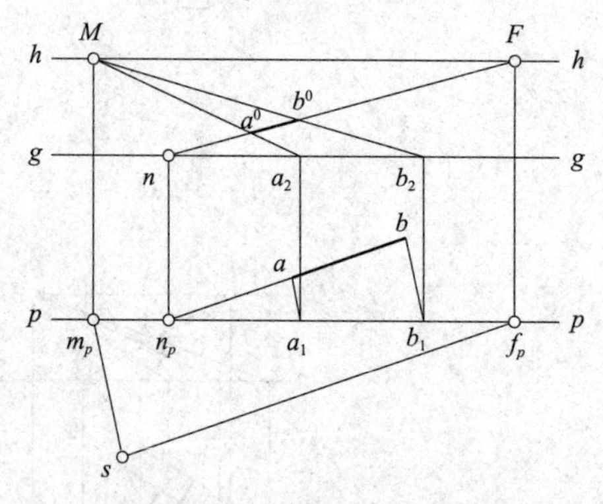

图 9-26　量点法的基本原理

【例 9-8】 已知形体的两面投影，如图 9-27(a)所示，运用量点法求作形体的两点透视。

运用量点法求作形体两点透视的一般步骤如下：

(1)作主灭点和量点。根据视距和线 p-p 与两个主方向的夹角 α，作出主灭点 F_X、F_Y［图 9-27(b)］，然后根据站点 s 和主灭点作出量点 M_X、M_Y［图 9-27(c)］。

(2)作迹点和辅助迹点。根据站点 s 的位置确定迹点 n 在线 g-g 上的位置，然后在线 g-g 上量取线段 $na_1=na$ 和线段 $nc_1=nc$，得到辅助迹点［图 9-27(c)］。

(3)作全长透视线。分别连接主方向全长透视线和辅助全长透视线，从而得到主方向线上各点的基透视；再利用已经作出的透视点和主灭点求其余点的透视［图 9-27(d)］。

(4)量取真高，作透视［图 9-27(e)］。

(5)整理完成。连接可见线的透视，得到形体的透视。

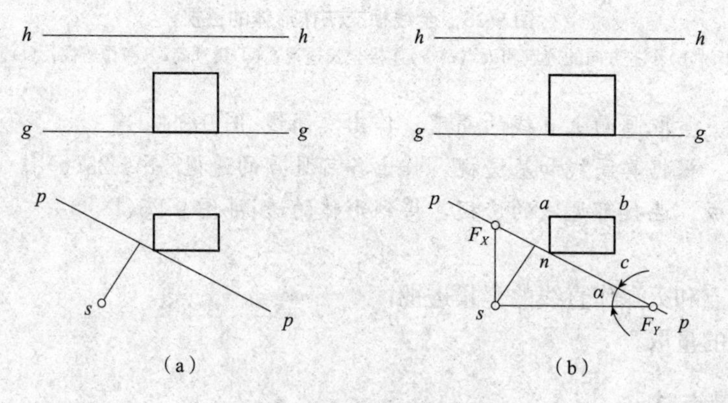

图 9-27　量点法作形体的透视

(a)已知；(b)作主灭点和量点；

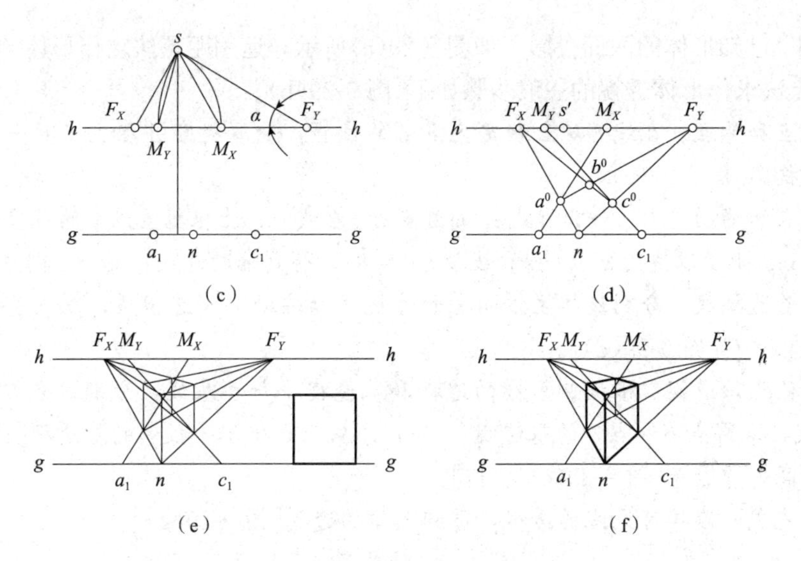

图 9-27　量点法作形体的透视(续)

(c)作迹点和辅助迹点；(d)作全长透视线；(e)量真高；(f)整理完成

作图要点：

(1)量点的作法。量点到灭点的距离等于站点到灭点的距离，即 $FM=Fs$；

(2)辅助迹点的量取。辅助迹点到迹点的距离等于点的水平投影到迹点的距离；注意辅助迹点与迹点的左右位置。

9.5.4　距点法

采用量点法绘制建筑形体的透视图，作图更简洁，但对于一点透视而言，只有一个主灭点，全线相交法和量点法都不适用。根据量点法的作图原理，也可以在一点透视中引入辅助灭点，这种绘制一点透视图的方法称为距点法，引入的辅助灭点称为距点。也可以理解为量点法适用绘制两点透视图，距点法适用绘制一点透视图，其作图原理相同，都是引入辅助灭点。

如图 9-28 所示，根据正垂线的基投影作直线的基透视。作出直线 ab 的迹点 n，因为直线 ab 垂直于画面，所以直线 ab 的灭点为主点 s'，得到全长透视线 ns'。过点 a 作 45°辅助线交线 p-p 于点 a_1，点 a_1 为直线 a_1a 的迹点；过站点 s 作直线 a_1a 的灭点 D，直线 Da_2 即为直线 a_1a 的全长透视线。点 A 的基透视既在直线 ns' 上，又在直线 Da_2 上，因此，这两条直线的交点即为点 A 的基透视 a^0。同理，作出点 B 的基透视 b^0，从而作出直线的基透视 a^0b^0。这里，有线段 $n_pa=n_pa_1$，线段 $n_pb=n_pb_1$ 和线段 $s'D$ 等于视距，因此，辅助灭点和辅助迹点可以直接在水平投影上量取，并根据灭点 s' 和迹点 n 的位置作出。这种借助辅助灭点求透视的方法被称为距点法，辅助灭点也被称为距点。

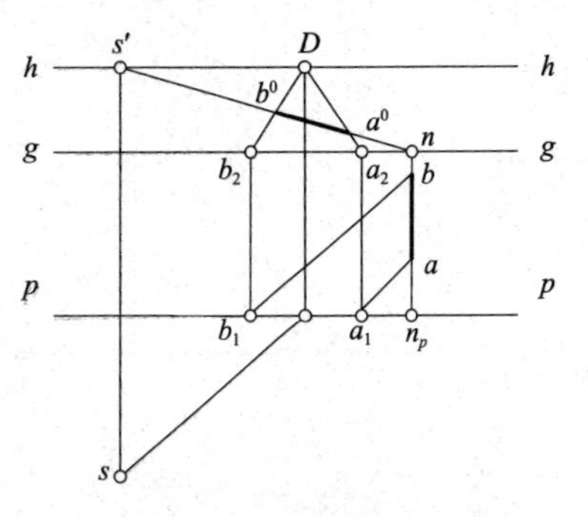

图 9-28　距点法的基本原理

【例 9-9】 已知形体的两面投影，如图 9-29(a)所示，运用距点法求作形体的一点透视。

运用距点法求作形体透视的一般步骤如下[图 9-29(b)]：

(1)作主点和量点。在线 h-h 上确定主点 s'的位置，量取视距并在主点的一侧作出距点 D，即 $s'D$=视距[图 9-29(c)]。

(2)作迹点和辅助迹点。作出直线 ce 的迹点 n；在线 g-g 上根据主点 s'的位置确定迹点 a、k 和 n；在线 g-g 上量取线段 ab_1=ab 和线段 kf_1=kf，得到辅助迹点 b_1 和 f_1[图 9-29(c)]。

(3)作全长透视线。分别连接主方向全长透视线和辅助全长透视线，从而得到点 b 和点 f 的基透视 b^0 和 f^0[图 9-29(d)]。

(4)作其他点基透视。根据侧垂线的透视和基透视平行于基线，分别过点 b^0 和 f^0 作线 g-g 的平行线，求得点 c 和点 e 的基透视 c^0 和 e^0，从而作出水平投影的基透视[图 9-29(d)]。

(5)量真高，作透视[图 9-29(e)、(f)]。

(6)整理完成。连接可见线的透视，得到形体的透视[图 9-29(g)]。

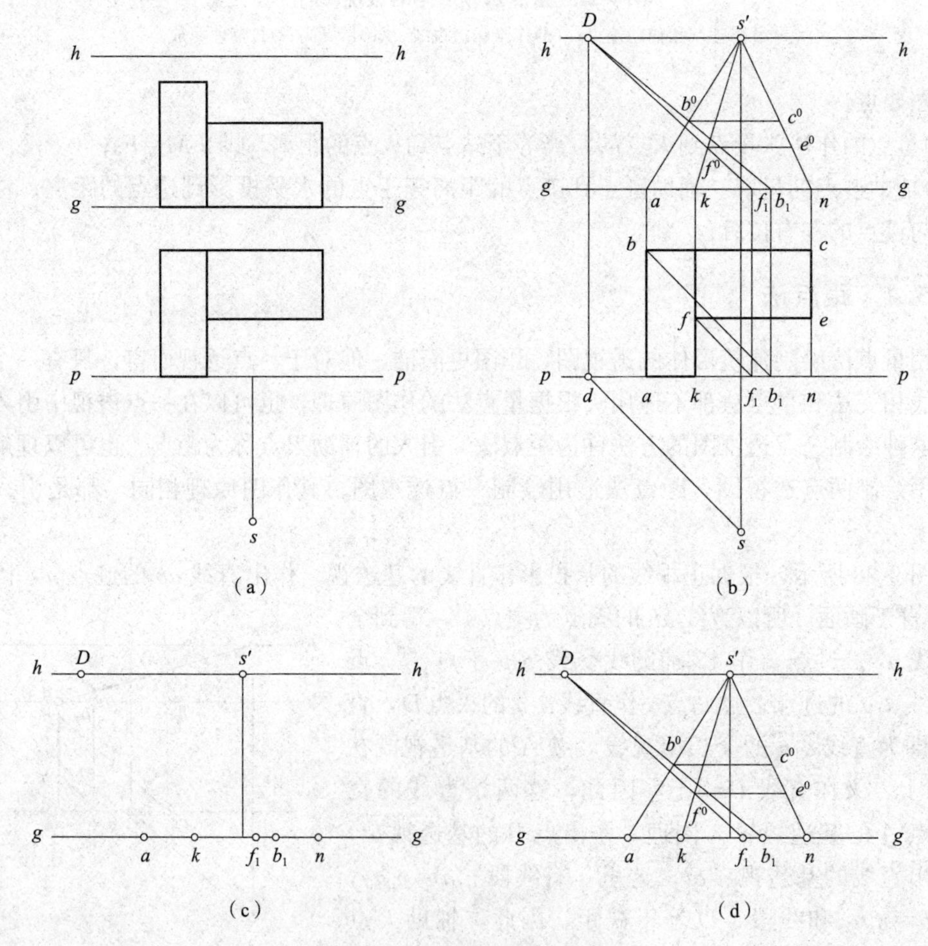

图 9-29 距点法作形体的透视

(a)已知；(b)距点法作基透视的步骤；(c)作主点、量点、迹点和辅助迹点；(d)作全长透视线及其他点基透视

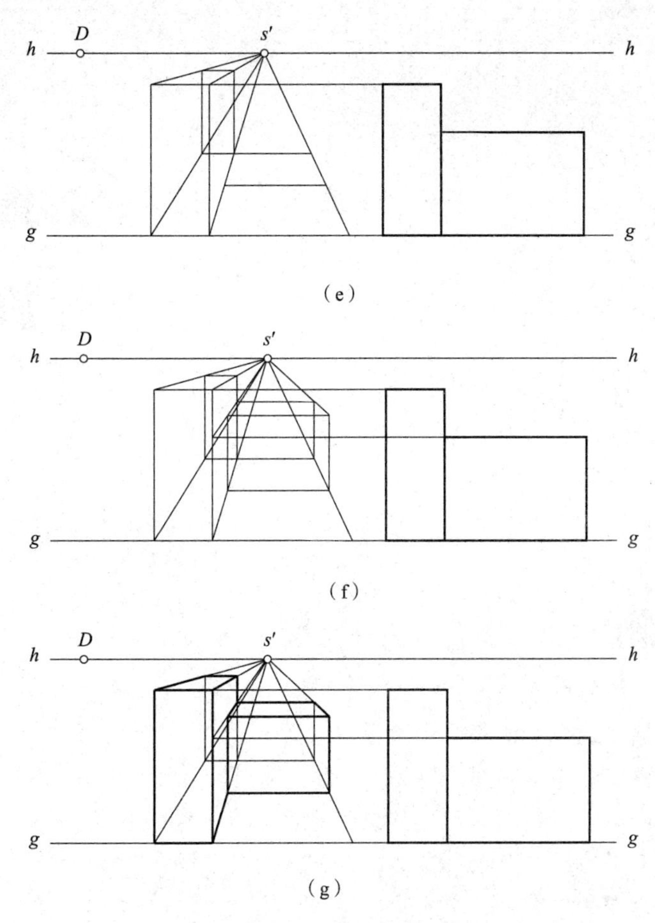

图 9-29　距点法作形体的透视(续)

(e)、(f)量真高；(g)整理完成

作图要点：

(1)距点的作法。距点到灭点(主点)的距离等于视距；

(2)辅助迹点的量取。辅助迹点到迹点的距离等于点的水平投影到迹点的距离；注意辅助迹点与迹点的左右位置。

第 10 章

施工图

★本章知识点

1. 了解建筑施工图的图样。
2. 掌握房屋建筑施工图中的符号和标注方式。
3. 掌握建筑平面图的内容和规定画法。
4. 掌握建筑立面图、建筑剖面图和建筑详图的内容和标准画法。
5. 了解结构施工图的组成及绘制基本方法。
6. 了解设备施工图的内容。

施工图是用来表示工程项目的布局、外部形状、内部结构、内外装修、细部构造、材料作法、设施及施工要求等的图样。施工图主要包括施工图首页、目录、总平面图、建筑平面图、结构施工图、设备施工图、建筑装修图等。

10.1 建筑施工图

10.1.1 总平面图

总平面图，也称为“总体布置图”，按照规定比例绘制。总平面图要表达出新建、拟建、原有和拆除的房屋、构筑物等的位置和朝向，包括平面形状、原有建筑、新建房屋的位置、朝向、占地面积、道路网、绿化、标高、基地临界情况等。总平面设计在整个工程的设计、施工过程中，起到极其重要的作用。

总平面图表达的范围比较大，一般用 1∶500、1∶1 000、1∶2 000 的比例绘制。在具体工程中，由于国土局及有关单位提供的地形图比例常为 1∶500，故总平面图的常用绘图比例是 1∶500。由于图样比例较小，许多物体不能按照原状画出来，所以通常采用图例来表示。总平面图的常用图例见表 10-1。如在国家标准规定的图例中没有所要表达的内容时，也可自行规定图例，但须在总平面图中的适当位置加以说明。

表 10-1　总平面图图例

序号	名称	图例	备注
1	原有建筑物	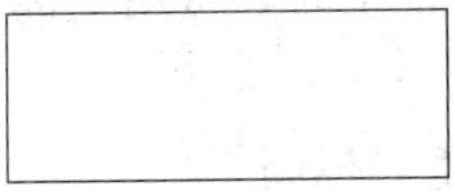	用细实线表示
2	新建建筑物	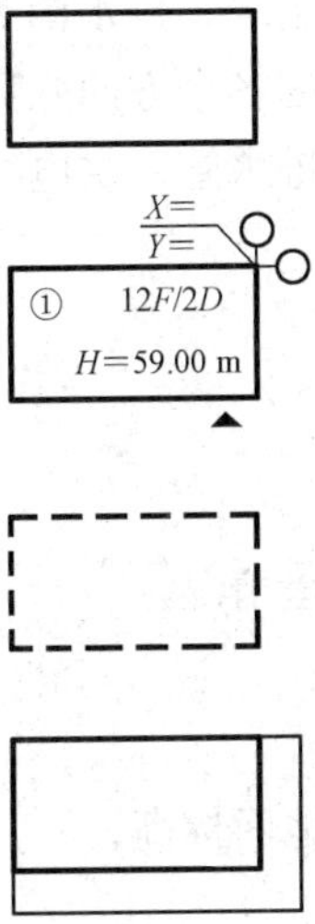 X= Y= ① 12F/2D H=59.00 m	新建建筑物以粗实线表示与室外地坪相接处±0.000外墙定位轮廓线。建筑物一般以±0.000高度处的外墙定位轴线交叉点坐标定位。轴线用细实线表示，并标明轴线号。根据不同设计阶段标注建筑编号，地上、地下层数，建筑高度，建筑出入口位置(两种表示方法均可，但同一图纸采用一种表示方法)。地下建筑物以粗虚线表示其轮廓。建筑上部(±0.000以上)外挑建筑用细实线表示。建筑物上部连廊用细虚线表示并标注位置
3	拆除的建筑物	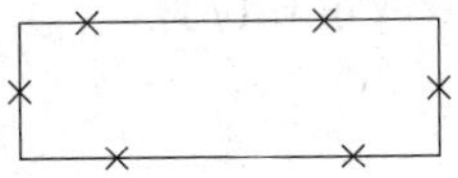	细实线加交叉
4	计划扩建的预留地或建筑物		中粗虚线
5	围墙及大门	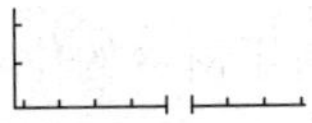	—
6	挡土墙	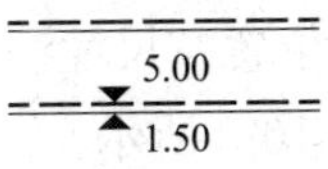 5.00 1.50	挡土墙根据不同设计阶段的需要标注：墙顶标高/墙底标高
7	室内地坪标高	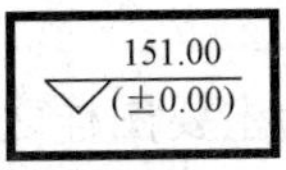 151.00 (±0.00)	数字平行于建筑物书写
8	室外地坪标高	 143.00	室外标高也可采用等高线
9	坐标	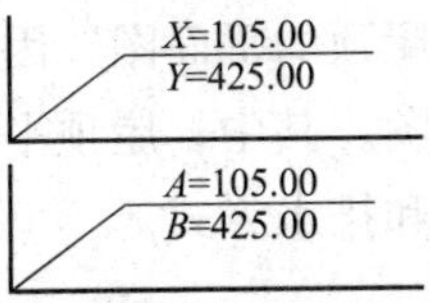 X=105.00 Y=425.00 A=105.00 B=425.00	上图表示地形测量坐标系，下图表示自设坐标系，坐标数字平行于建筑标注

1. 总平面图的主要内容

(1)新建区的总体布局。即用地范围、各建筑物及构筑物的位置(原有建筑、新建建筑、拆除建筑、拟建建筑)、道路、交通等的总体布局。

(2)新建建筑物的平面位置。主要采用两种方法确定：根据原有房屋和道路定位；修建成片住宅、规模较大的公共建筑、工厂，地形较复杂时，可用坐标定位，包括测量坐标定位和建筑坐标定位。

(3)建筑物首层室内地面、室外整平地面的绝对标高。

(4)绿化、景观及休闲设施的布置，以及护坡、挡土墙、排水沟等。

(5)指北针和风玫瑰图。风玫瑰图是当地多年统计的各个方向吹风平均次数的百分数。

(6)水、暖、电等管线及绿化布置情况。给水管、排水管、供电线路(尤其是高压线路)、采暖管道等管线在建筑基地的平面布置。

建筑总平面图如图 10-1 所示。

2. 总平面图识图

(1)了解项目名称、图名、图号、比例。

(2)了解工程性质、用地范围、地形地貌和周围环境情况。

(3)了解新建建筑的朝向和风向。

(4)了解新建建筑的准确位置。

(5)了解新建房屋的层数、总体尺寸、底层室内外地面标高。

(6)了解已建道路交通情况和管线布置情况。

(7)了解已建、计划扩建或拆除的房屋的具体数量和位置。

10.1.2 建筑平面图

1. 平面图的用途及形成

建筑平面图是施工放线、砌墙、门窗安装、室内外装修及编制工程预算的重要依据，是建筑施工中的重要图纸。

建筑平面图是用一个假想的水平剖切平面沿略高于窗台的位置剖切房屋，移去上面部分，并将剩余部分向水平投影面作正投影所得的水平剖视图，称为建筑平面图，简称平面图。

建筑平面图要反映新建建筑的平面形状、房间位置及尺寸、墙体的位置和厚度、柱的截面形状及尺寸、门窗的位置及类型、材料等，如图 10-2 所示。

2. 平面图的内容和图示方法

(1)平面图的数量。建筑平面图是表达建筑物的主要图样之一。对于多层建筑物，一般情况下，房屋有几层，就应画几个平面图，并在图的下方标注相应的图名及比例。但是由于多层房屋的中间层结构、布置情况基本相同，所以中间层画一个平面图即可，可命名为中间层平面图或标准层平面图，再加上底层、顶层和屋顶的平面图。因此，平面图一般包括底层平面图、中间层平面图、顶层平面图和屋顶平面图。其中，屋顶平面图是从建筑物上方向下作水平投影，主要表达建筑物屋顶上的布置情况和排水方式。

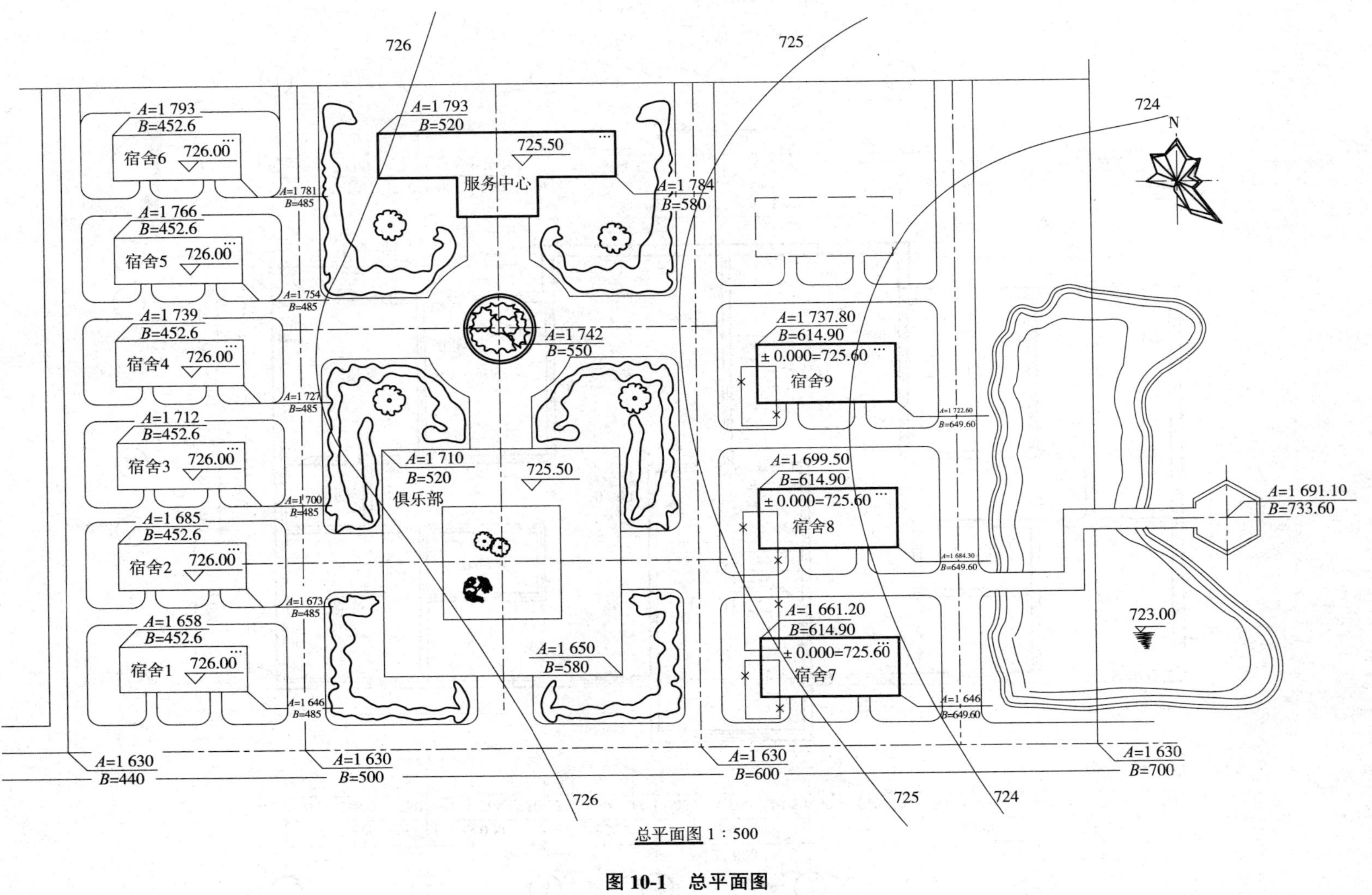

总平面图 1 : 500

图 10-1　总平面图

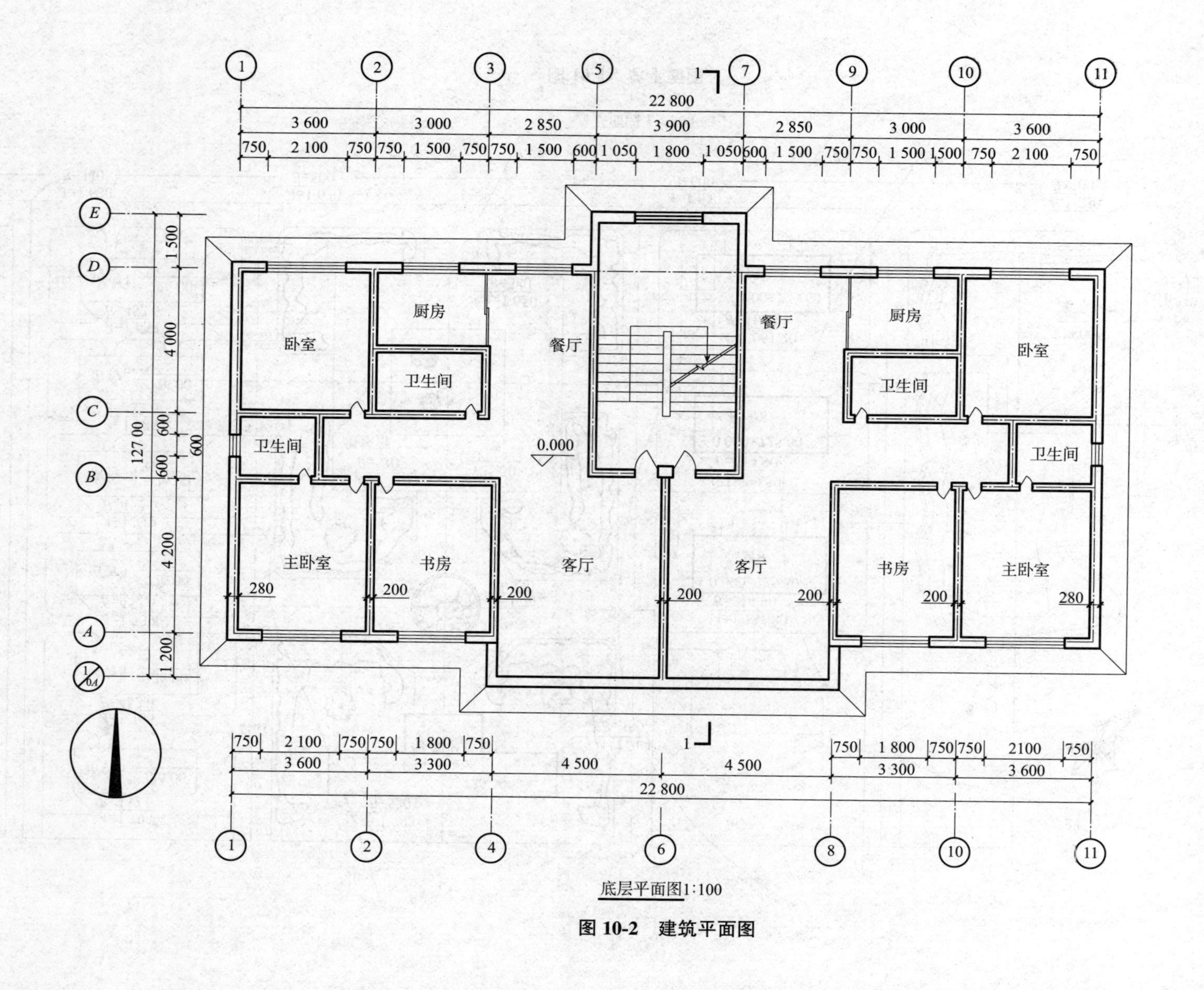

底层平面图1:100

图 10-2 建筑平面图

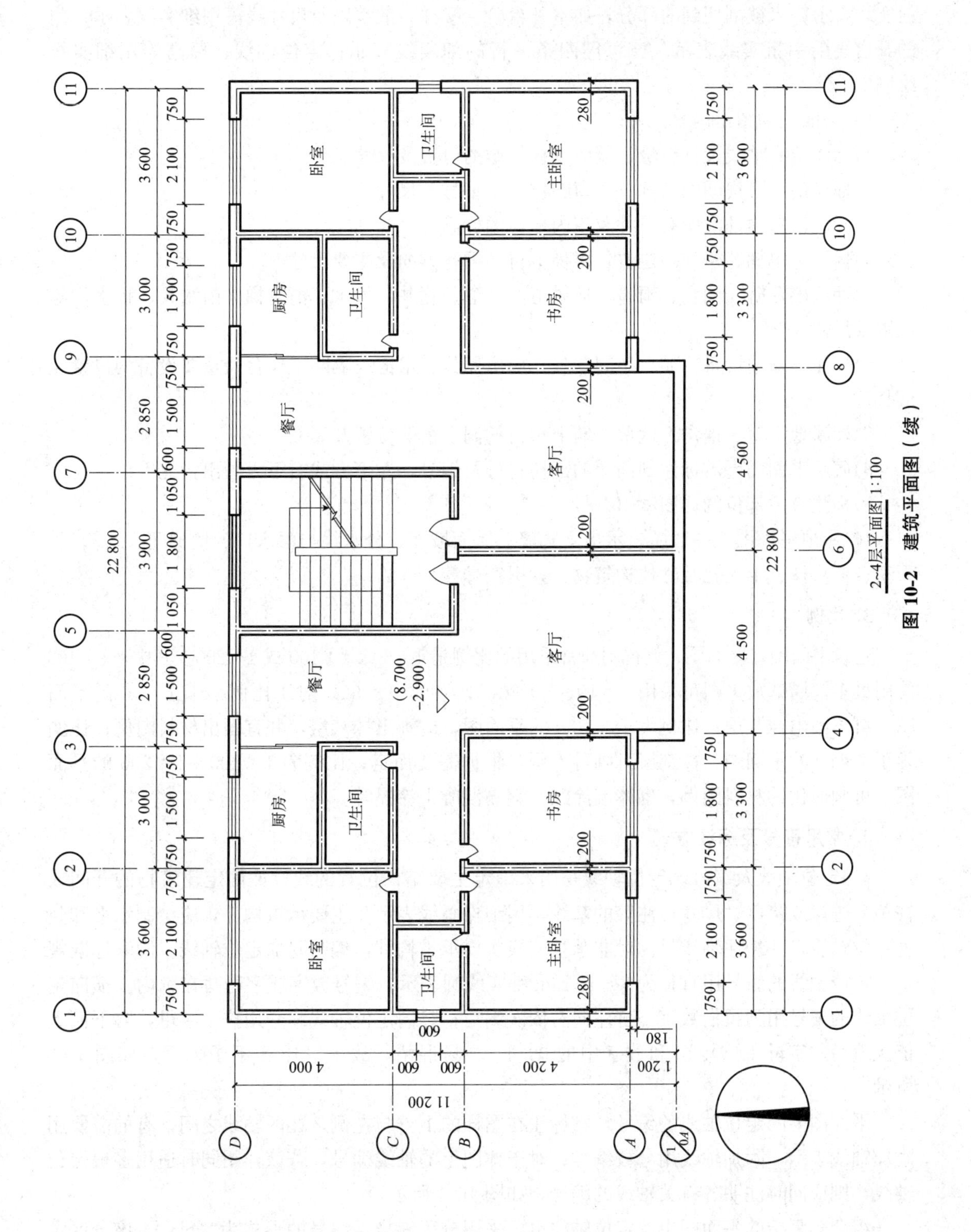
2~4层平面图 1:100
卧室
卫生间
主卧室
厨房
书房
餐厅
客厅
(8.700
−2.900)
22 800
11 200
4 000
4 200
1 200

图 10-2　建筑平面图（续）

(2)平面图的图线。平面图实质上是剖面图，被剖切平面剖切到的墙体、柱等轮廓线用粗实线表示；未被剖切到的部分，如室外台阶、楼梯、散水以及尺寸线等用细实线表示；门的开启线用中粗实线表示；窗可用四条平行的细实线表示；定位轴线、标高等用细实线绘制。

(3)平面图的图示内容。

1)标注所有轴线及其编号、墙体、柱、墩的位置及尺寸。

2)标注出所有房间的名称、门窗的位置、编号及尺寸。

3)标注出室内外的所有尺寸及室内地面的标高。

4)标注出电梯、楼梯的位置，楼梯上行、下行方向及主要尺寸。

5)标注出台阶、阳台、雨篷、通风道、烟道、管井、散水、消防梯、雨水管、排水沟等位置及尺寸。

6)标注出室内设备，如卫生间器具、厨房器具、水池、隔断工作台及重要设备的位置及形状。

7)标注地下室、地沟、地坑、墙上预留的洞、窗等位置及尺寸。

8)底层平面图上需标注剖面图的剖切符号及编号，左下方或右下方画出指北针。

9)标注有关部位的详图索引符号。

10)屋顶平面图上一般应表示出女儿墙、屋面坡度、分水线与雨水口、楼梯间、水箱间、天窗、消防梯、上人孔及其他构筑物、索引符号等。

3. 比例

建筑平面图、立面图、剖视图通常采用的比例是1∶50、1∶100或1∶200。其中，1∶100使用最多，局部放大图可采用1∶10、1∶20、1∶30、1∶50。对于比例小于1∶50的平面图，可不画出抹灰层；比例大于1∶50的平面图，应画出抹灰层，并宜画出材料图例；比例等于1∶50的平面图，抹灰层可画可不画，根据需要而定；比例为1∶100～1∶200的平面图，可画简化的材料图例，砌体墙涂红、钢筋混凝土涂黑等。

4. 常用符号及标注方式

(1)定位轴线及编号。定位轴线是用来确定主要结构位置的线，如确定建筑物的开间或柱距、进深或跨度、尺寸标注等的基线，用细点画线表示。主要承重构件，应绘制水平和竖直定位轴线，并编注轴线号。对非承重墙或次要承重构件，编写附加定位轴线。国家标准规定：定位轴线的编号用直径为8～10 mm细实线圆表示，编号数字或字母写在圆内。横向定位轴线的编号用阿拉伯数字，自左向右依次编写；竖向定位轴线编号用拉丁字母，自下而上依次编写，字母I、O、Z和数字中的0、1、2易混淆，故I、O、Z不予采用，如图10-3所示。

平面图上的定位轴线的编号，宜标注在图样的下方与左侧，在两轴线之间，有的需要用附加轴线表示，附加轴线用分数编号；对于详图上的轴线编号，若该详图同时适用多根定位轴线，则应同时注明各有关轴线的编号，如图10-4所示。

组合较复杂的平面图中的定位轴线也可采用分区编号，编号的形式为“分区号-该分区定位轴线编号”。分区号应采用阿拉伯数字或大写英文字母表示。多子项的平面图的定位轴线也可采用子项编号，编号形式为“子项号-该子项定位轴线编号”，子项编号采用阿拉伯数字或大写英文字母，如(1-1)、(1-A)、(A-1)、(A-2)等，如图 10-5 所示。

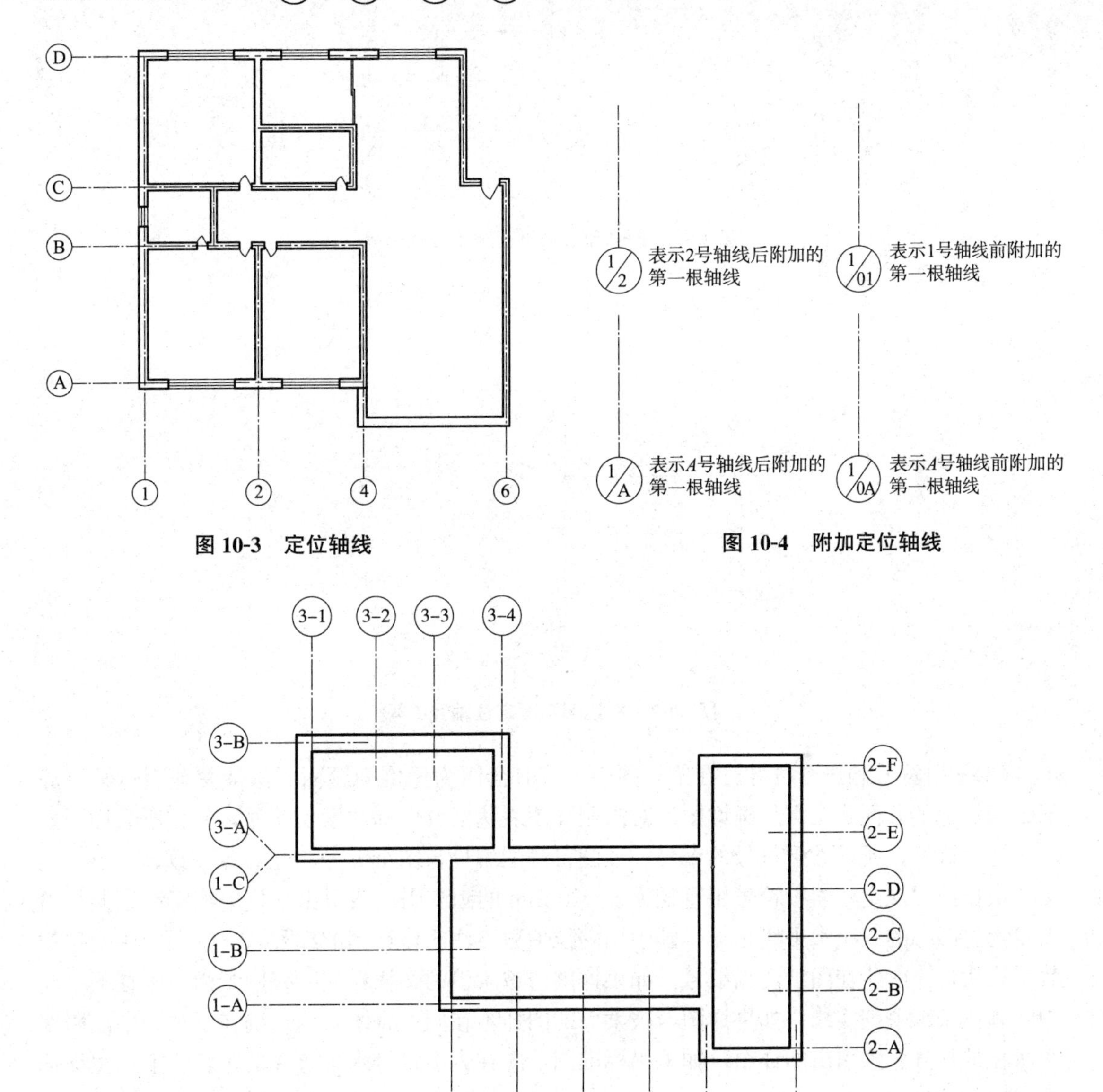

图 10-3　定位轴线

图 10-4　附加定位轴线

图 10-5　定位轴线的分区编号

圆形和弧形平面图中的定位轴线，其径向定位轴线应以角度进行定位，编号也采用阿拉伯数字表示，从−90°(若径向轴线很密，角度间隔很小)开始逆时针方向编写，环向轴线宜采用大写英文字母表示(I、O、Z 不予采用)，从外向内顺序编写，如果不止 1 个圆心，可在字母后面加注阿拉伯数字予以区分，如图 10-6 所示。

折线形平面的定位轴线编号可按如图 10-7 形式编写。

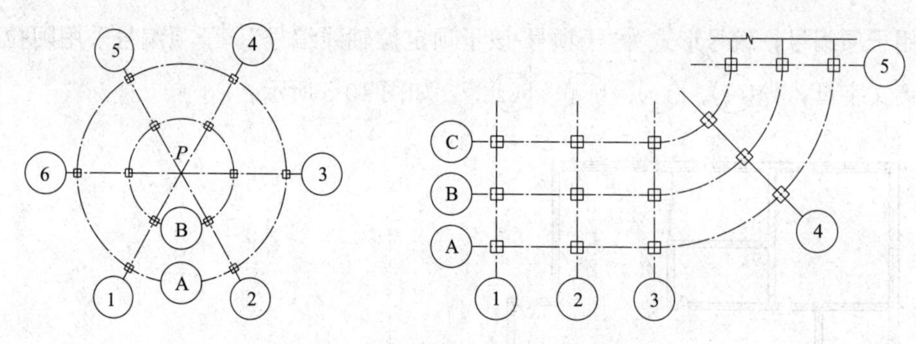

图 10-6　圆形和弧形平面定位轴线编号

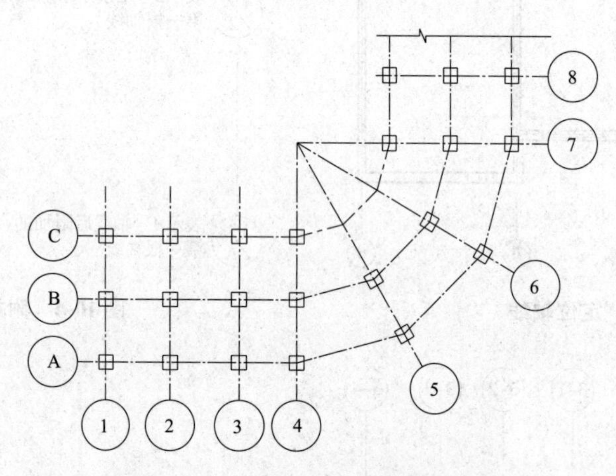

图 10-7　折线形平面定位轴线编号

(2)索引符号和详图符号。在施工图中，有时会因为比例问题而无法清楚地表达某一局部结构，为了方便施工需另画详图。对需用详图表达部分应标注索引符号，并在所绘详图处标注详图符号，所以索引符号的编号、详图符号的编号与图纸编号相互对应一致。

根据国标规定，索引符号用直径为 8～10 mm 的圆和引出线引出，且用细实线绘制。引出线为过圆心的一条水平线，上半圆中用阿拉伯数字注明该详图的编号，下半圆中用阿拉伯数字注明该详图所在图纸的图纸号。如果详图与被索引的图样在同一张图纸内，则在下半圆中间画一条水平细实线。如果详图与被索引的图样不在同一张图纸内，则在下半圆中注明详图所在的标号。索引出的详图，如采用标准图，应在索引符号水平直径的延长线上加注该标准图册的编号。

详图符号用直径为 14 mm 的粗实线圆绘制，详图与被索引的图样在同一张图之内时，在圆内用阿拉伯数字注明详图标号，如不在同一张图之内，用细实线在粗实线圆内画一水平直径线，在上半圆中注明详图标号，下半圆中注明被索引图纸号，如图 10-8 所示。

(3)风向玫瑰图指北针。在平面图中，常用风向玫瑰图和指北针来表示该地区常年的风向频率和房屋的朝向，如图 10-9 所示。风向玫瑰图是根据该地区多年平均统计的各个风向的刮风次数的百分数值绘制的。实线表示常年风向频率，虚线表示夏季风向频率，箭头表示北向。

指北针为直径为 24 mm 的细实线圆，下端指针的宽度为直径的 1/8，即 3 mm，指尖方

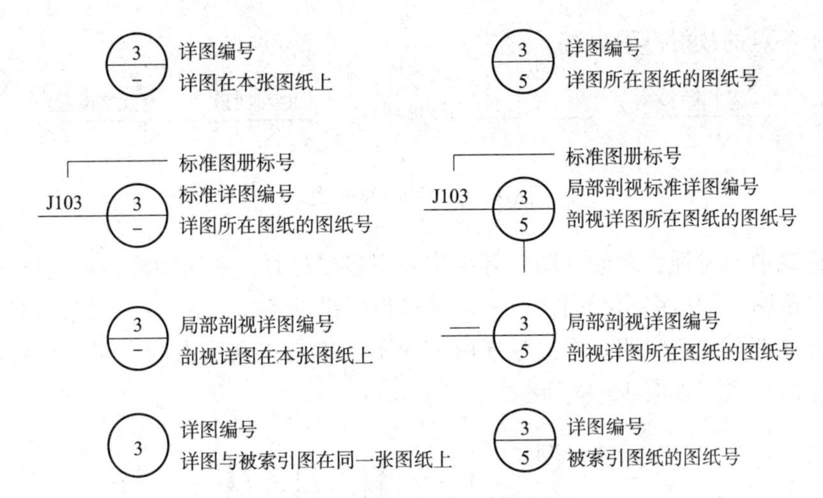

图 10-8　索引符号和详图符号

向为北方，端部标注“北”或“N”。

(4)标高。标高是建筑物高度的一种尺寸表现形式，用来表示房屋的竖向高度。标高符号用细实线绘制，其符号是等腰直角三角形，符号尖端应指向被标注的高度，可向上也可向下，标高单位为米(m)。标高符号的绘制方法、尺寸要求及有关规定如图 10-10 所示，标高数字的引出线长度以满足注写为宜。总平面图上的室外标高符号用涂黑的三角形表示。

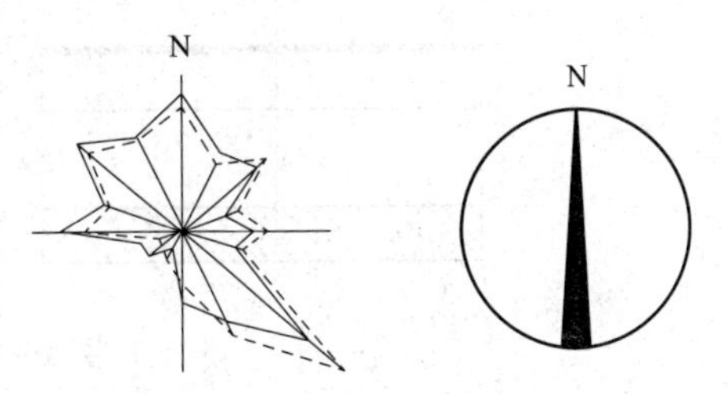

图 10-9　风向玫瑰图和指北针

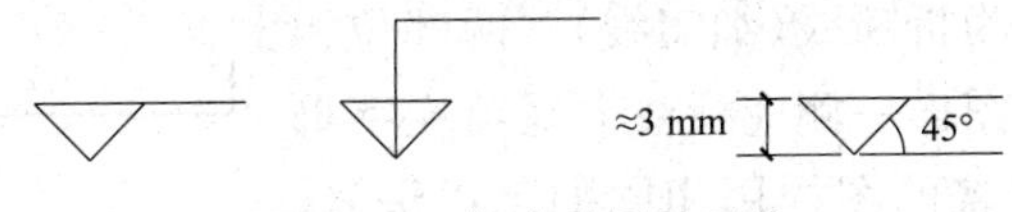

图 10-10　标高符号的画法

标高以米(m)为单位，注写到小数点后第三位，室外标高注写到小数点后两位，数字后面不需注写单位。零点标高的书写形式为±0.000；正数标高在数字前不需要加“+”号，负数标高需要在数字前加“—”号。同一图纸上的标高符号大小相等、排列整齐。如果在同一位置同时表达几个不同的标高，多个标高数字可注写在一个标高符号上，如图 10-11 所示。

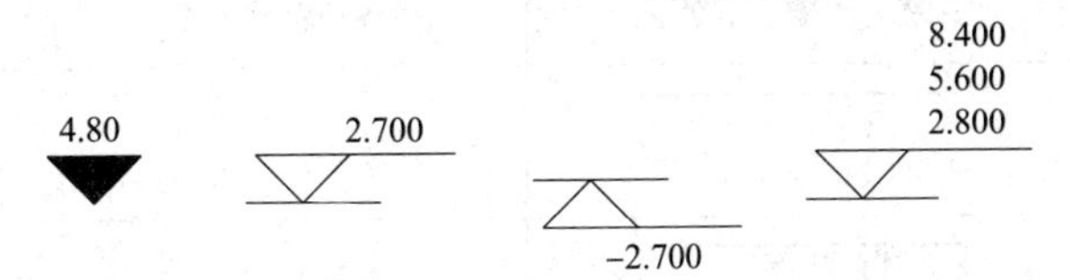

图 10-11　标高数字的注写

(5)引出线。房屋施工图文字说明或详图索引符号用引出线来标注。引出线采用细实线绘制，通常用水平方向或与水平方向成 30°、45°、60°、90°的直线表示，也可用经上述角度再折为水平的折线表示，如图 10-12 所示。文字说明要写在引出线的上方或端部，详图索引符号的引出线要对准索引符号的圆心。如果同时引出几个相同的部分，引出线可以画成相互平行或聚集于一点的放射形引出线。

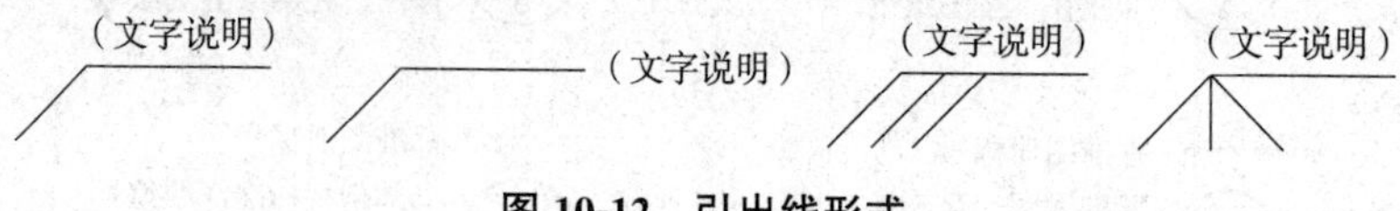

图 10-12　引出线形式

在房屋建筑中，屋顶、地面、墙体等部位采用多层材料、多层做法，对这种多层构造的部分需要加以说明，通过引出线引出，一端通过被引出的各层，另一端依照构造层数画水平横线，上方或端部写文字说明，纵向顺序由上而下，横向排列层次的说明顺序为由左至右，与被说明的层次一致，如图 10-13 所示。

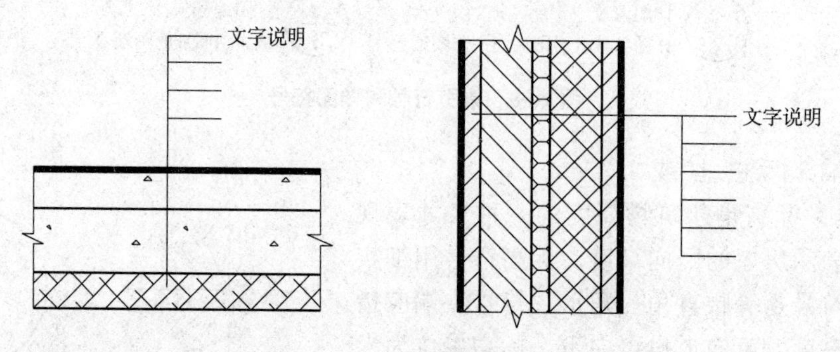

图 10-13　多层构造的标注

(6)连接符号。对于较长的构件，当其长度方向形状相同或按一定规律变化时，可断开绘制，断开处应用连接符号表示，连接符号为折断线(细实线)。两部位相距过远时，折断线两端靠图样一侧应标注大写英文字母表示连接编号，两个被连接的图样用相同的字母编号，如图 10-14 所示。

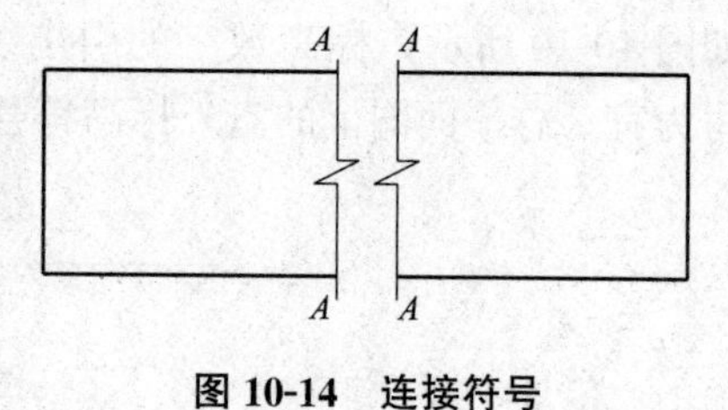

图 10-14　连接符号

(7)常用建筑材料图例(表 10-2)。

表 10-2　常用建筑材料图例

序号	名称	图例	说明
1	自然土壤		包括各种自然土壤
2	夯实土壤		
3	砂、灰土		靠近轮廓线的较密的点
4	石材		包括岩层、砌体、铺地、贴面等材料
5	毛石		

续表

序号	名称	图例	说明
6	普通砖	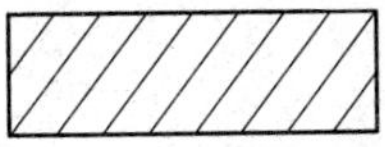	包括砌体、砌块。断面较窄，不易画出图例线时，可涂红
7	耐火砖	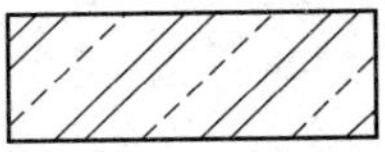	包括各种耐酸砖等
8	空心砖		包括各种多孔砖
9	混凝土	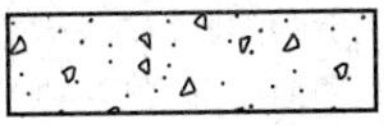	本图例仅适合能承重的混凝土，包括各种强度等级、添加剂的混凝土
10	钢筋混凝土	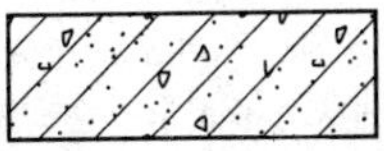	在剖面图上画图例时，不画图例线。断面图形小，不易画出图例线时可涂黑

(8)构造及配件图例(表 10-3)。

表 10-3 构造及配件图例

序号	名称	图例	说明
1	单扇门(包括平开或单面弹簧)	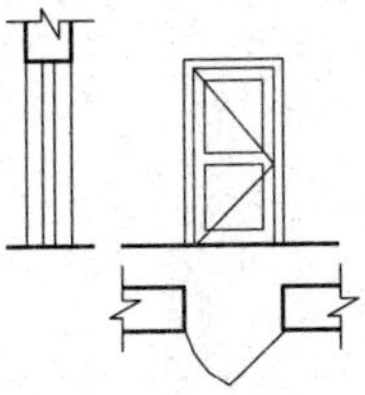	门的名称代号用 M 表示。 图例中剖面图左为外，内立面图上开启方向线交角的一侧为安装合页的一侧，实线为外开，虚线为内开，平面图上门线应 90°或 45°开启，开启弧线宜绘出
2	双扇门(包括平开或单面弹簧)	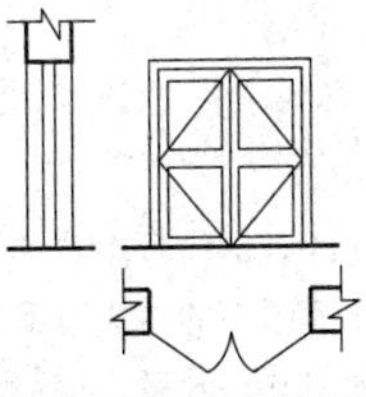	立面图上的开启线在一般设计图中可不表示，在详图及室内设计图上应表示立面形式，应按实际情况绘制
3	墙中双扇推拉门	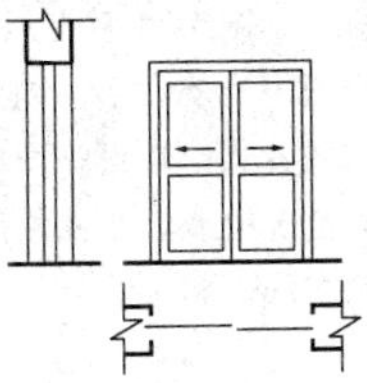	
4	单扇双面弹簧门	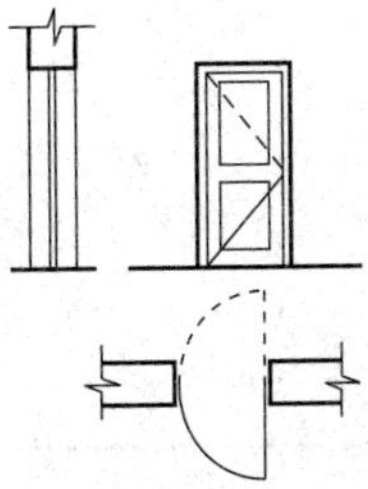	门的名称代号用 M 表示。 图例中剖面图左为外，右为内；平面图下为外，上为内。立面图上开启方向线交角的一侧为安装合页的一侧，实线为外开，虚线为内开，平面图上门线应 90°或 45°开启，开启弧线宜绘出，立面图上的开启线在一般设计图中可不表示，在详图及室内设计图上应表示，立面形式应按实际情况绘制

续表

序号	名称	图例	说明
5	双扇双面弹簧门	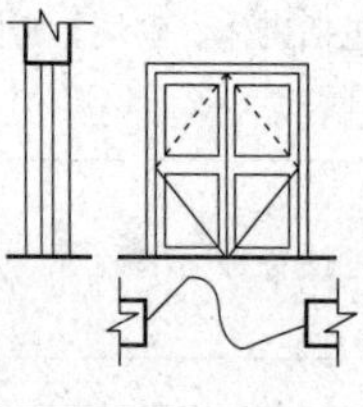	门的名称代号用M表示。 图例中剖面图左为外，右为内；平面图下为外，上为内。立面图上开启方向线交角的一侧为安装合页的一侧，实线为外开，虚线为内开，平面图上门线应90°或45°开启，开启弧线宜绘出，立面图上的开启线在一般设计图中可不表示，在详图及室内设计图上应表示，立面形式应按实际情况绘制
6	单扇内外开双层门(包括平开或单面弹簧)	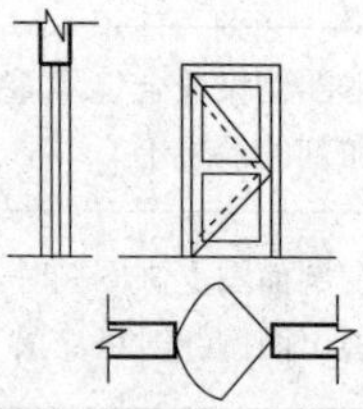	
7	双扇内外开双层门(包括平开或单面弹簧)	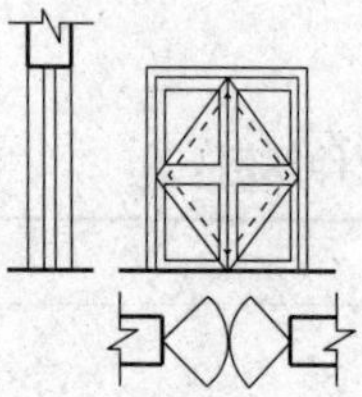	
8	单层外开平开窗	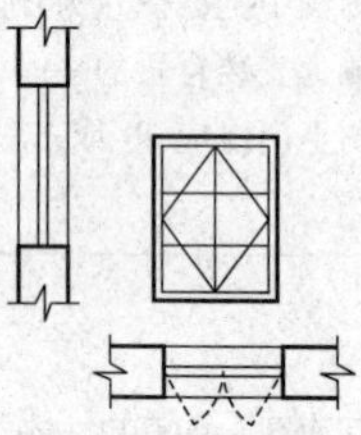	窗的名称代号用C表示。 立面图中的斜线表示窗的开启方向，实线为外开，虚线为内开；开启方向线交角的一侧为安装合页的一侧，一般设计图中可不表示图例，剖面图左为外，右为内；平面图下为外，上为内，平面图和剖面图上的虚线仅说明开关方式，在设计图中不需表示窗的立面形式，应按实际情况绘制，小比例绘图时，平、剖面图的窗线可用单粗实线表示
9	单层内开平开窗	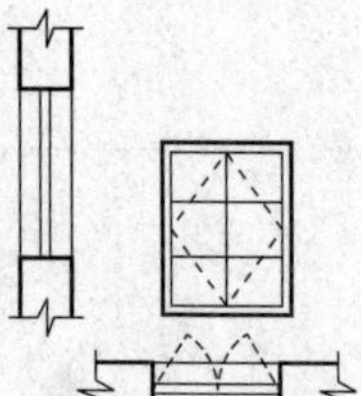	
10	双层内外开平开窗	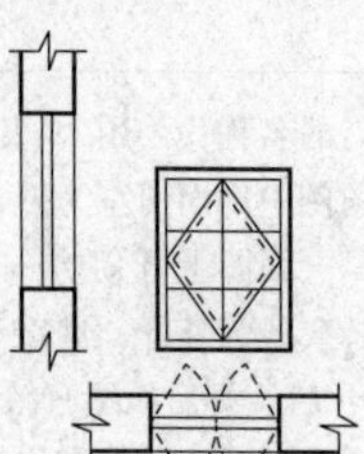	

5. 建筑平面图识图

(1)了解图名、比例、图号等。

(2)了解房屋的朝向，一般在底层平面图中有表示朝向的指北针。

(3)根据平面图的形状和总长，了解平面形状和总体尺寸。

(4)从图中墙体的位置了解各房间的配置、数量及其相互间的关联。

(5)从图中定位轴线的编号及其标注，了解各承重构件的位置、房间的数量、配置、用途及其相互间的关联。

(6)从图中标注的内、外尺寸，了解各房间的开间、进深、门窗、外墙及室内设备的尺寸。

内部尺寸用于说明房间的净空尺寸和室内的门窗洞、孔洞、墙厚和固定设备(如厕所、盥洗室等)的大小位置。为了便于施工读图，标注外部尺寸时在平面图下方及左侧应标注三道尺寸，如有不同时，其他方向也应标注外部尺寸。第一道尺寸表示建筑物外墙门窗洞口等各细部位置的大小及定位尺寸；第二道尺寸表示定位轴线之间的尺寸，相邻横向定位轴线之间的尺寸称为开间，相邻纵向定位轴线之间的尺寸称为进深；第三道尺寸表示建筑物外墙总尺寸，即从一端外墙边到另一端外墙边的总长和总宽。

(7)从图中门窗的图例及其编号，了解门窗的类型、位置及数量。同一编号表示同一类型门窗，它们的尺寸和构造都一样。

(8)了解建筑中各组成部分的标高情况。

(9)了解室内外台阶、散水和雨水管的位置及大小。

(10)从屋面平面图了解女儿墙、屋面坡度、分水线、落水口、水箱间、天窗、消防梯及其他构筑物、索引符号等。

6. 建筑平面图的画法

建筑平面图的绘图步骤如下：

(1)根据开间和进深的尺寸，先绘制墙身定位轴线，如图 10-15(a)所示。

(2)根据墙体、柱的尺寸和位置，用细实线画出内外墙厚度及外部轮廓线，如图 10-15(b)所示。

(3)在墙体上确定门窗洞口的位置，根据门窗洞口的尺寸绘制轮廓线，用细实线画出门窗洞口、楼梯、台阶、散水、雨篷、烟道等细部，按图例绘制门窗、灶具、卫生间设备等，如图 10-15(c)所示。

(4)检查无误后，擦去多余作图线，按图面要求加深图线，使图面层次清晰。标注定位轴线编号、标高、门窗编号、图名、比例、索引符号、文字说明等，如图 10-15(d)所示。

10.1.3　建筑立面图

1. 建筑立面图的形成

在与房屋立面平行的投影面上所做的正投影图称为建筑立面图，简称立面图。立面图主要反映房屋各部位的高度、外貌和外墙装修、门窗的位置与形式，以及窗台、阳台、雨水管、引条线、平台、台阶等构造的标高和尺寸，是建筑外装修的主要依据。

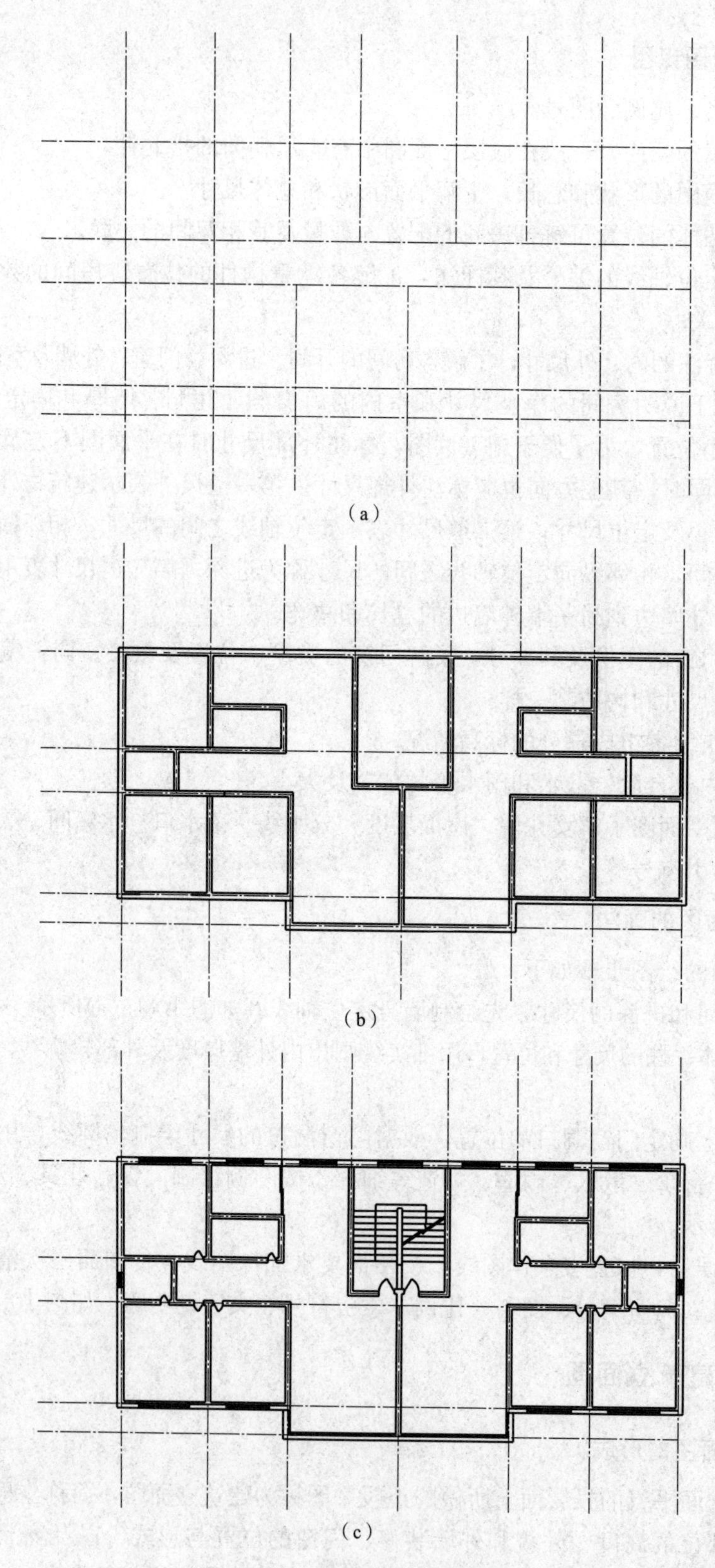

图 10-15　建筑平面图绘图步骤

(a)绘制定位轴线；(b)绘制墙体；(c)绘制门窗洞口

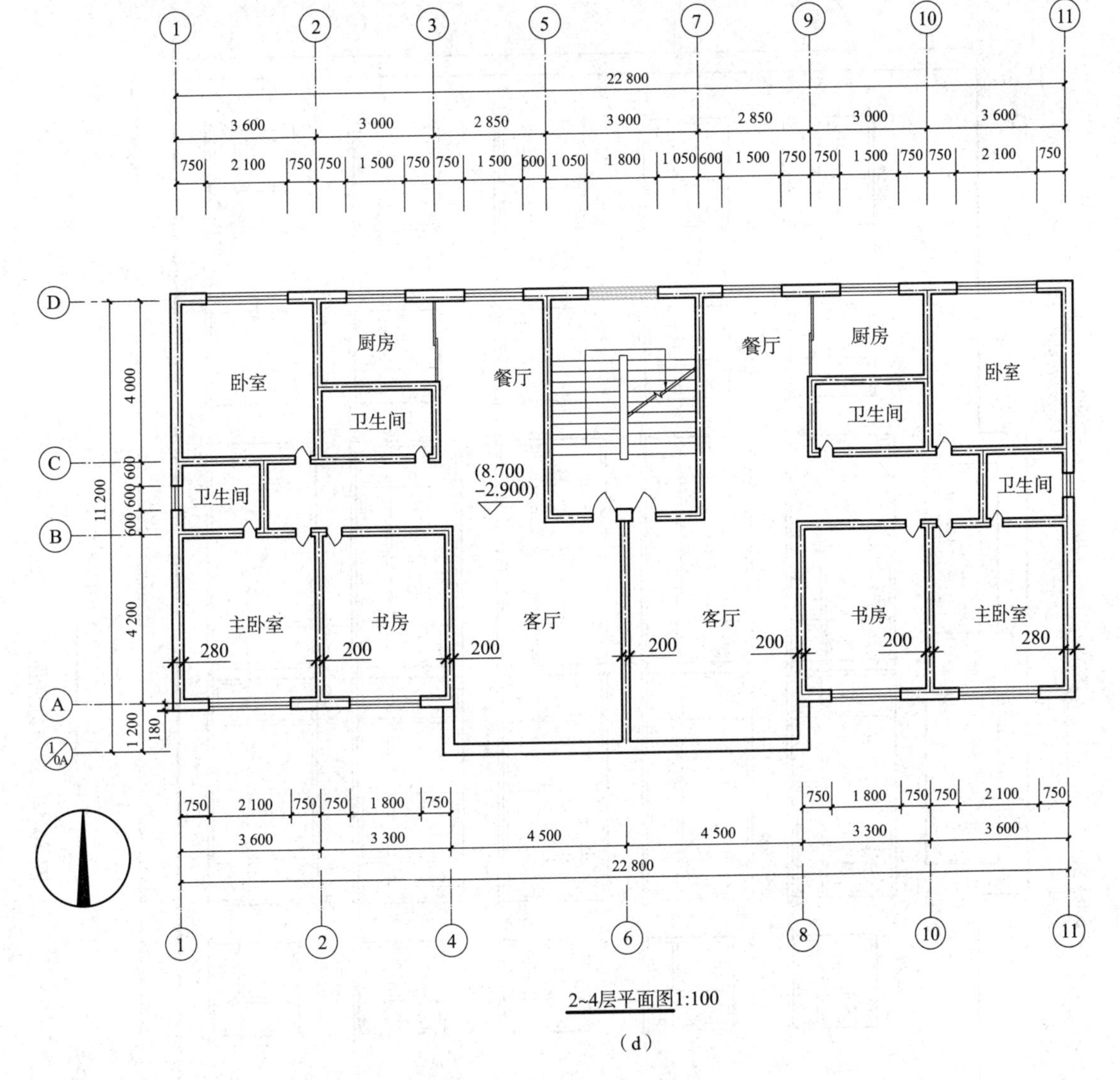

2~4层平面图1:100

(d)

图 10-15　建筑平面图绘图步骤(续)

(d)加深图线、尺寸标注、编号、文字说明

2. 建筑立面图的图示方法

立面图的命名方法有三种：第一种方法是按照朝向命名，即根据所绘制建筑物的某一个朝向命名，如南立面图、北立面图、东立面图、西立面图。第二种方法是按照外貌特征命名，将建筑物反映的主要出入口或比较明显地反映外貌特征的那一面称为正立面图，其余立面图依次为背立面图、左立面图和右立面图。第三种方法是用建筑平面图中的首尾轴线命名，即观察者面向建筑物，按从左到右的定位轴线顺序命名，如①～⑨立面图。在施工图中，这三种命名方式都可以使用，但是同一套施工图只能采用其中的一种命名方式命名，如图 10-16 所示。

立面图的比例通常采用与平面图相同的比例，常用 1∶100 的比例。

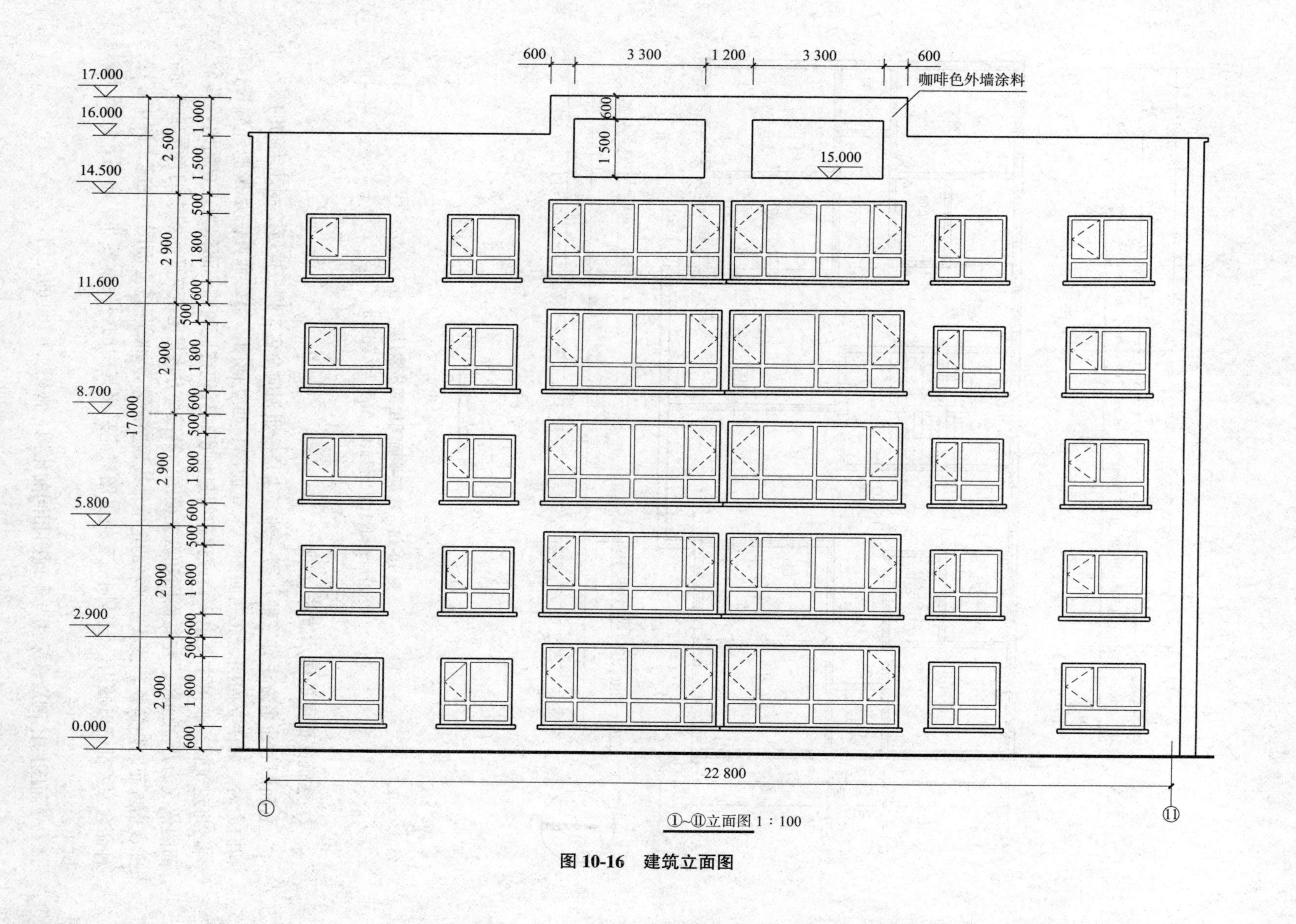
600
3 300
1 200
3 300
600
咖啡色外墙涂料
17.000
16.000
14.500
11.600
8.700
5.800
2.900
0.000
15.000
17 000
22 800
①~⑪立面图 1：100

图 10-16　建筑立面图

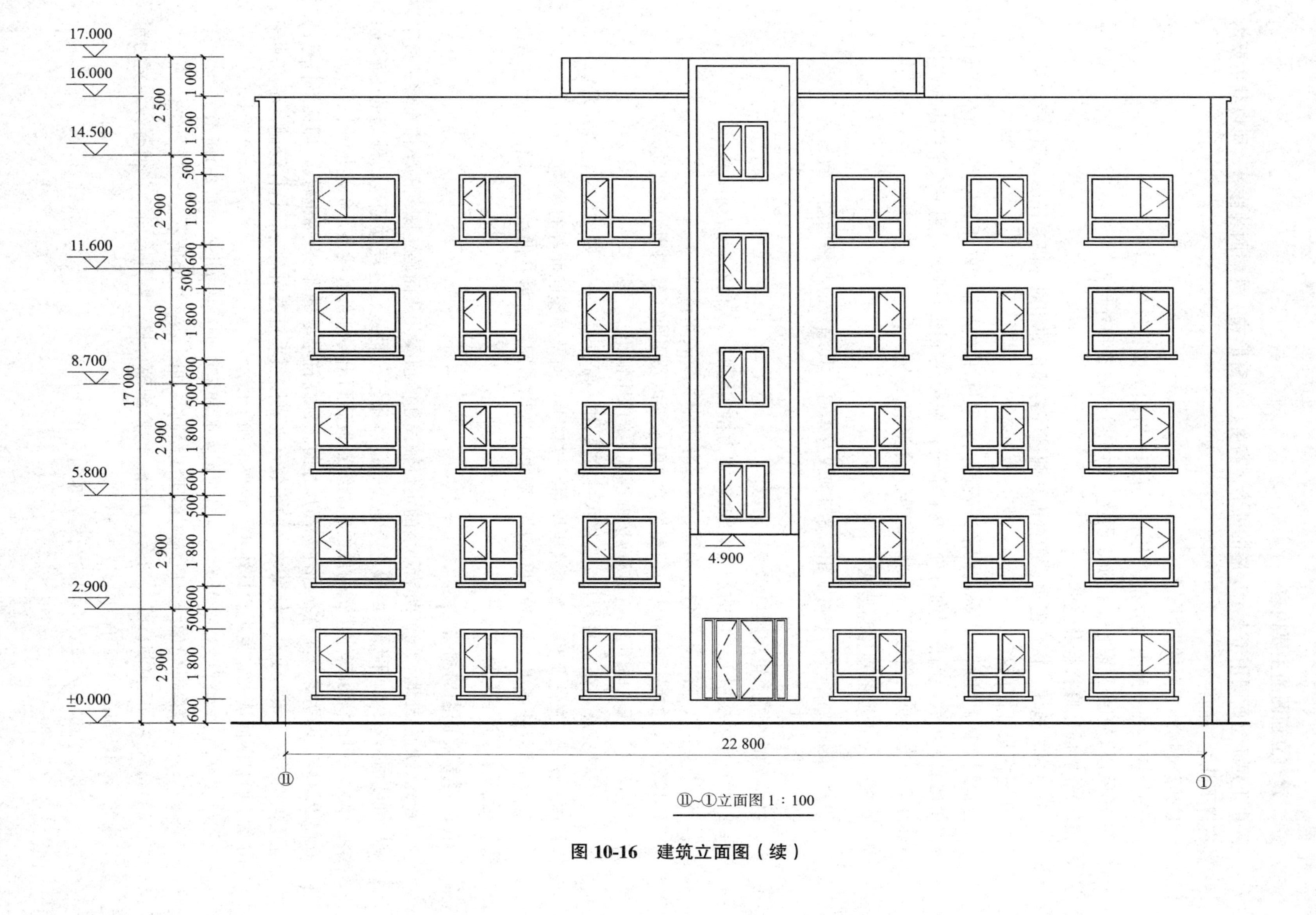

图 10-16　建筑立面图（续）

3. 建筑立面图的主要内容

由于建筑立面图用于表示房屋的外形、高度、门窗形式、外墙面装修等，所以其主要内容有以下几个方面：

(1)建筑物外立面的形状；

(2)门窗在外立面上的分布、大小、外形、开启方向；

(3)屋顶、阳台、窗台、台阶、雨篷、雨水管的位置和外形；

(4)外墙面装修材料及色调；

(5)室内外地坪、窗台窗顶、阳台面、雨篷等各部位的相对标高和详图索引符号等；

(6)竖向尺寸即标高。

立面图上的高度尺寸以标高的形式表现，一般标注主要部位的相对标高，如室外地面、入口处地面、窗台、门窗顶面等处。标高符号一般标注在图样外侧，用一水平引出线引出所需标注的地方，标高符号一致，排列在同一条竖直线上。

4. 建筑立面图的规格和要求

(1)定位轴线：一般只标出图两端的轴线及编号，其编号应与平面图一致。

(2)图线。

1)立面图的外形轮廓用粗实线表示；

2)室外地坪线用 1.4 倍的加粗实线(线宽为粗实线的 1.4 倍左右)表示；

3)门窗洞口、檐口、阳台、雨篷、台阶等用中实线表示；

4)其余的，如墙面分隔线、门窗格子、雨水管以及引出线等均用细实线表示。

(3)图例。在立面图上，门窗应按标准规定的图例画出。

(4)尺寸注法。在立面图上，高度尺寸主要用标高表示，一般要注出室内外地坪、一层楼地面、窗洞口的上下口、女儿墙压顶面、进口平台面及雨篷底面等的标高。

(5)外墙装修做法。外墙面根据设计要求可选用不同的材料及做法，在图面上，多选用带有指引线的文字说明。

5. 建筑立面图的画法

首先画出室外地平线、两端外墙的定位轴线和墙顶线，从而确定图面的整体布置；接下来用细线画出室内地平线、两端定位轴线间的各条定位轴线、各层楼面线、外墙的墙面线；绘制墙面、门窗洞和其他建筑构件的轮廓线；最后画出各细部的线条，标注尺寸、符号、定位轴线编号、说明等。注意在标注标高尺寸时，标高符号尽量排成一条垂线，即标高符号的直角顶点要在一条垂线上，标高数字的小数点也要按照垂直方向对齐，这样绘制，不但便于看图，而且图面清晰、美观。具体步骤及要求如下所示：

(1)绘制室外地平线，线宽为 1.4 倍的粗实线和定位轴线，如图 10-17(a)所示。

(2)绘制建筑物外轮廓线，应选用粗实线绘制，如图 10-17(b)所示。

(3)绘制各层门窗洞口线，窗台、阳台、门窗细部分格，室外台阶、花池等，线宽为粗实线的 50%，如图 10-17(c)所示。

(4)检查无误后，按立面图的线型要求进行图线加深。

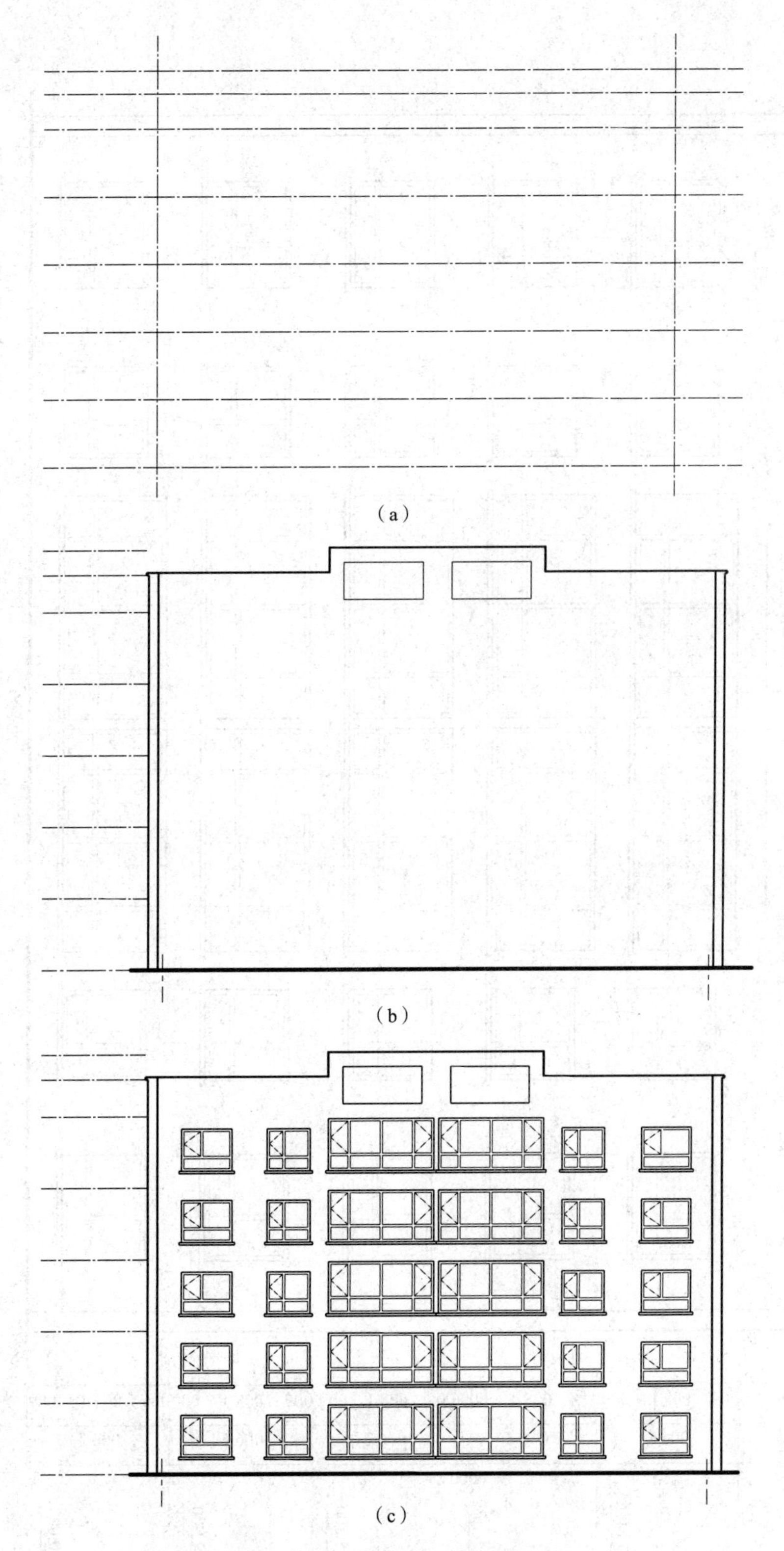

图 10-17　建筑立面图的画法

(a)绘制定位轴线；(b)绘制外墙轮廓线；(c)绘制门窗洞口

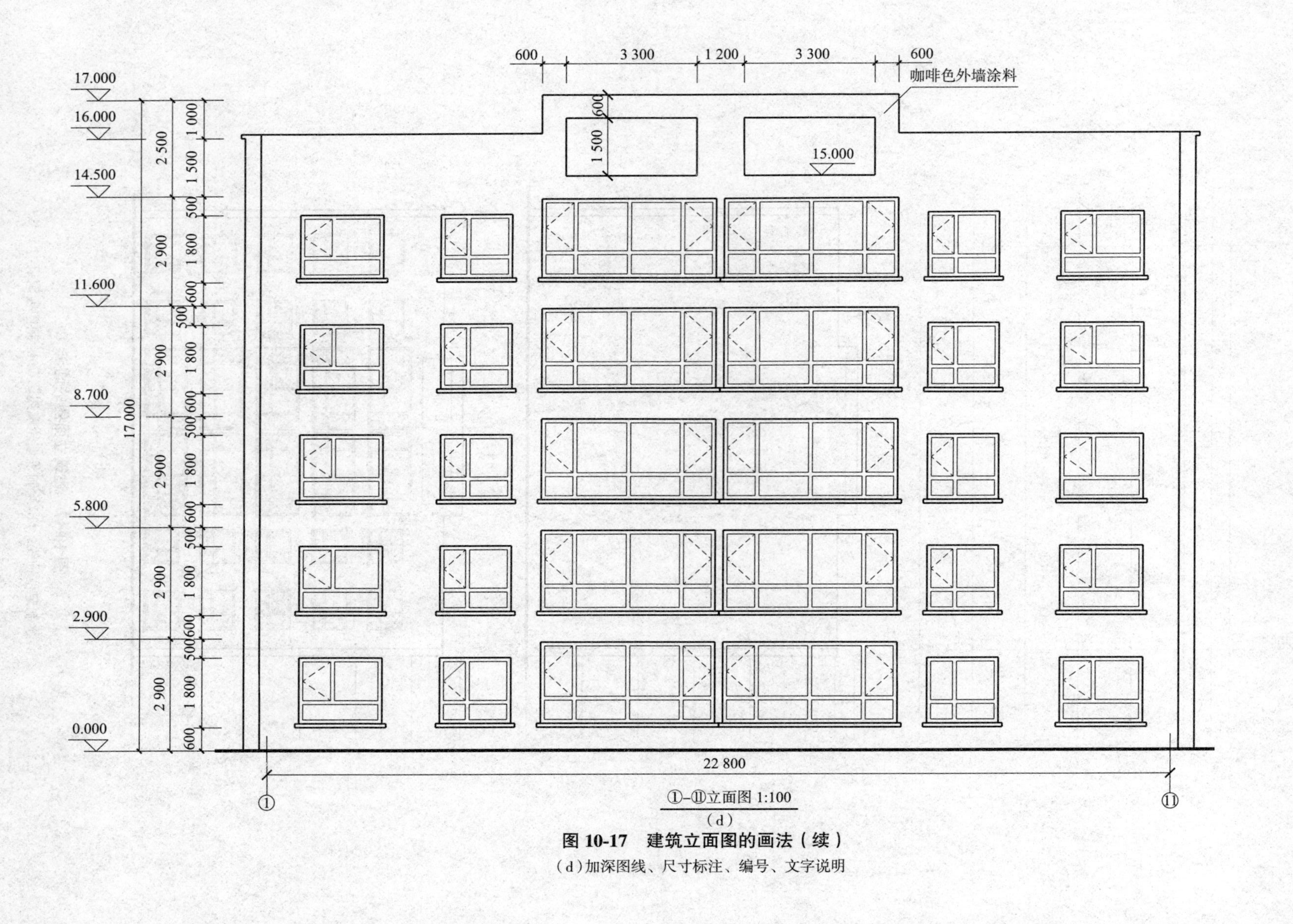

①–⑪立面图 1:100

(d)

图 10-17 建筑立面图的画法（续）

（d）加深图线、尺寸标注、编号、文字说明

(5)标注标高、首尾轴线、墙面装修文字、图名、比例等，文字一般用 5 号字，图名用 10～14 号文字，如图 10-17(d)所示。

10.1.4　建筑剖面图

建筑剖面图是用假想的垂直于外墙轴线的垂直剖切面把房屋剖开，按照剖视方向，移去剖切掉的部分，剩余的部分按照正投影方法得到的投影图。

剖面图的绘制方法、线型要求、材料图例等与平面图、立面图相同。图名应与平面图中标注的剖切符号的编号一致。

1. 建筑剖面图的主要内容

建筑剖面图主要表示建筑内部的构造、垂直方向的分层情况、各层楼地面、屋顶的构造及相关尺寸、标高等。剖切的位置常取楼梯间、门窗洞口及构造比较复杂的典型部位。剖面图的数量取决于房屋的复杂程度和施工的实际需要。

2. 图示内容

(1)墙体、柱及定位轴线。

(2)室内首层地面、各层楼面、屋顶、门窗、楼梯、阳台、预留洞、室外地面、散水及其他装修等剖切到和能见到的内容。

(3)标出各部位的标高和高度方向尺寸。

(4)标高尺寸包括室内外地面、各层楼面与楼梯平台、女儿墙顶面、楼梯间顶面、电梯间顶面等处的标高。

(5)高度尺寸包括门、窗洞口(包括洞口上部和窗台)的外部尺寸、楼层高度、总高度。

(6)注写标高时，注意要与立面图和平面图对应的部分尺寸一致。

3. 建筑剖面图识图

(1)图 10-18 所示为某一建筑物的剖面图，图名是 1—1 剖面图，在底层平面图中已经标注编号为 1—1 剖切符号，由剖切位置可以得出，1—1 剖面图是用一个侧平面剖切得到的，剖切位置主要想表达楼梯间的内部构造，从剖视方向可知，向左投影。图名旁注写了比例为 1∶100，剖面图的比例一般与平面图相同或比例较大。

(2)图中标注的标高为相对标高，已标注出各楼层的标高，轴线入口处已标注地面标高为－1.4，说明比首层室内地面低 1.4 m，图中标注了客厅窗的高度为 2 080 mm，以及楼梯间的窗的高度为 1 500 mm。

10.1.5　建筑详图

建筑平面图、立面图、剖面图主要表达建筑的平面布置、外部形状和主要尺寸等，反映的内容范围大，比例小，难以清楚表达建筑的细部构造，为了满足施工要求，详细表达建筑的细部构造，需要用较大的比例表达，这样的图称为建筑详图，也称详图。

详图的特点是比例大，反映内容详尽，常用的比例有 1∶50、1∶20、1∶10、1∶5、1∶2、1∶1 等。在建筑平面图、立面图、剖面图中，在需要绘制详图的地方应画上索引符号，在详图上也要有对应的详图符号，详图符号和索引符号必须一致。

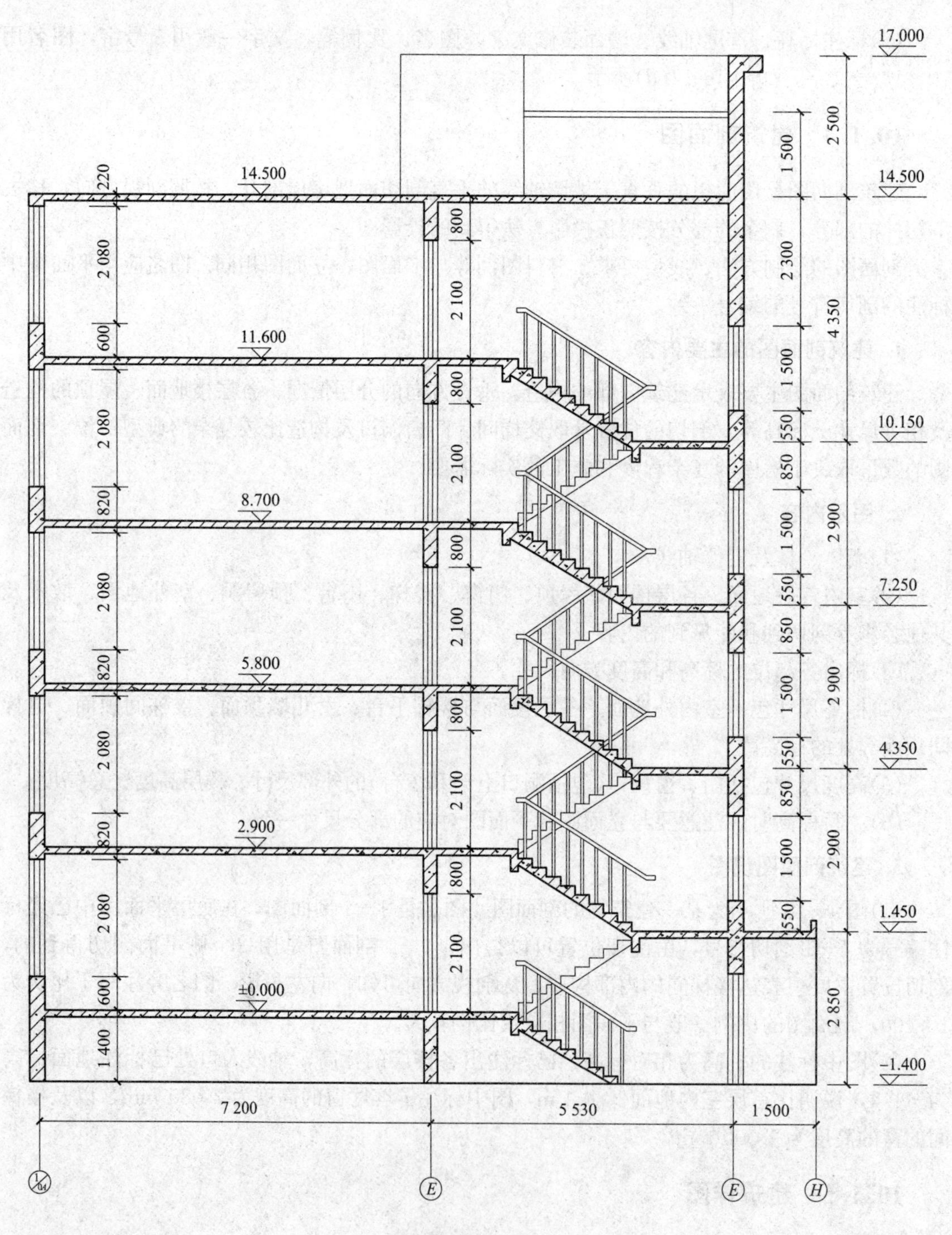

1-1剖面图 1:100

图 10-18 建筑剖面图

建筑详图的画法及步骤，与建筑平面图、立面图、剖面图的画法基本相同，仅是这些图样的一个局部而已。在图稿上墨时，可参考图线线宽示例。建筑详图的数量与房屋的复杂程度和平面图、立面图、剖面图的内容及比例有关。

建筑详图包括局部构造详图，如楼梯详图、墙身详图等；构件详图，如门窗详图、阳台详图等；装饰构造详图，如墙裙构造详图、门窗套装饰构造详图等。本书主要介绍楼梯详图。

1. 楼梯平面图

楼梯平面图是用假想的水平剖切平面把房屋每一层中部剖开并向水平投影面投影得到的图样。因此，楼梯平面图实际是每一层楼梯间的水平剖面图。楼梯平面图一般包括底层楼梯平面图、标准层楼梯平面图和顶层楼梯平面图，如图 10-19 所示。

(1)楼梯平面图的内容。楼梯平面图主要表达楼梯间的平面布置情况，如梯段的水平长度和宽度、上行和下行的方向、踏步数和踏步宽、休息平台的宽度、栏杆扶手的位置及梯间的开间、进深尺寸等内容。

楼梯平面图就是将平面图中的楼梯间比例放大后的图样，通常比例为 1∶50。通过楼梯平面图可以了解以下内容：

1)了解楼梯间的开间、进深、墙体厚度、门窗位置。

2)了解楼梯段、休息平台的平面形式、踏步宽度和数量。

3)了解楼梯的走向、上下行的位置，如图 10-19 所示，该楼梯走向如箭头所示方向。

4)了解楼梯段每一层平台的标高。

5)在底层平面图中了解楼梯剖面图的剖切位置及剖视方向。

由图 10-19 可知该楼梯是双跑楼梯，在平面图中除了要标注楼梯间的进深和开间尺寸，楼面、平台的标高尺寸外，需要注明各细部的尺寸。一般把梯段长度和踏面数、踏面宽度的尺寸合并在一起，比如底层平面图中标注的 9×260＝2 340，表示该梯段由 9 个台阶，共 9 个踏面，每个踏面宽度为 260 mm，梯段总的长度为 2 340 mm。三个平面图在同一张图纸上时，要相互对齐。从底层平面图中可以看出，底层下行共有 8 个楼梯段，上行有 9 个楼梯段，每层楼梯平面图都已标注梯段数量及尺寸，楼梯间的开间为 3 900 mm，进深长度为 5 530 mm，楼梯扶手宽度为 100 mm。

(2)楼梯详图的画法。

1)根据楼梯间的开间和进深，画出定位轴线及墙体轮廓。

2)画出楼梯休息平台宽度，梯段水平长度、宽度。

3)根据梯段水平长度、宽度及踏步个数，画出楼梯踏面。

4)按图线层次逐级描深，注写标高、轴线编号、各级尺寸、楼梯上行和下行指示线等。

2. 楼梯剖面图

楼梯剖面图是用假想的侧平剖切平面，通过各层的一个梯段和门窗洞口，将楼梯垂直剖切，并向未剖到的那侧梯段方向作投影，得到的剖面图是楼梯的剖面图。

(1)楼梯剖面图内容。楼梯剖面图主要表达楼梯踏步、平台的构造、栏杆的形状及相关尺寸。通过楼梯剖面图，可以了解以下内容：

1)了解楼梯的构造形式。

2)了解楼梯在竖向和进深方向的有关尺寸。

3)了解楼梯段、平台、栏杆、扶手等的构造和用料说明。

4)被剖切梯段的踏步级数。

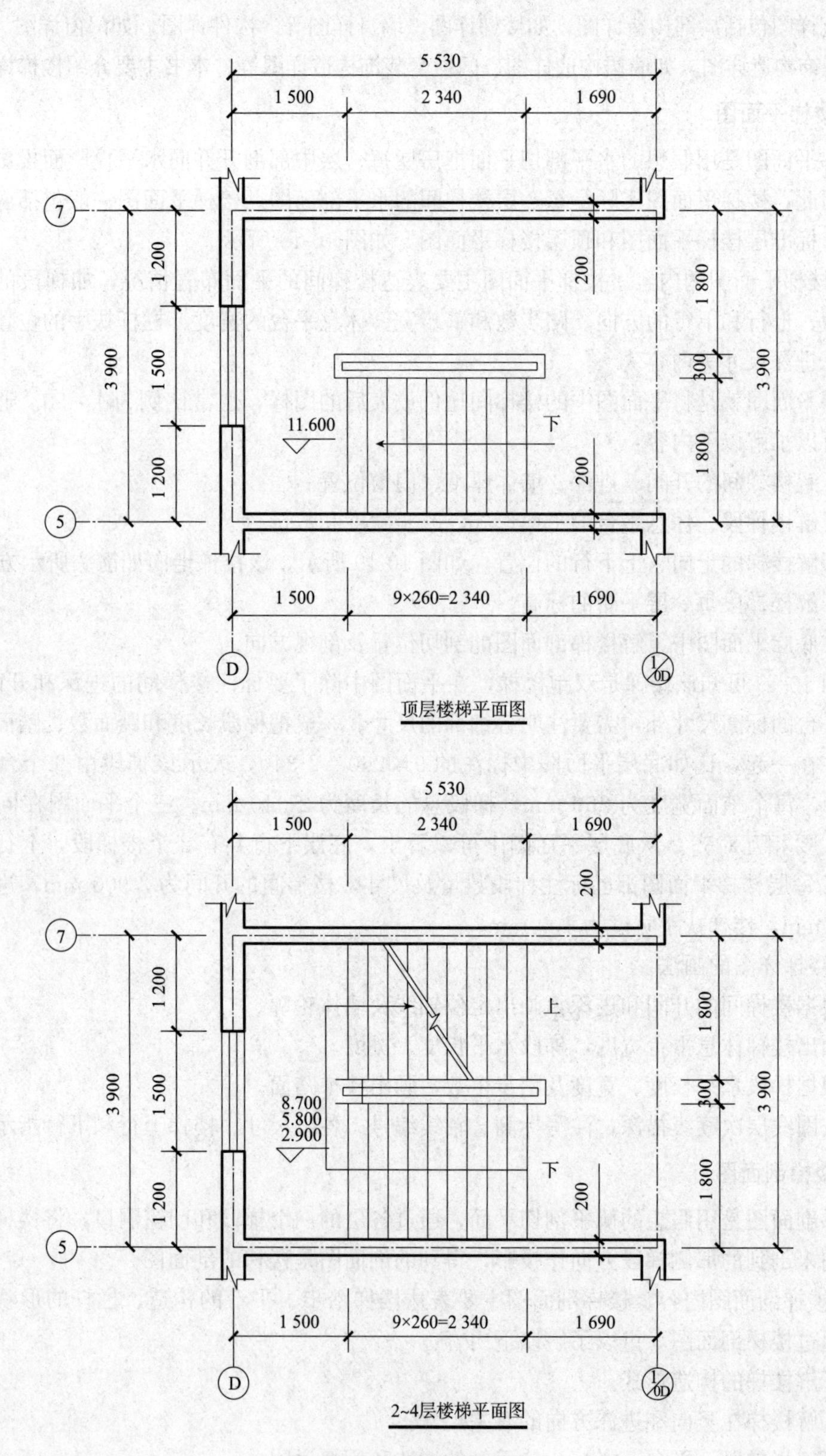

5 530
1 500
2 340
1 690
7
5
1 200
1 500
3 900
200
1 800
300
11.600
下
9×260=2 340
D
1/0D
顶层楼梯平面图
上
8.700
5.800
2.900
2~4层楼梯平面图

图 10-19 楼梯平面图

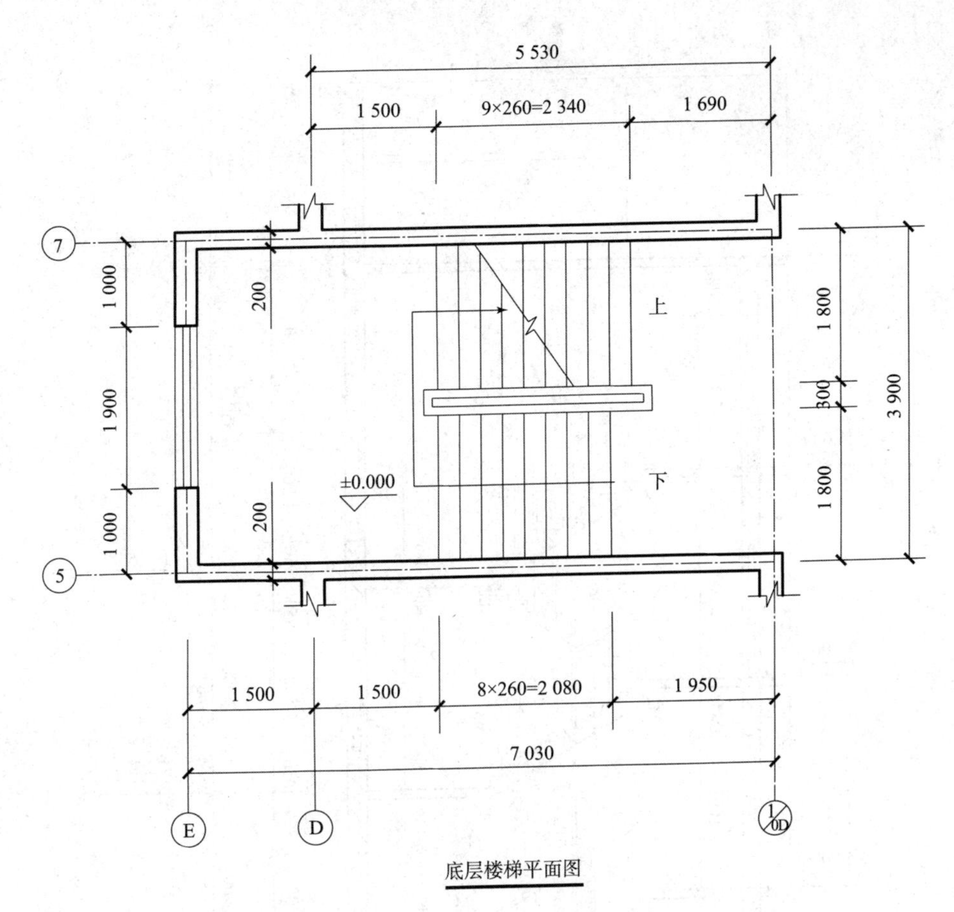

图 10-19　楼梯平面图(续)

5)了解图中的索引符号，了解楼梯细部做法。

楼梯剖面图能表达房屋的层数、梯段数目、步级数、楼梯的类型及结构形式。图 10-20 所示为五层楼梯剖面图，每层的下行梯段被剖切，上行梯段虽未剖到但仍是可见的，左侧剖切到住户大门处，右侧剖切到各楼梯间的窗户。梯段的垂直高度可以用踏步级数与踢面高度的乘积表示，如第一层第二梯段的尺寸为 160×9＝1 440，表示该梯段有 10 级，每级高度为 160 mm。

剖面图中需注明地面、楼面、平台面的标高和梯段的高度尺寸。梯段高度的标注方法与楼梯平面图中的梯段长度的标注方法相同。高度尺寸标注的是步级数，不是踏面数(踏面数＝步级数－1)，栏杆高度尺寸一般取 900 mm，扶手坡度与梯段坡度一致。

(2)楼梯剖面图的画法。

1)画出定位轴线及墙体轮廓线。根据标高，绘制室内外地坪线、各楼面及休息平台。根据平台宽度和梯段长度，确定梯段位置。

2)确定梯段的起点，在梯段长度内画出各阶踏步。

3)绘制楼梯楼板厚度，栏杆、扶手等轮廓线。

4)加深图线，添加材料图例；标注各部分尺寸和标高；写上图名、比例、索引符号等相关说明，完成楼梯剖面图。

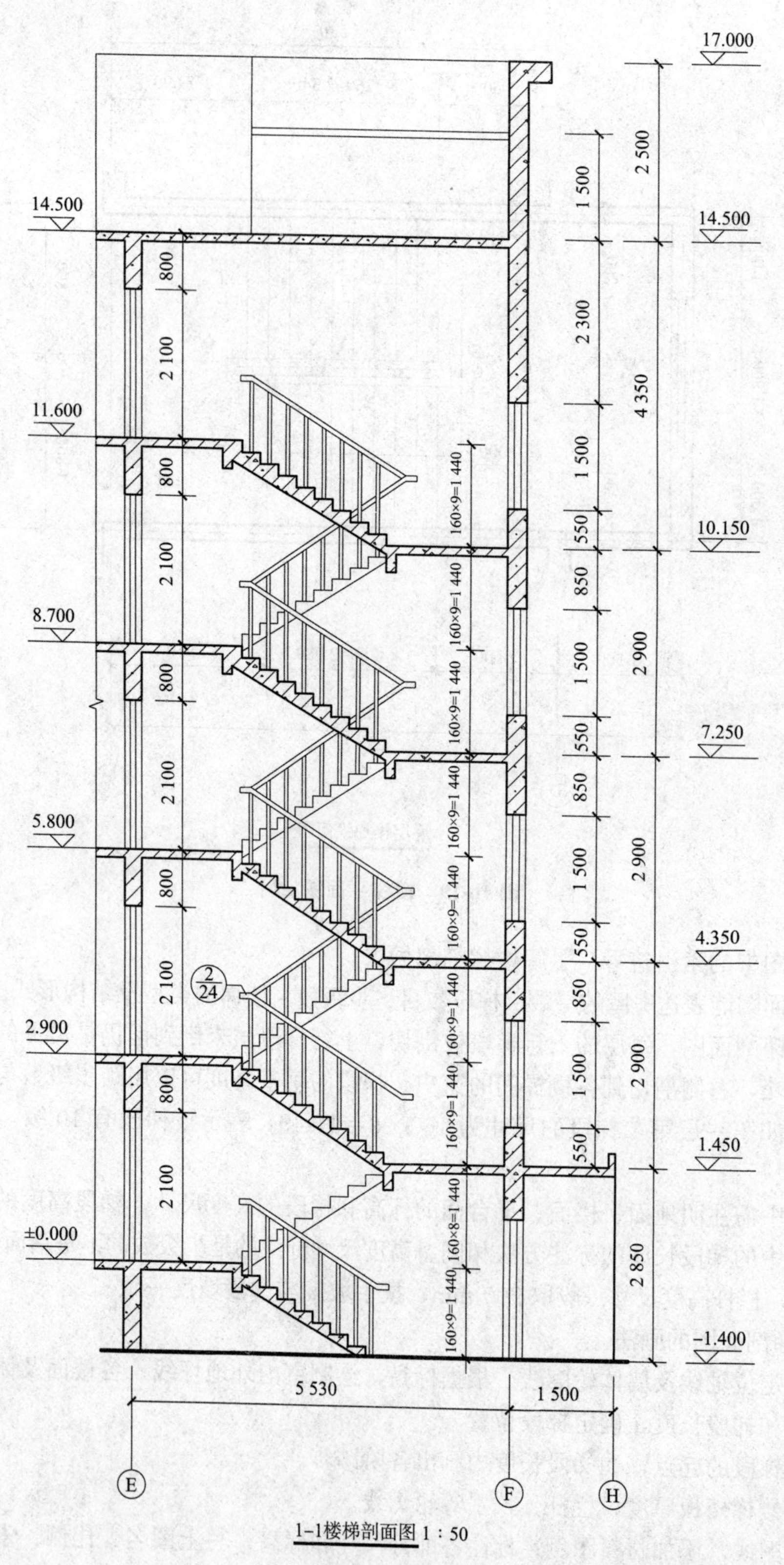

1-1楼梯剖面图 1∶50

图 10-20　楼梯剖面图

10.2 结构施工图

在建筑设计的基础上，对房屋各承重构件的布置、形状、大小、材料、构造及相互关系等进行设计并画出来的图样称为结构施工图，又称为结构图。

10.2.1 概述

1. 结构施工图的组成

一套完整的结构施工图包括下列内容：

(1)结构设计说明。以文字叙述为主，主要说明设计的依据、施工要求、标准图或通用图的使用等。其内容主要包括抗震设计及防火要求、地基与基础、钢筋混凝土结构构件、地下室、砖砌体、后浇带与施工缝等选用的材料类型、规格、强度等级等。

(2)结构平面布置图。结构布置图是房屋承重结构的整体布置图，主要表示结构构件的位置、数量、型号及相互关系。结构平面布置图也是表示建筑楼中梁、板、柱等各个承重构件的平面布置图样，是建筑施工中布置与安装的主要依据，同时还是计算构件数目、施工预算的依据。一般采用1∶100的比例，较简单时也可用1∶200的比例。结构平面布置图上的定位轴线与建筑平面图上的轴线编号和尺寸要完全一致。

剖切到的可见的梁、板、柱、墙轮廓线用中粗实线表示，可见楼板轮廓线用粗实线表示；楼板下的不可见墙身用中粗虚线表示；可见的钢筋混凝土楼板用细实线表示。

(3)构件详图。构件详图包括单个构件形状、尺寸、材料、构造及工艺的图样，比如梁、板、柱及基础结构详图，楼梯结构详图，屋架结构详图等。

2. 结构图的规定

结构图的图线、线型、线宽应符合表10-4的规定。

表10-4 结构图图线、线宽、用途表

名称	线型	线宽	一般用途
粗实线	————————	b	螺栓、钢筋线，结构平面布置图中单线结构构件线及钢、木支撑线
中实线	————————	$0.5b$	结构平面图中及详图中剖到或可见墙身轮廓线及钢、木构件轮廓线
细实线	————————	$0.25b$	钢筋混凝土构件的轮廓线、尺寸线，基础平面图中的基础轮廓线
粗虚线	----------------	b	不可见的螺栓、钢筋线，结构平面布置图中不可见的钢、木支撑线及单线结构构件线
中虚线	----------------	$0.5b$	结构平面图中不可见的墙身轮廓线及钢、木构件轮廓线

续表

名称	线型	线宽	一般用途
细虚线	- - - - - - - - - -	0.25b	基础平面图中管沟轮廓线，不可见的钢筋混凝土构件轮廓线
粗点画线	—·—·—·—·—	b	垂直支撑、柱间支撑线
细点画线	—·—·—·—·—	0.25b	中心线、对称线、定位轴线
粗双点画线	—··—··—··—	b	预应力钢筋线
折断线	——\/——	0.25b	断开界线
波浪线	∽∽∽∽	0.25b	断开界线

结构图中构件名称代号见表 10-5。

表 10-5　构件名称代号

序号	名称	代号	序号	名称	代号	序号	名称	代号
1	板	B	9	屋面梁	WL	17	框架	KJ
2	屋面板	WB	10	吊车梁	DL	18	柱	Z
3	空心板	KB	11	圈梁	QL	19	基础	J
4	密肋板	MB	12	过梁	GL	20	梯	T
5	楼梯板	TB	13	连系梁	LL	21	雨篷	YP
6	盖板或光盖板	GB	14	基础梁	JL	22	阳台	YT
7	墙板	QB	15	楼梯梁	TL	23	预埋件	M
8	梁	L	16	屋架	WJ	24	钢筋网	W

3. 钢筋混凝土构件图

用钢筋混凝土制成的梁、板、柱、基础等构件，称为钢筋混凝土构件。全部由钢筋混凝土构件组成的房屋结构，称为钢筋混凝土结构；采用砖墙承重，而楼板、屋顶、楼梯等部分用钢筋混凝土构件的房屋结构，称为混合结构。钢筋混凝土构件包括现浇钢筋混凝土构件、预制钢筋混凝土构件、预应力混凝土构件。

(1)强度。混凝土按其抗压强度不同分为不同等级，普通混凝土分 C15、C20、C25、C30、C35、C40、C45、C50、C55、C60、C65、C70、C75、C80 等 16 个强度等级，等级越高，混凝土抗压强度也越高。

(2)钢筋表示方法。配筋图中的钢筋图中，构件轮廓线用粗的单线画出，钢筋横断面用黑圆点表示，具体使用见表 10-6。

表 10-6　配筋图例

●	钢筋横断面
	带半圆形弯钩的钢筋搭接
	无弯钩的钢筋端部
	带半圆形弯钩的钢筋端部
	带丝扣的钢筋端部
	带直钩的钢筋搭接
	带直钩的钢筋端部
	花篮螺栓钢筋接头
	机械连接的钢筋接头
	无弯钩的钢筋搭接
	无弯钩的钢筋端部搭接

(3)钢筋混凝土构件的图示方法。钢筋混凝土构件图由模板图、配筋图等组成。模板图主要用来表示构件的外形、尺寸及预制件、预留孔的大小、位置的投影图。它是模板制作和安装的依据，能显示混凝土内部钢筋配置的投影图称为配筋图。

钢筋混凝土梁的结构详图一般用立面图、断面图和钢筋详图表示。

1)立面图：假想混凝土是透明体，使包含在混凝土中的钢筋为“可见”。它主要表达钢筋立面形状及上下排列的情况，而构件的轮廓线用细实线绘制，但须注意，在模板图上用中实线或细实线表示，如图 10-21 所示。

2)断面图：是构件的横向剖视图，主要表达钢筋的上下和前后排列情况、箍筋的形状及与其他钢筋的连接关系。箍筋在立面图用中实线绘制，在断面图用粗实线绘制，按照 1∶20 的比例绘制，如图 10-21 所示。

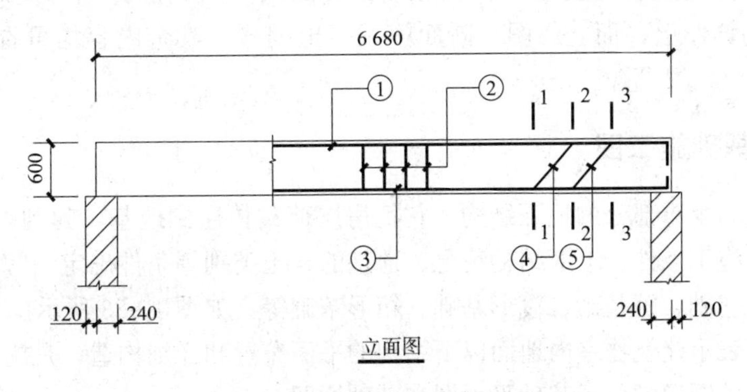

图 10-21　梁的立面图和断面图

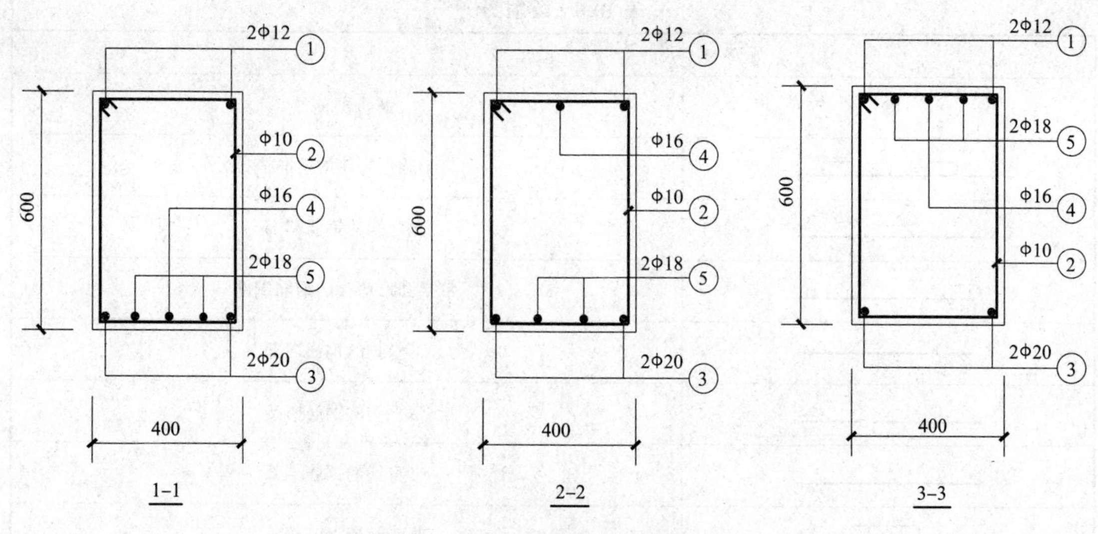

图 10-21 梁的立面图和断面图(续)

3)钢筋详图。采用带半圆形弯钩的钢筋和带直钩的钢筋，具体如图 10-22 所示。

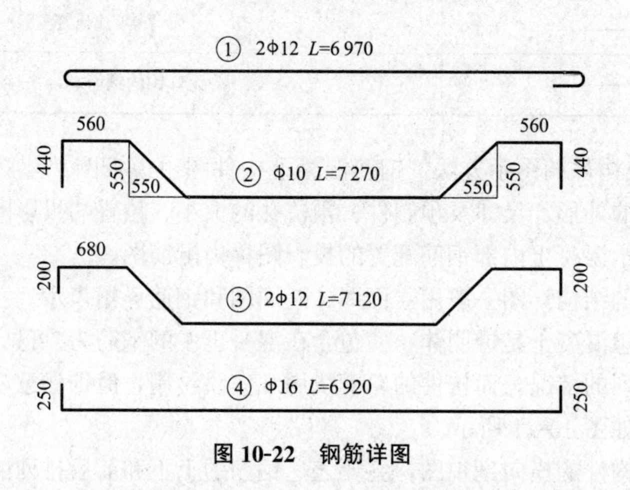

图 10-22 钢筋详图

4)钢筋的标注方法。在标注钢筋的编号、数量、类别和直径时要注意引出线可转折，但要避免交叉，方向及长短要整齐。如立面图、断面图及钢筋详图都同时画出，这些内容应标注在钢筋详图上，而立面图、断面图只标出编号，其余内容均可省略，如图 10-21 所示。

10.2.2 基础施工图

基础是房屋的承重部分的地下结构，它把房屋荷载传递到地基，起到承上传下的作用。基础的形式根据施工条件、上部结构情况、地基的岩土类别等条件确定。常用的基础形式有条形基础、独立基础、桩基础、筏形基础、箱形基础等，如图 10-23 所示。

基础施工图表示建筑物室内地面以下结构的平面布置和详细构造，是施工时放线、开挖基坑的依据。基础图通常包括基础平面图和基础详图。

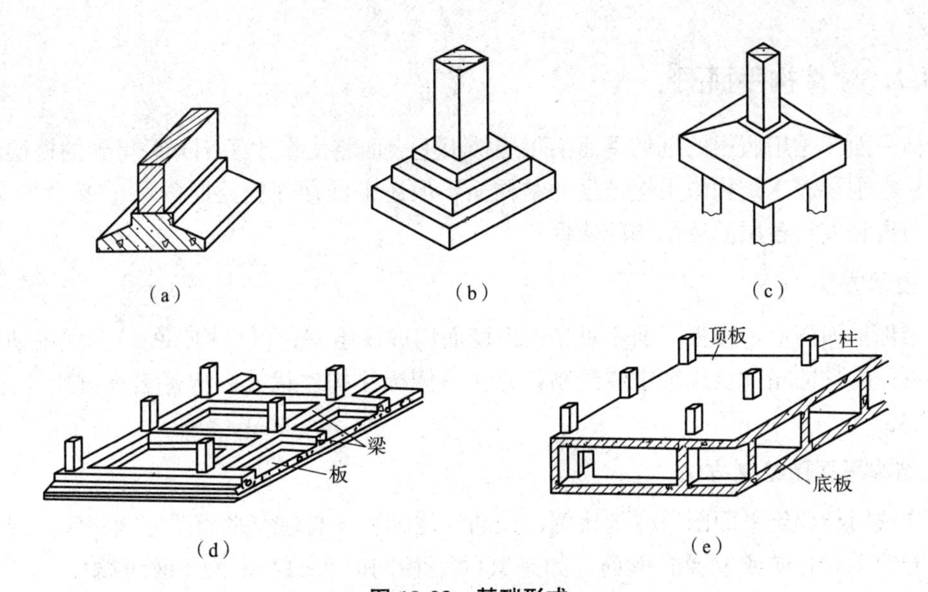

图 10-23　基础形式

(a)条形基础；(b)独立基础；(c)桩基础；(d)筏形基础；(e)箱形基础

1. 基础平面图

基础平面图是假想用一水平剖切面在房屋的地面与基础之间将房屋剖切开，移去上半部分，留下下半部分，向水平投影面作正投影所得的投影图。在基础平面图中，被剖切到的基础墙轮廓线用粗实线，基础底部的轮廓线用细实线，其余细部均不用画出。图中的材料图例与平面图的画法一致。应标注与建筑平面图一致的轴间尺寸，此外还应标注基础的宽度和定位尺寸。

2. 基础详图

基础平面图只确定了最外侧轮廓线宽度，断面形状、尺寸和材料用详图绘制。假想用一剖切平面垂直地剖开基础，用比较大的比例画出剖切断面图，该图称为基础详图，如图 10-24 所示。

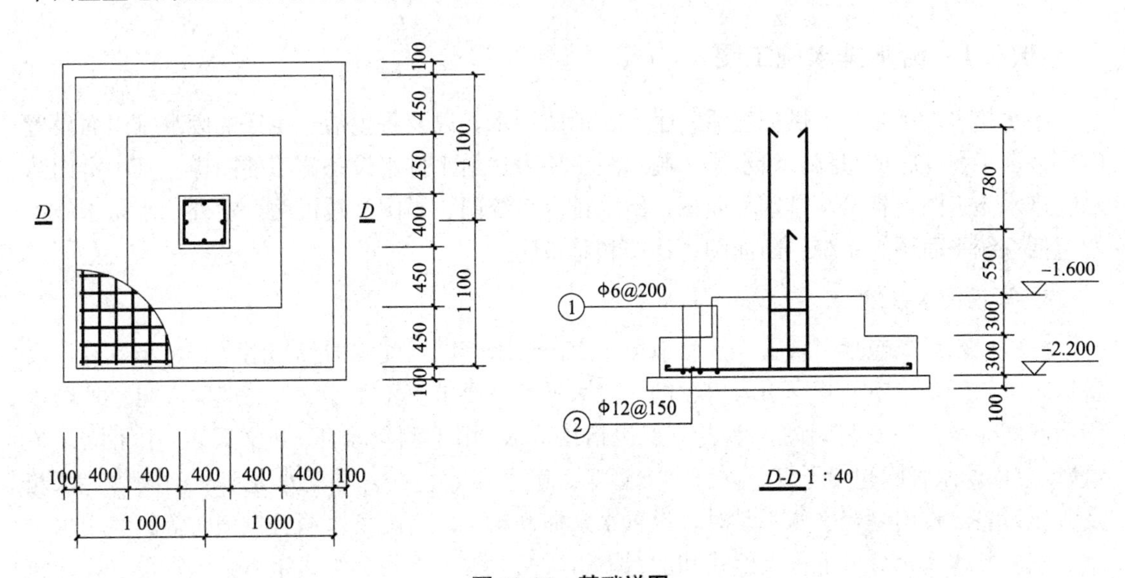

图 10-24　基础详图

10.2.3 结构平面图

结构平面图是用假想的剖切平面沿每层楼板上表面将房屋水平剖开后得到的楼层的水平剖面图。它主要表达结构施工至该层的结构面，但还未做楼面面层时的梁、板的布置情况，是施工布置和安放各层承重结构的依据。

1. 图示方法

在结构平面图上，楼板下面不可见的内墙面用虚线绘制；可见构件的轮廓线用细实线绘制，不可见构件的轮廓线用细虚线绘制，并在一侧标注构件代号。构件名称可用代号表示，见表 10-4。

2. 结构平面图绘制方法

首先选用与建筑平面图一样的比例，先画定位轴线，与建筑平面图完全一致，现浇板中相同编号的不同方向或位置的钢筋，如果其间距相同时可只标一处(钢筋类型、编号、直径、间距)，其他钢筋只在其上注写钢筋号即可。预制板的排列可只在一个范围内画出板轮廓线，并在排列范围内从左下角至右上角画出一条对角线，在对角线上注出板的类型、数量。楼面梁、圈梁、过梁用代号标出，楼梯间因另有详图，所以用折线标出楼梯间范围即可。

10.3 设备施工图

设备施工图主要表示各种设备、管道和线路的布置、走向以及安装施工要求等。设备施工图根据表达内容不同分为给水排水施工图(水施)、供暖施工图(暖施)、通风与空调施工图(通施)、电气施工图(电施)等；根据表达形式不同可分为平面布置图、系统图和详图。

10.3.1 给水排水施工图

给水排水设备是为了供应生活、生产、消防用水，以及将生活、生产的废水排出而设置的一整套工程设施的总称。给水排水施工图主要表达给水排水设备施工的图样。其中室内给水、排水施工图包括给水排水平面图、给水排水系统图、详图和总说明。室外给水排水施工图包括系统平面图、系统纵断面图、详图和总说明。

1. 室内给水系统

室内给水系统包括引入管、水表节点、室内给水管网、配水器具与附件、水箱及升压设备等。引入管是将室外管网引入房屋的一段水平管，要求有不小于 3%的坡度，向室外给水管网斜向倾斜，并安装阀门。水表节点包括压力表(用于测量水压)和文氏表(用于测量流量)。室内给水管网包括干管、立管和支管等。配水器具包括各种配水龙头、闸阀等。水箱及升压设备的作用是当水压不足时，设置水泵提升压力，需配备水箱且供消防等紧急用水。

室内给水系统分成下行上给式和上行下给式两大类，下行上给式是将给水管设置在建筑底部，通过立管将自来水自下而上的为用水设备供水。上行下给式是将给水管放置在屋顶，市政管网供给的自来水先进入水箱，再由顶部的给水管自上向下为整栋建筑供水。

2. 室内排水系统

室内排水系统需要设置卫生器具、排水管道、通气管道和清通设备。卫生器具包括便器、水池、浴盆、地漏和存水弯管等。排水管道包括排水横管、立管、埋地干管和排出管。在顶层检查口以上设置一段立管称为通气管，用以排出臭气。通气管应一般高于屋面 0.3 m(平屋顶)至 0.7 m(坡屋顶)。

3. 室内给水排水平面图

给水排水平面图主要表达给水管和排水管在室内的平面布置及走向。室内给水排水平面图可画在一张图纸上，也可以根据图纸的复杂程度和比例的大小分别画出室内给水平面图和室内排水平面图。

平面图中的轮廓线一律用细实线绘制，给水管道用粗实线绘制，排水管道用粗虚线绘制。底层平面图中标注定位轴线间的尺寸、室内外地面标高，标准层平面图标出各层地面标高。用水设备沿墙靠柱设置，不需标注定位尺寸。图中管道长度也不需标出(管道长度在备料时用比例尺从图中近似量取，安装时以实测尺寸为依据)。管道的管径、坡度和标高都要标注在管道系统轴测图中。

4. 室内给水排水系统图

系统图的作用是说明给水管道系统的上下层之间以及前后左右的空间关系。在系统图上除注有各管径尺寸及立管编号外，还注有管道的标高。读图时，应把系统图和平面图对照阅读，以了解整个室内给水管道的全貌。室内排水系统图是表示排水管道上下、前后、左右之间的空间关系的图样，如图 10-25 所示。

10.3.2　供暖施工图

采暖系统由三个部分组成，即热源、输热管道和散热设备。采暖施工图分为室内采暖施工图和室外采暖施工图两部分。室内采暖施工图部分主要包括采暖平面图、采暖系统图、详图及施工说明。室外采暖施工图部分主要包括采暖总平面图、管道横剖面图、管道纵剖面图、详图以及施工说明。

1. 室内采暖平面图

采暖平面图包括建筑平面图(含定位轴线)，与采暖设备无关的细部可省略不画；散热器的位置、规格、数量、安装方式；采暖管道的干管、立管、支管的平面位置、立管编号、管道安装方式；采暖干管上的阀门、固定支架等其他设备的平面位置；管道及设备安装的预留洞、管沟等。

2. 采暖平面图的画法

(1)用细实线绘制与供暖相关的建筑平面图，一般采用的比例为 1∶100 或 1∶50，需注明定位轴线号及轴线间的尺寸、热媒进出口位置等。

(2)多层房屋的供暖平面图，原则上应分层绘制。当管路布置比较简单、标注比较清晰时，也可以绘制在标准层平面图上。

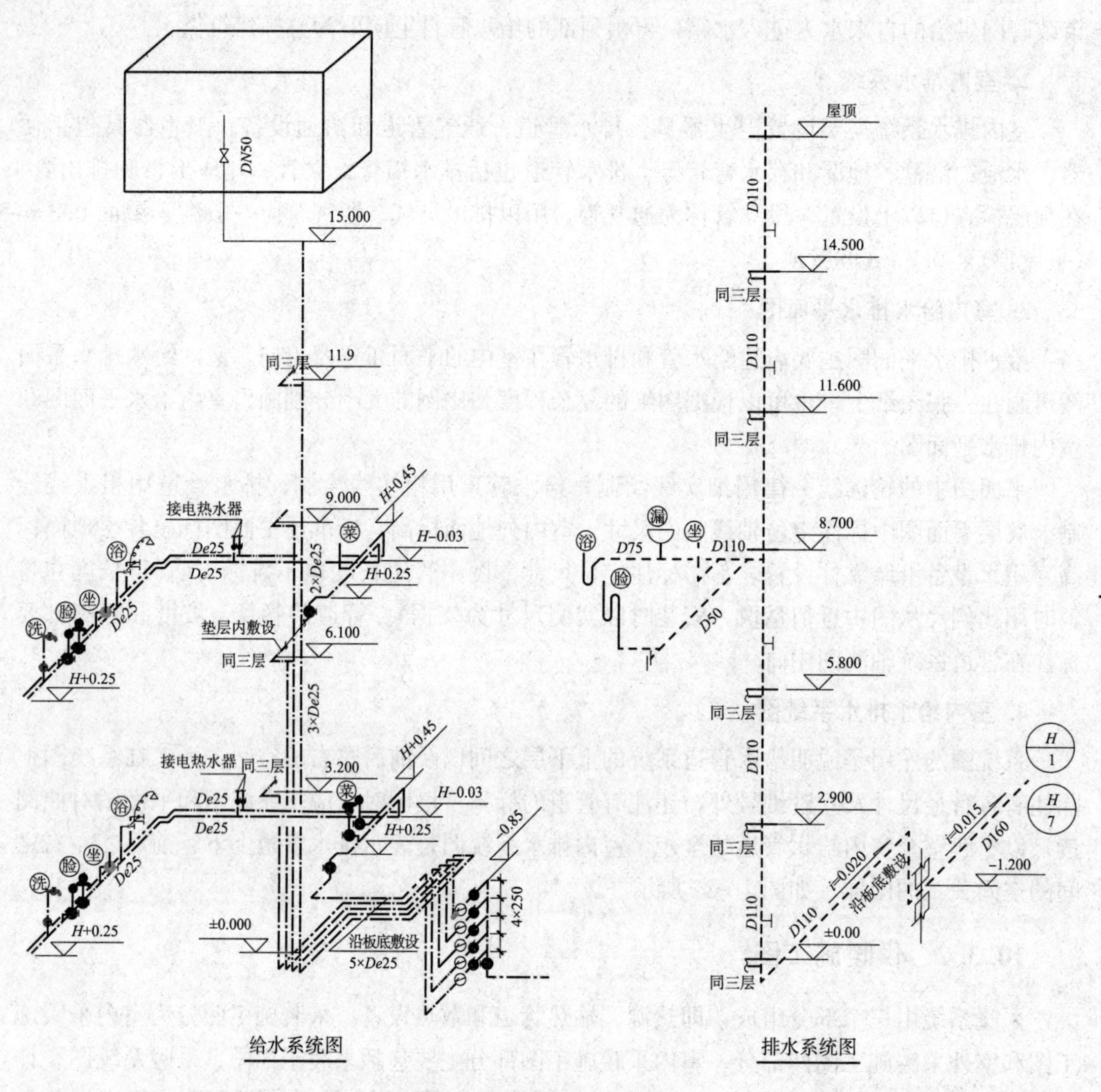

图 10-25　给水排水系统图

(3)供暖干管一律用粗实线绘制，供暖回水管一律用粗虚线绘制，要标注管径。

(4)绘制各立管及阀门，无论立管管径多大，供暖立管一律用小圆圈“○”表示；回水立管用小黑点“·”表示。

(5)用中粗实线绘制支管连接立管与散热器。一律采用供暖设备图例表示，散热器的数量应标注在相应的窗外或墙外。

参 考 文 献

[1] 周佳新. 土建工程制图[M]. 2 版. 北京：中国电力出版社，2016.

[2] 张裕媛，魏丽. 画法几何与工程制图[M]. 北京：北京理工大学出版社，2018.

[3] 李思丽. 建筑制图与阴影透视[M]. 3 版. 北京：机械工业出版社，2021.

[4] 刘志麟，等. 建筑制图[M]. 3 版. 北京：机械工业出版社，2016.

[5] 黄水生，黄莉，谢坚. 建筑透视与阴影教程[M]. 北京：清华大学出版社，2014.

[6] 何铭新，李怀健，郎宝敏. 建筑工程制图[M]. 5 版. 北京：高等教育出版社，2013.

[7] 金方. 建筑制图[M]. 3 版. 北京：中国建筑工业出版社，2018.

[8] 王晓东. 土木工程制图[M]. 北京：机械工业出版社，2018.

[9] 何蕊，姜文锐. 画法几何与土木工程制图[M]. 北京：机械工业出版社，2021.

[10] 杜廷娜，蔡建平. 土木工程制图[M]. 3 版. 北京：机械工业出版社，2021.

[11] 于习法. 土木工程制图[M]. 2 版. 南京：东南大学出版社，2016.

[12] 张黎骅，鲍安红，邹祖银. 土建工程制图[M]. 2 版. 北京：北京大学出版社，2015.

[13] 谢美芝，王晓燕，陈倩华. 画法几何与土木建筑制图[M]. 北京：机械工业出版社，2019.